厚生労働省認定教材	
認定番号	第58724号
改定承認年月日	令和2年2月4日
訓練の種類	普通職業訓練
訓練課程名	普通課程

配管実技教科書

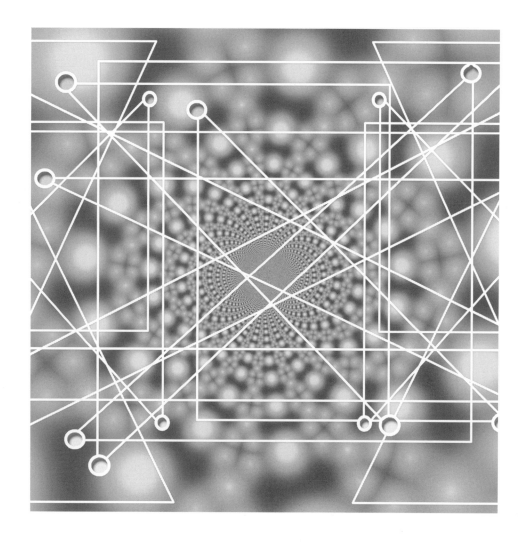

独立行政法人 高齢・障害・求職者雇用支援機構
職業能力開発総合大学校 基盤整備センター 編

は し が き

　本書は職業能力開発促進法に定める普通職業訓練に関する基準に準拠し，設備施工系における配管部門実技「器工具使用法」「配管基本実習」等の教科書として編集したものです。専門知識を系統的に学習できるように構成してあります。

　本書は職業能力開発施設での教材としての活用や，さらに広く知識・技能の習得を志す人々にも活用していただければ幸いです。

　なお，本書は次の方々のご協力により改定したもので，その労に対し深く謝意を表します。

〈監 修 委 員〉
　池 田 義 人　　　職業能力開発総合大学校
　橋 本 幸 博　　　職業能力開発総合大学校

〈執 筆 委 員〉
　安 藤 弘 毅　　　東京都産業労働局雇用就業部能力開発課
　近 藤 　 茂　　　株式会社アカギ

　　　　　　　　（委員名は五十音順，所属は改定当時のものです）

令和2年2月

独立行政法人 高齢・障害・求職者雇用支援機構
職業能力開発総合大学校 基盤整備センター

目　　次

1. 工　　具
1.1 保　護　具

番号	名　　　称	用　　途	関　連　知　識
1	溶接面（ハンドシールドタイプ）	溶接面は，アーク溶接作業時，顔面の保護として使用する。	遮光ガラスの前後には透明ガラスを入れる。 出所：（株）日本光器製作所
2	保護めがね（防じん用）	保護めがねは，機械切削，研削，研磨作業，グラインダ作業，アーク溶接などにおける目及び顔面の保護具として使用する。	出所：ミドリ安全（株）
3	防じんマスク （a）使い捨て式　（b）フィルタ取替え式	粉じん，ヒューム等の吸入により生じるじん肺，神経機能障害等の疾病を予防するために使用する。	粉じんの種類，作業内容が労働安全衛生法に基づく規格によって区分されているため，適切に選択すること。 出所：興研（株）
4	火花受け	高速といし切断機を使用する時，火花の飛散防止に使用する。	

1.2 測定作業用工具

番号	名 称	用 途	関 連 知 識
1	スケール （a）鋼製直尺 （b）かね尺（さし金） （c）鋼製巻尺	鋼製直尺は鋼製又はステンレス製の直尺で，長さを測定するのに使用する。 かね（曲）尺は金属製の直角に曲がったものさしで，長さの測定と直角を書くのに使用する。 鋼製巻尺は屈曲自在で，伸ばして直尺と同様に使用する。	普通，厚さ1〜1.5mm，幅25mm，長さ150，300，600，1 000mmのものがある。 大工金（だいくがね），指矩（さしがね）ともいう。 焼入れ鋼を使用しているので，伸縮がなく，布製巻尺より正確である。 写真の形状のものをコンベックスルールともいう。 また，巻尺にはグラスファイバー製のものもある。
2	パ ス （a）外パス （b）内パス	外パスは丸削りしたものの外径や厚さなどの測定に使用する。 内パスは円筒の内径や，溝幅などの測定に使用する。	
3	ノギス	長さや内径・外径の測定に使用する。デプス付きのものは，溝や穴の深さを測定するのに使用する。	副尺によって，本尺の目盛以下の細かい寸法まで読み取ることができる（通常0.05mmまで）。 デジタル表示式もある。
4	マイクロメータ スタンダードゲージ	主として，外径や長さを測定する時に使用する。 スタンダードゲージは，目盛誤差を検査する時に使用する。	普通使用されるものは，外側マイクロメータで，25mmから500mmまで，25mmとびに20種類あり，それぞれ1種類の測定範囲が25mm以内である。また，0.01mmまで読み取れる。 デジタル表示式もある。
5	三角スケール	縮尺した図面から倍尺に使用する。	1/100，1/200，1/300，1/400，1/500，1/600の目盛が打ってある。
6	スコヤ（直角定規） （a）平　　　（b）台付き	直角面のけがきや，工作物の直角度・平面度を検査する時に使用する。	スコヤは，二辺のなす角が正しく直角であるばかりでなく，各面は正しい平行平面に仕上げてある。
7	下げ振り	円すい形のおもりを水糸の先に付けて垂れ下げ，先端と水糸を基準にして鉛直の度合いを測る。	おもりは普通，鋼製か真ちゅう製で重さ90〜150gの各種のものがある。 出所：（株）TJMデザイン

番号	名　称	用　途	関　連　知　識
8	Vブロック・Mブロック	鋼管溶接（フランジ・継手）の支持や管組立て時のひずみ測定に使用する。	90° V形の溝を持ち，精密に仕上げてある。 2個1組になっている。
9	ねじリングゲージ	管用テーパねじのおねじのサイズ確認に使用する。	
10	レベル（オートレベル）	排水の勾配決定や長距離の精密な水平の決定に使用する。	水準儀の望遠鏡を自動的に水平にする装置がついている。 出所：（オートレベル）（株）トプコン （三脚）（株）TJM デザイン
11	レーザ墨出し器	水平－鉛直を出すのに用いる。	面に照射し，水平，直角などの基準となる線を出す精密工具である。 出所：（株）TJM デザイン
12	水準器	表面及び側面に水平気泡管を設け，底面にV形の溝があり，機械類や管の組み立ての際，水平や鉛直を測るのに使用する。	長さは150〜900mmが一般的である。
13	勾配器	排水管やU字溝の施工時に勾配を測定するために使用する。	気泡の位置によって1/50や1/100などの勾配が測定可能であり，水平も測定できる。 出所：（株）アカツキ製作所

番号	名　　　称	用　　　途	関　連　知　識
14	テストポンプ（水圧ポンプ） 	配管後の水圧試験に使用する。	手動式，電動式，脈動式のものがある。
15	ゲージマニホールド 	冷媒の圧力測定や状態の確認等，空調機器のメンテナンス全般に使用する。	冷媒チャージやポンプダウン，真空引き等に使用する。 出所：（株）イチネンTASCO
16	冷媒充てん計量器 	新冷媒，フロンガスを必要量充てんする時に使用する。	

1.3 一般作業用工具

番号	名　　　称	用　　　途	関　連　知　識
1	コンパス （a）コンパス （b）スプリングコンパス （c）片パス	けがき作業で工作物の面に，円や円弧をけがいたり，線を分割したりする時に使用する。 普通型のものと，スプリングの付いたものがある。 片パスは丸棒の中心のけがきや，端面からの寸法をけがく時などに使用する。	焼入れしたコンパスの先端は，荒けがきには45°，精密けがきには30°に正しく仕上げてある。 荒けがき用　45° 精密けがき用　30°
2	センタポンチ	けがき線上の要所にマークを付けたり，穴あけ位置を打刻したりする時に使用する。	先端だけ焼入れして使用する。 60°　5
3	コンクリートたがね （a）平たがね （b）えぼしたがね	コンクリートの穴あけ，はつりに使用する。	工具鋼又は低マンガン鋼が使用される。 先端だけ焼入れして使用する。
4	金切りのこ （a）固定式 （b）調整式	主として棒・板・管などの金属・ビニル管を切断するのに使用する。	固定式のフレームは，一定の長さののこ刃以外には使えない。 調整式は，のこ刃の長さに応じてフレームの長さが変えられる。

番号	名　　　称	用　　　途	関　連　知　識
5	ねじ回し（ドライバ） （a）ねじ回し（マイナスドライバ） （b）十字ねじ回し（プラスドライバ）	主として，小ねじなど頭に溝のあるねじ類の締め付け，取り外しに使用する。 　ねじ回しには，先端の形状によりマイナスとプラスがある。マイナスは刃幅が4.5mm（刃厚0.6mm）から10mm（刃厚1.2mm）まで，プラスではサイズの小さいものからNo. 1 ～ No. 4がある。 プラスドライバのサイズ （JIS B 4633：1998参考） 表（下記） ※衛生器具の取り付けでは2番～3番を使用することが多い。	大きさは全長で表す。 貫通ドライバ 　強く締めたねじや錆びたねじにショックを与えて緩める場合に使用する。 出所：（貫通ドライバ：写真）ベッセル（株）
6	鉄工やすり 平形 半丸形 丸形 角形 三角形	主として，金属を手作業で仕上げる時に使用する。	断面の形状から平形・半丸形・丸形・角形・三角形の5種類があり，目の種類は，原則として複目（単目もある）である。また，目の荒さから荒目，中目，細目，油目に分けられる。 穂先　面　こば　こみ　やすりの長さ 　新しいやすりを使い始める時は，軟らかい金属から使う。
7	ワイヤブラシ	やすり目に詰まった切りくずを落としたり，錆を落とすのに使用する。 　また，溶接部の清掃用としてもよく使用する。	
8	墨つぼ・チョークライン墨出し器 （a）墨つぼ（自動巻き式） （b）チョークライン墨出し器	墨出しに使用する工具である。 （a）墨つぼ 　自動巻取り式の墨つぼが主に使用される。 （b）チョークライン墨出し器 　チョーク粉を使用する。	墨つぼには，朱墨・黒墨があり，墨出しする系統ごとに色分けして使用することもある。 　チョークライン墨出し器は，墨をはじく材質や，墨打ち跡を目立たせたくない材質などに使用する。 出所：シンワ測定（株）

プラスドライバのサイズ（JIS B 4633：1998参考）

呼び番号	1	2	3	4
軸の長さ	75	100	150	200
小ねじの呼び径	～2.9	3～5	5.5～7	7.5～

番号	名　　称	用　　途	関　連　知　識
9	万力（バイス） （a）横万力 （b）シャコ万力（C形クランプ）	作業台に取り付けて，主に手仕上げ及び組立作業の時，工作物を挟んで固定するのに使用する。 　薄板を重ねて加工する時や，工作物をアングルプレートに取り付ける時のように，工作物を一時仮締めするのに使用する。	横万力の口は開きが常に平行である。 横万力の大きさ（標準） <table><tr><th>あごの幅 [mm]</th><th>口の開き [mm]</th><th>口の深さ [mm]</th><th>重量 [kg]</th></tr><tr><td>75</td><td>110</td><td>75</td><td>6.5</td></tr><tr><td>100</td><td>140</td><td>85</td><td>11.2</td></tr><tr><td>125</td><td>175</td><td>95</td><td>16.3</td></tr><tr><td>150</td><td>210</td><td>100</td><td>22.5</td></tr></table>
10	機械万力	ボール盤作業において工作物の固定に使用する。	鋼製の口金を持つ鋳鉄製万力の一種である。
11	パイプ万力（バイス台）	管の加工及び接合する際に管を固定するため使用する。	丸い材料が滑らないよう上歯と下歯で締め付けられるようになっている。 　普通，鉄製又は木製の台に取り付けて使用する。 パイプ万力の寸法 <table><tr><th>呼び寸法 [mm]</th><th>締め付けられる管の呼び径</th></tr><tr><td>80</td><td>6A（1/8B）〜 65A（2 1/2 B）</td></tr><tr><td>105</td><td>6A（1/8B）〜 90A（3 1/2 B）</td></tr><tr><td>130</td><td>6A（1/8B）〜100A（4B）</td></tr><tr><td>170</td><td>15A（1/2B）〜150A（6B）</td></tr></table> 出所：レッキス工業（株）
12	手動ねじ切り器 （a）リード型 （b）オスタ型	手動ねじ切り作業に使用する。	
13	面取り器（パイプリーマ）	硬質ポリ塩化ビニル管の内，外面の面取りを行う。	1個で内，外面の面取りができる。鋼管用・塩ビ管用・銅管用・ステンレス管用の面取り器もある。

番号	名　称	用　途	関　連　知　識
14	塩ビカッタ　　　塩ビ用のこ	硬質塩化樹脂管等の切断に使用する。	塩ビカッタは小口径に使用することが多い。 出所：（塩ビカッタ）（株）松阪鉄工所 出所：（塩ビ用のこ）河部精密工業（株）
15	スクレーパ	ライニング管内面取り，その他，銅，アルミ，プラスチックの面取りを行う。	
16	トーチランプ ガスカートリッジ型	銅管を接合する際に加熱器として使用する。	
17	パイプカッタ（鋼管用）	鋼管の切断に使用する。	1枚刃と3枚刃がある。

表（関連知識欄・番号17）:

カッタ番号		切断できる管の呼び径
1枚刃	1	6A（1/8B）〜 32A（1 1/4B）
	2	6A（1/8B）〜 50A（2B）
	3	25A（1B）　〜 80A（3B）
3枚刃	4	15A（1/2B）〜 50A（2B）
	5	32A（1 1/4B）〜 80A（3B）
	6	65A（2 1/2B）〜100A（4B）
	7	100A（4B）　〜150A（6B）

番号	名　称	用　途	関　連　知　識
18	チューブカッタ　　←A	銅管やステンレス管の切断及び内面取りに使用する。 　刃の交換により，様々な材質の配管作業に使用することができる。	A部が内面取り用のつめである。
19	カッタ（ボルトクリッパ）	鉄線，くぎなどを切断する。	

番号	名　称	用　途	関　連　知　識
20	銅管ベンダ	銅管専用の管曲げ工具である。	なまし銅管を曲げるのに使用する。 呼び径により各種のものがある。 出所：(株) イチネン TASCO
21	フレアツール	フレア継手を用いて銅管を接合する時，銅管の管端をフレア状に拡管する工具である。エキスパンダの付いたハッカと締付け工具で1組になっている。	出所：BBK テクノロジーズ （文化貿易工業 (株))
22	サイジングツール （a）建築用銅管用　　（b）冷媒用銅管用	（a）建築用銅管用 　銅管接続部分の内径，外径を同時に真円修正できる。 （b）冷媒用銅管用 　接合する銅管がコイル（なまし管）の場合に使用する真円修正器である。	（a），（b）それぞれのサイジングツールは，専用で使用する。 　建築用銅管用は，冷媒配管には使用できない。また，冷媒（エアコン）用銅管用は，建築用銅管には使用できない。 出所：因幡電機産業 (株) 電工カンパニー
23	スエジングポンチ（管拡大器）	銅管の切り口の整形及び差込み接合の受け口加工に使用する。	A部が切り口の整形用，B部が管拡大用である。
24	エキスパンダ	銅管の切り口の差込み接合の受け口加工に使用する。	
25	六角棒スパナ	六角穴付きボルトの締め付け，取外しに使用する。	様々なサイズがあるが，家庭用ルームエアコンでは4mmのものが使われることが多い。 出所：(株) エンジニア
26	モンキレンチ（アジャストレンチ）	調整ねじを回すことによって，その口径を自由に調整し，各種のボルトやナットに使用する。	大きさは全長で表す。 柄の短いショートタイプのものもある。 出所：（ショートタイプ）トップ工業 (株)

番号	名　　　称	用　　　途	関　連　知　識
27	スパナ （a）片口スパナ （b）両口スパナ	ボルトやナットの締め付け，取り外しに使用する。	大きさは口幅寸法で表す。両口スパナは左右の口幅が異なっている。
28	トルクレンチ	冷媒のフレアナット等所定のトルクを必要とする場合に使用する。	
29	モータレンチ（イギリススパナ）	ユニオンシモクや，ユニオンの締め付けに使用する。	プラスチック製モータレンチもあり，クロムめっきの洗浄管等の傷を付けてはいけない金具の締め付けに使用する。
30	めがねレンチ	ボルトやナットの周囲を完全に抱きかかえるようにして回すので，スパナに比べて使いやすい。	めがねの部分が柄に対して，15°，45°，60°オフセットしているので，オフセットレンチと呼ぶこともある。
31	ソケットレンチ（ボックスレンチ）	ソケットとハンドルを変えることにより，いろいろな大きさのボルトやナットに使用することができる。 　スパナの入らない狭い場所などのボルト，ナットの締め付け，取り外しに使用する。	ソケットには12角と6角があり，12角は一般的なもので狭い場所での作業に適し，6角はボルト類に対して広い当たり面を持っているので，固く錆びついたナットあるいは黄銅などの軟らかい金属のナットなどに使用する。
32	吊りバンドレンチ	吊りバンド・立バンドの締め・緩めに使用する。	10mm，13mmのサイズに使用することが多い。先端のメガネは吊り金具のタン回し（12mm）に使用する。 出所：トップ工業（株）
33	両口ラチェットレンチ	ボルトやナットの締め付け，取り外しに使用する。	大きさは口径寸法で表し，柄の部分はシノとして使える。 シノ：番線を結束したりする時に使用する工具である。 ラチェット機構： 　　動作方向を一方に制限するための機構である。

番号	名　称	用　途	関　連　知　識
34	コンビネーションプライヤ	ねじ部品の軽い締め付け，取り外しに使用する。 物をつかむ場合にも使用する。	ボルトやナットを回したりすると，プライヤを破損させたり，ボルトやナットの角をつぶしたりするので注意する。
35	ウォータポンププライヤ	ユニオンシモクの締め付けや，衛生器具用金具の取り付けに使用する。	プライヤの一種で，締付け口径が変えられるようになっている。
36	ペンチ	主として銅線，鉄線の曲げ及び切断に使用する。	ペンチで切断できる電線の太さは，ペンチの大きさがだいたい 150mm で φ2.6mm 以下，180mm で φ3.2mm，200mm で φ4.0mm 以下である。
37	ニッパ	電気配線や割りピンの切断及び電線の被覆をむくのに使用する。	
38	ラジオペンチ	狭い場所で物をつかんだり，配線作業に使用する。	サイドに鋭い刃が付いていて，ニッパと同様，電気配線の切断や被覆をむくのにも適している。
39	スナップリングプライヤ （a）穴　用 （b）軸　用	スナップリングの脱着に使用し，穴用と軸用がある。	スナップリングとは，軸やベアリングが軸方向に抜けないように，軸や軸受けの縁に溝を切ってはめるリング状の止め輪のことである。 スナップリング （穴用）　　（軸用） 出所：（スナップリングプライヤ） トラスコ中山（株）
40	バイスプライヤ	部品を組み立てる時，接合部を仮にくわえ，締め付ける。手万力やパイプレンチの代用として使用する。	プライヤと手万力を合わせたような機能を持ち，二重レバーによってつかむ力が非常に強い。

番号	名　　　称	用　　　途	関　連　知　識
41	金切りばさみ（直刃）	板金加工作業に使用する。 　直線及び滑らかで大きな曲線の切断に使用する。	他にやなぎ刃，えぐり刃があり，曲線加工や穴抜き切断に使用する。
42	パイプレンチ	管や継手類のねじ込み，取り外しなどに使用する。	呼び寸法は，最大の管をくわえた時の全長を示す。
43	コーナレンチ	エンドレンチに同じ。	
44	エンドレンチ	コーナ部や狭い所での管や継手類のねじ込み，取り外しなどに使用する。	
45	フットバイス	管や継手類のねじ込み，取り外しなどに使用する。	
46	チェーンレンチ（スーパトング）	大口径の管や狭い部分の管の締め付けに使用する。	
47	ストラップレンチ（ベルトレンチ）	表面仕上げされたパイプ，めっきパイプ，プラスチックパイプ，オイルフィルタなどの取り外し，ねじ込みに使用する。	

パイプレンチ（42番）の関連知識欄の表：

レンチサイズ [mm]	くわえられる管の呼び経	
200	6A（⅛B）	～　20A（¾B）
250	6A（⅛B）	～　25A（1B）
300	10A（⅜B）	～　32A（1¼B）
350	15A（½B）	～　40A（1½B）
450	25A（1B）	～　50A（2B）
600	40A（1½B）	～　65A（2½B）
900	50A（2B）	～　100A（4B）
1 200	65A（2½B）	～　125A（5B）

番号	名　　　　称	用　　　　途	関　連　知　識
48	交流アーク溶接機 （被覆アーク溶接用）	特に鋼材と鋼材の溶接に使用する。	アーク溶接機で金属の溶接，溶断等の作業を行う場合は，特別教育（アーク溶接）を修了した者が行う。
49	ガス溶接装置 （酸素，アセチレン）	鋼材の溶接や切断に使用する。	技能講習修了者でないと，取り扱うことはできない。
50	ドレンクリーナ	パイプ内に詰まったごみなどの清掃に使用する。ヘッドを取り替えるとパイプ内のスケール，錆なども取り除くことができる。	
51	ラバーカップ	強力な水圧で，トイレ，流し台，洗面台などの詰まり除去に使用する。	詰まり除去専用の薬剤といっしょに使うと効果的である。

1.4 電動作業用工具

番号	名　称	用　途	関連知識
1	コンクリートドリル 付刃部	コンクリートの円形の穴あけ用に使用する。	軟鋼鉄板の穴あけにはドリルを使用する。
2	コアドリル	コンクリートモルタルの穴あけに使用する。	コンクリートドリルの一種で，大径の穴あけに使用する。
3	ディスクグラインダ（ベビーサンダ）	管の切断面や溶接部分の仕上げなど，表面仕上げに使用する。	重量は2kgぐらいで軽く，といしの径は100mmである。 　といしを取り替える場合には，特別教育（自由研削といし）を修了した者が行う。
4	電気ドリル	金属，その他の工作物の穴あけ作業に使用する。	電気ドリルの能力は，チャックに取り付けることのできる最大の太さで表し，5，6.5，10，13，20，25，32，45mm などがある。 　一般にポータブルで，作業に制限を受けないので，現場作業や組み立て加工後の製品の穴あけなどに使用する。
5	振動ドリル	コンクリート，タイル，大理石などの穴あけに使用する。	振動と回転及び回転のみの切り替えが可能である。
6	ハンマドリル	コンクリートのはつりと穴あけに使用する。	振動回転とハンマの切り替えが可能である。
7	コードレスインパクトドライバ	ねじの締め付けに用いる。また，穴をあけるのに用いる。	回転と打撃の二つを組み合わせてねじを締め付けるため，強力な締め付けトルクを有すると共に，ねじ頭のつぶれ・ねじの倒れ防止にも有効である。 　各種ドリルビットを装着することで，各種材料の穴あけも可能である。 出所：(株) マキタ

番号	名　称	用　途	関　連　知　識
8	電動ハンマ	コンクリートの破砕とはつりに使用する。	ハンマ専用で，ハンマドリルのハンマより強力である。
9	レシプロソー（セーバソー）	パイプなどの切断に使用する。	出所：(株) マキタ
10	高速度といし切断機	鋼材，丸鋼などを，切断といしを使って切断する。	硬質ポリ塩化ビニルライニング鋼管，ポリエチレン粉体ライニング鋼管，ステンレス鋼管は切断といしの使用厳禁である。　といしを取り替える場合には，特別教育（自由研削といし）を修了した者が行う。
11	帯のこ盤（バンドソー）	鋼管，鋼材を直角切断する。	のこ刃の種類は，鋼管用，ステンレス管用があるので使い分けが必要である。　出所：レッキス工業（株）
12	動力ねじ加工機	電動で管のねじ切りを行うのに使用する。	切断や面取りができるものもある。　出所：レッキス工業（株）
13	卓上ボール盤	電気ドリルは，手で持って作業するのに対し，卓上ボール盤は，定置して使用する。　ドリルの回転は動力で行い，穴あけ作業の送りは手動です。	手に感じる抵抗で送り量を加減する。

番号	名　　　称	用　　　途	関　連　知　識
14	ポートパンチャ	鋼材の穴あけ用として使用する。	
15	両頭グラインダ	工具，刃物の研磨，バリ取りなどに使用する。	といしを取り替える場合には，特別教育（自由研削といし）を修了した者が行う。
16	コードリール	遠方から電源を取る時や，電動工具を数個使う時に使用する。	最近は安全性を考慮した漏電ブレーカ付きのものが多い。
17	真空ポンプ	冷媒配管内を真空状態にする時に使用する。	出所：(株) イチネン TASCO
18	電気ろう付け溶氷機	火炎を使わないでろう付けを行う。また凍結した鋼管の解氷作業に使用する。	

作業名	安全作業の基本的な心がけ	主眼点	安全第一

番号	作業順序	要　　点	図　　解
1	一般心得	〔健康管理〕 1．毎日の訓練を安全に受けられるように，常に健康の維持に努めること。 2．ケガをしたり，体に異常がある場合は，申し出て指示を受けること。 　　自分の体調は他人には分からない。 〔作業環境〕 1．作業環境は4S（整理・整頓・清潔・清掃）を心がけること（図1）。なお，これに躾を追加して5Sと呼ぶこともある。よい環境は安全衛生の基本である。 2．通行と運搬は決められた通路を通る。 〔作業服装〕 1．決められた作業衣・作業帽を清潔にしてきちんと着用する（図2）。 2．必要な保護具は耐用年数や機能などを点検し，安全なことを確認する。 3．現場配管作業で指定された場合，必ず保護帽（安全用）を着用する。 〔作業に対する心得〕 1．安全第一に考え，安全規則を厳守し，常に冷静な態度で安全作業に心がける。 　　安全意識を常に持つこと。 2．規定及び指導員の指示により作業を行い，随意に行動しないこと。 3．共同作業は指揮者の指示に従い，相互の連携を保つこと（図3）。 4．機械，工具設備の使用に際しては，必ず指導員の許可及び指示を受ける。 5．作業前・作業後に，自分で使用する機械，工具，治具は自分で点検する。安全チェックリストを作成し，活用を習慣づける。 6．工具，材料，製品等は指定されたとおり，常に定位置に整理しておく。 7．故障，損傷及び不良箇所を発見した時は，直ちに使用を停止し，指導員に連絡する。 8．機械や工具の安全な作業方法（取扱い方法，危険度，保護具）をよく理解する。安全作業法は技能の向上，また災害の防止につながる（図4）。 9．異常（けが・音・におい・振動等）が発生したら，直ちに作業を中止し，速やかに報告をする。	整理整頓は 1．不必要なものは処分すること。 2．必要なものだけを手近に置くこと。 3．どんな品物にも一つひとつの置き場所を決めること。 4．用具・材料はいつもきちんと定まった場所に置くこと。  図1　工具の整理・整頓  図2　作業時の服装  図3　作業手順は十分な打ち合わせをすること

図4　各種工作機械の安全な作業方法

作業名	安全作業の基本的な心がけ	主眼点	安全第一

番号	作業順序	要　点	図　解
2	災害事故防止	〔火気の安全〕 1．引火性物，可燃性物，爆発性物等の取り扱いに際しては，性質や周囲の状況に応じて安全適切に行う（図5）。 2．喫煙所，ストーブ，灰捨場など火気を使用する時は指定する場所で行い，後始末は確実に行う。 〔電気設備の取扱い〕 1．感電する危険性のある電気機械器具の充電部分には，囲い又は絶縁覆いを設ける（図6）。 2．誤操作や感電を防止するために必要な照度を保持する。 3．対地電圧150Vを超える電気機械器具は，感電防止用漏電遮断装置を設ける。 4．感電防止用漏電遮断装置の使用が困難な時は，金属外枠等の金属部分が接地されていることを確認する。 5．アーク溶接等の作業に使用するホルダは，絶縁性と耐熱性を有するものを使用する。 〔高所作業〕 1．高さ1.5mを超える箇所で作業を行う場合は，昇降設備を設ける。 2．高さ2.0m以上で作業を行う場合で墜落の危険がある時は，作業床を設ける。設けられない場合は，防網を張ったり，墜落制止用器具（通称「安全帯」）を使用する等の方法を講ずる。 3．材料工具等の落下に気を付ける。また，本人も工具を落とさないよう注意する。	 図5　火気の安全 図6　絶縁不良
3	安全装置等の取扱い	1．安全装置等の機能をよく理解する（図7）。 2．安全装置等を取り外したり，又はその機能を失わせない。 3．安全装置等が取り外された，又はその機能を失ったことを発見した場合は，その機械の運転を「止めて」直ちに報告する。 4．修理が完了するまでは，その機械を運転してはならない。 　使用不可の表示をする。	 図7　安全装置の取り扱い
4	共同作業	1．2人以上の作業は，必ず役割分担をして合図する指示者を決める（図8）。 2．作業者は，指示者の合図によって作業し，指示以外の作業はしない。 3．途中から手伝う者は，必ず指示者の許可を受ける。 　共同作業は合図者が第一である。指示者と作業者の明確な役割分担を行うこと。	 図8　合図をすること

作業名	安全作業の基本的な心がけ		主眼点	安全第一

番号	作業順序	要　　　点	図　　解
5	運搬作業	1．安全靴等必要な保護具を着用する。 2．物の上げ下ろしや，押す引く作業は，急な動作，腰のひねり等を避け，後ろ向き歩きは禁止する。 3．手運搬作業をする時は丸くて長いもの，転がりやすいもの，重心の移動するものはバランスをとってから行う。 4．共同作業は合図する指示者を決め，合図で物を持ち上げ，移動して合図で下ろす。 　　重量の目安を守ることが，腰痛防止の上でも大切である（図9）。	女子　体重×0.4×0.6 男子　体重×0.4 　上記の重さ以上のものは，単独での取り扱いを避け，極力運搬車を使用するか，又は分割する。それができない時は共同作業で行う。 ○　　　　× ○　　　　× 図9　物を持ち上げる姿勢

備

考

【熱中症について】
　「熱中症」は，高温多湿な環境に長くいることで，徐々に体内の水分や塩分のバランスが崩れ，体温調整機能がうまく働かなくなり，体内に熱がこもった状態を指す。屋外だけでなく室内でも何もしていない時でも発症し，救急搬送されたり，場合によっては死亡することもある。特に夏場は，訓練中でもこまめに水分補給を心がけること。

【安全衛生教育について】
　労働安全衛生関係法令には，事業者が講ずるべき措置と，労働者の守るべき義務として，機械の本質安全化やその必要措置が規定されており，労働者の安全と健康を確保し，快適な作業環境の形成を促進することを目的にしている。これらの法律には，就業にあたっての措置として，安全衛生教育が定められている。一定の危険有害業務（アーク溶接など）に労働者を就かせる場合，特別の教育を実施するように義務づけ，また，免許試験，技能講習などによる資格を有する者以外の就業を制限している。

【労働安全衛生関係法令とは】
　事業者に講ずるべき措置と，労働者の守るべき義務が定められており，機械の本質安全化やその必要措置が規定され，労働者の安全と健康を確保し，さらに快適な作業環境の形成を促進すること目的にしている。

労働安全衛生法（法律）
　└労働安全衛生法施行令（政令）
　　├労働安全衛生規則（省令［以下同じ］）
　　├ボイラー及び圧力容器安全規則
　　├クレーン等安全規則
　　├ゴンドラ安全規則
　　├有機溶剤中毒予防規則
　　├鉛中毒予防規則
　　├四アルキル鉛中毒予防規則
　　├特定化学物質障害予防規則
　　├高気圧作業安全衛生規則
　　├電離放射線障害防止規則
　　├酸素欠乏症等防止規則
　　├事務所衛生基準規則
　　├粉じん障害防止規則
　　├石綿障害予防規則
　　├機械等検定規則
　　└労働安全コンサルタント及び
　　　労働衛生コンサルタント規則
　　　参考図1　労働安全衛生関係法令

【参　考】
労働安全衛生規則（一部抜粋）
　第36条　特別教育を必要とする業務
　　1　研削といしの取替，取替時試運転業務
　　3　アーク溶接機を用いて行う金属の溶接，溶断等の業務
　　26　酸素欠乏危険作業にかかる業務
　　39　足場の組立て，解体又は変更の作業に係る業務
　第104条　運転開始の合図
　第105条　加工物等の飛来による危険の防止
　第110条　作業帽等の着用
　第111条　手袋の使用禁止
　　　※ボール盤，面取り盤等の回転する刃物に作業中の労働者の手が巻き込まれるおそれのある時
　第329条　電気機械器具の囲い等
　第331条　溶接棒等のホルダー
　第333条　漏電による感電の防止
　第335条　電気機械器具の操作部分の照度
　第518条　作業床の設置等
　第526条　昇降するための設備の設置等

番号	No. 3. 1 - 1

作業名	卓上ボール盤による穴あけ作業	主眼点	操作と穴あけ

図1 卓上ボール盤

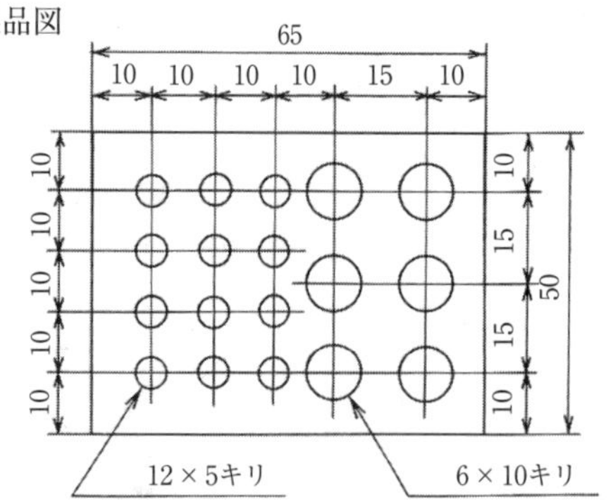

製品図

図2 けがき（製品例）

12×5キリ　　6×10キリ

材料及び器工具など

軟鋼〔(例) 65×50×t 9〕
ドリル
卓上ボール盤
平万力
けがき針
スケール
ポンチ
ハンマ
保護めがね
切削油

番号	作業順序	要　　　点	図　　解
1	材料の準備をする	1．材料（工作物）に穴あけ位置をけがく（図2）。 2．穴あけ位置にポンチを打つ（図3）。 3．工作物を平万力に水平に固定する（図4）。 　　ボール盤による穴あけ作業では，工作物の保持に十分注意することが大切で，特に小物部品や板厚の薄い材料などでは，ドリルが材料に食い込んだ時，工作物が振り回されやすく非常に危険である。必ず回転止めや保持具を利用する。	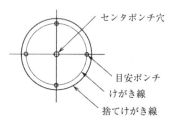 センタポンチ穴 目安ポンチ けがき線 捨てけがき線 図3　ポンチの打ち方（例）
2	ドリルの回転速度の設定	工作物の材質及び使用するドリル径に適した回転速度に設定する。 （1）上部のベルトカバーをあける（図5）。 （2）締付けねじを緩め，ベルト・テンションレバーを緩み側に押して，ベルトを緩める。 （3）適切な回転速度となるプーリ位置にベルトを掛ける（図6）。 ※ベルトが斜めに掛からないよう注意する。 （4）テンションレバーを張る側に押してベルトを張り，締付けねじを締めて固定する。 　　Vベルトの中間部付近で2本のベルトを手で挟み，適切に張られていることを確かめる（図7）。	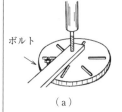 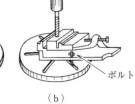 ボルト ボルト （a）　　　（b）
3	ドリルをチャックに取り付ける	1．ドリルチャックのスリーブを手で回し，つめをドリル径より少し大きめに開く。 2．ドリルのシャンク部を3本のつめの中央に差し込み，スリーブを回して固定する（図8）。 　　ドリルを差し込む深さは，刃部がつめにかからない程度にできるだけ深く入れる。	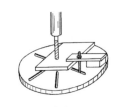 （c） 図4　工作物の固定方法

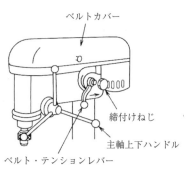

ベルトカバー
締付けねじ
主軸上下ハンドル
ベルト・テンションレバー
図5　卓上ボール盤の上部

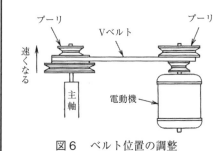

プーリ　　プーリ
Vベルト
速くなる
主軸　　電動機
図6　ベルト位置の調整

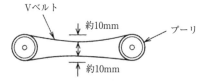

Vベルト
約10mm
プーリ
約10mm
図7　ベルトの張り加減

作業名		卓上ボール盤による穴あけ作業	主眼点	操作と穴あけ
番号	作業順序	要　点		図　解
3		3．チャックハンドルを用いて，チャックの3カ所の穴をそれぞれ利用して，しっかりと締め付ける。 4．起動スイッチを入れてドリルを回転させ，ドリルの取付け状態に異常がないか調べる。 5．スイッチを切っておく。		 図8　ドリルの取付け方
4	テーブルの位置を決める	1．工作物をセットした平万力をテーブルの上に静かに載せる。 2．テーブル固定レバーを緩め，上下ハンドルを回し，工作物をドリルの先端から約20mm程度の距離に調整するとともにテーブル左右位置の調整をして，テーブルを固定する（図9）。 　貫通穴をあける場合は，工作物の裏面の状況にも注意を払い，ドリルが抜け出た時に作業台あるいは万力などを傷つけないように，工作物とテーブルの位置を調整する。 3．穴あけ深さ設定用ストッパを深さ位置に，あるいは，貫通穴の場合は，ドリル先端が工作物裏面から10mm程度出る位置に固定する。		 図9　テーブル位置の調整
5	穴あけをする	1．ドリルの中心と工作物のセンタポンチ穴を合わせる（図10）。 　ドリル先端を工作物に軽く触れながら，直角2方向から見ながら正確に合わせる。 2．スイッチを入れ，ドリルを回転させる。 3．右手でハンドルを握り，左手で平万力（工作物）を押さえ，まず，軽く試しもみをして，ドリル先端が正しくポンチ穴と合っているかを調べる。 4．ハンドルを徐々に下げ，切りくずの状態を見ながら一定の力を加えてドリルを送る。 （1）切りくずが滑らかに，同じような幅と厚さで出てくるのがよい（図11）。 （2）切りくずが長くなると，ドリルに巻き付いたり振り回されることがある。この場合はドリルを送る力を一度緩め，切りくずを分断させる。 5．時々切削油を注油する。 　深穴の時は，時折ドリルをいったん穴から抜き，切りくずを取り除いたり注油しながら行う。 6．貫通穴で，刃先が裏面に抜け出る状態に近づいたら，ドリルの送りを小さくし，断続的に少しずつ切り込み，刃が工作物に食い付かないように注意する。 7．穴があいたら，静かにドリルを上げて，スイッチを切る。		 図10　センタの合わせ方
6	ドリルを取り外す	左手でドリルが落ちないように支え，右手でチャックハンドルを回してドリルを抜き取る。		 図11　よい切りくずの状態
7	後始末をする	切りくずをよく払い，油をぬぐい取って，ボール盤やその周辺を清掃する。ドリルは所定の場所に保管する。		
備考	【安全衛生】 1．綿製の手袋は，ドリルや切りくずなどに巻き込まれて災害を起こす原因となるので，使用しない。 　切創防止用手袋（パラ系アラミド繊維手袋）等を使用する際は，管理者に確認すること。 2．保護めがねを着用する。			

| 作業名 | 帯のこ盤の取扱い方 | 主眼点 | 操作と切断 |

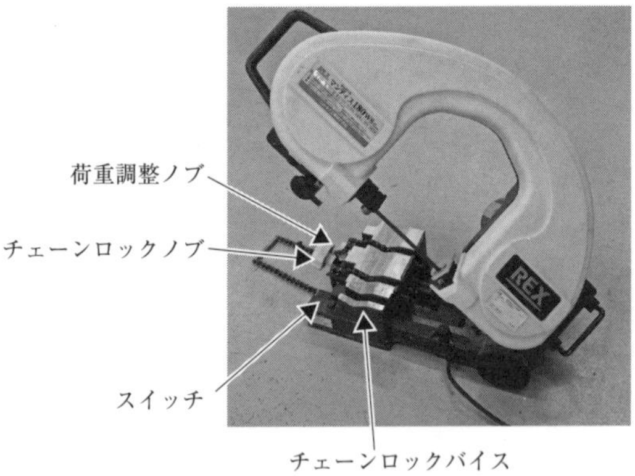

荷重調整ノブ
チェーンロックノブ
スイッチ
チェーンロックバイス

図1　帯のこ盤と各部の名称

材料及び器工具など

配管用炭素鋼鋼管 JIS G 3452（15～100A）
のこ刃
帯のこ盤
パイプ受け台（長尺材料の時）
モンキレンチ
ハンマ
スケール
けがき針
小ぼうき

番号	作業順序	要　点	図　解
1	準備する	1．ガイドローラーなどに，のこ刃が確実に取り付けられていることを確認する。 2．テンションレバーを確認し，しっかりとのこ刃の緩みがないように締め付ける。 3．荷重調整ノブを，切断荷重と管種・材料肉厚に合わせて設定する（図4）。	 荷重調整ノブ 図2　管の固定
2	本体フレームを上げる	本体フレームを最上部まで上げる。	
3	管をテーブルに固定する	1．チェーンロックノブ（図1）を回し，チェーンを緩め，口金を広げて管を載せる。 2．切断けがき位置とのこ刃の位置を正しく合わせる。 3．鋼管を水平に安定させ，動かないようしっかりと締め付ける（図2）。	
4	のこ刃を管に近づける	1．本体フレームを下げ，管とのこ刃のすきまが約5mmぐらいの位置で止める。 2．切断けがき位置とのこ刃が正しく合っていることを確認する（図3）。	 図3　けがき位置とのこ刃が合っていることを確認
5	切断する	1．スイッチ（図1）を入れ，のこ刃を回転させる。 2．本体フレームをさらに下げ，のこ刃が管に当ったら，手を離す。 3．のこ刃が徐々に切り下がる。 4．鋼管が切断されると，自動的にのこ刃の回転が止まる。 5．本体フレームを最上部まで上げる。 6．チェーンロックノブを緩め，管を取り外す。 7．テーブルの上の切粉を小ぼうき等で取り除く。	 図4　荷重調整ノブ

| 備考 | 1．長尺の管は，受け台を使って管をテーブルに水平に配置してから切断する。
2．材料に適した荷重条件とする。
3．鋸刃の取り付け，確認作業は必ず元電源を切ってから行うこと。 |

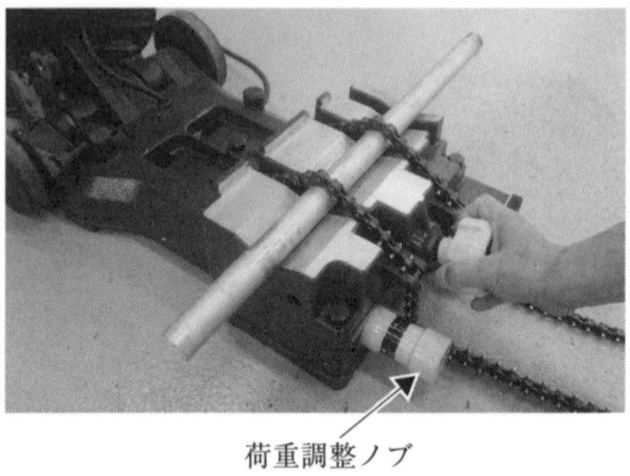

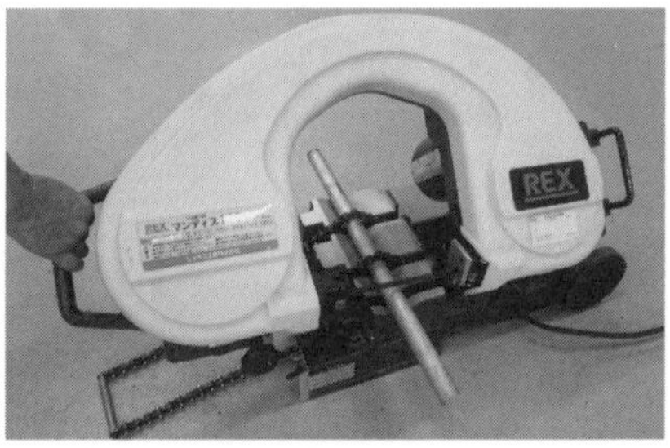

出所：（図1～図4）レックス工業（株）
参考規格：JIS G 3452：2019「配管用炭素鋼鋼管」

作業名	高速といし切断機の取扱い方	主眼点	操作と切断

図1　高速といし切断機と各部の名称

材料及び器工具など

配管用炭素鋼鋼管 JIS G 3452（25〜50A）
切断といし
高速といし切断機
受け台
保護めがね
防じんマスク
片手ハンマ
火花受け

番号	作業順序	要　点	図　解
1	準備する	1．電源が切れていることを確認してから，切断といしの取付け金具が緩んでいないかを確認する。 2．切断といしのひびや傷を調べる。 3．防じん保護めがねを着用する。 4．スイッチを入れ，といしを回転させて振れなどの異常がないことを確認する。 5．火花受けを用いて周囲の安全を確保する。	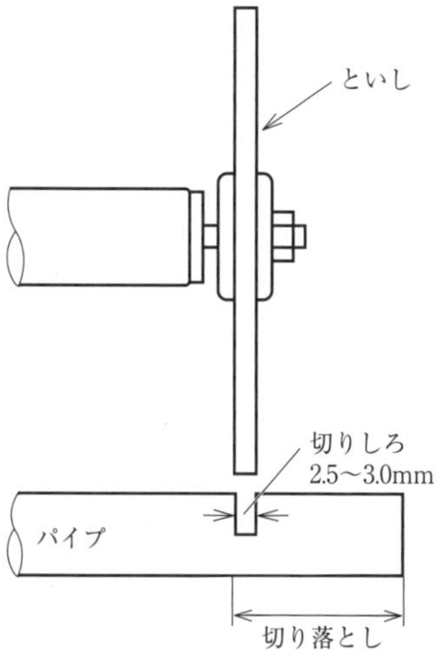 図2　パイプの位置合わせ
2	管を万力に固定する	1．バイスハンドルを回して万力の口金を開き，管を載せる。 2．切り落とし側を右側に出す。 3．長尺物は受け台で管を水平に支える。 4．テーブルに水平になるように管を押し付ける。 5．ハンドルを下ろし，といしとけがき線の位置をといしの左端に合わせてから，再び上に上げておく（図2）。 6．鋼管が動かないように固く締め付ける（図3）。	
3	切断する	1．スイッチを入れ，といしを回転させる。 2．ハンドルを両手で支え，静かに管に近づける。 3．徐々にハンドルを下げ，切り込む。 4．といしが上下に振動しないように，切断機の自重を利用して切り下げていく。 5．切り落ちる手前で自重を支え，切下げをゆっくりにして，切り落とす。 6．ハンドルを上げ，元の位置に戻す。	
4	管を外す	1．スイッチを切る。 2．といしの回転が完全に止まるまで待つ。 3．バイスハンドルで万力を緩め，材料を取り外す。	図3　管の固定

備考	1．切断といしは側面からの衝撃には非常に弱く，回転中又は停止中にも横から圧迫するとすぐに破損するので，十分注意して使用すること。 2．切断といしが破損したり，摩耗して使用できなくなったら，新しいといしの傷の有無を調べ，責任者に完全なものと取り替えてもらうこと。 　（1）硬質塩化ビニルライニング鋼管，ポリエチレン粉体ライニング鋼管，ステンレス鋼管は，切断といしを使用して切断することは厳禁である。 　（2）加工物は確実に固定し，作業中は動かさないこと。 　（3）といしを工作物に当てる時はゆっくりと当て，刃の破損の防止をする。

参考規格：JIS G 3452：2019「配管用炭素鋼鋼管」

			番号	No.3.4-1
作業名	両頭研削盤による研削作業	主眼点		操作と研削

図1　両頭研削盤と各部の名称

材料及び器工具など

軟鋼〔(例)□20×100〕
両頭研削盤
ウエス
ドレッサ
保護めがね

番号	作業順序	要　点	図　解
1	準備する	1．シールドをウエスできれいに拭く。 2．冷却水を準備しておく。	 図2　ワークレストと調整片の正しい位置
2	安全を確かめる	1．といしを手で回しながら，傷や割れがないかを調べる。 2．ワークレスト（工作物支持台）といしのすきまが，1～3mmになっているかを調べる（図2）。 3．調整片といしのすきまが3～10mmになっているかを調べる。	
3	始動する	1．必ず保護めがねを着用する。 2．といしの正面を避けて立つ（図3）。 3．スイッチを入れ，1分間以上の試運転を行う。 　振動が大きかったり，異常な音が発生する場合は使用しない。	 図3　といしの正面を避けて立つ
4	といし面を修正する （ドレッサをかける）	といしの研削面が，変則摩耗や目詰まりの状態になっている時は，ドレッサを用いて修正する（図4）。 1．ドレッサの柄を両手でしっかりと持つ。 2．ドレッサの下端をワークレストに載せ，といしに軽く当てる。 3．ドレッサを押し付ける力をやや強めて，左右に移動させながら研削面全体を一様に修正する。	
5	研削する	1．工作物を両手でしっかりと持ち，ワークレストに載せる。 2．工作物を，ワークレストの上を滑らせるように，といしに静かに近づけて，研削を開始する。 　特に，角部や板厚の薄い材料を研削する時は，工作物がといしにはね飛ばされることがあり，危険である。必ずワークレストを使用し，最初は軽く触れる状態から始める。 3．工作物に研削圧を与え，といしの研削面全体を使って研削する。 　（1）工作物をといしに激突させたり，無理な力で押し付けない。 　（2）といしの側面を使用して研削しない。 　（3）工作物がといしから外れて，手がといしに当たらないように注意する。	図4　といしの研削面の修正

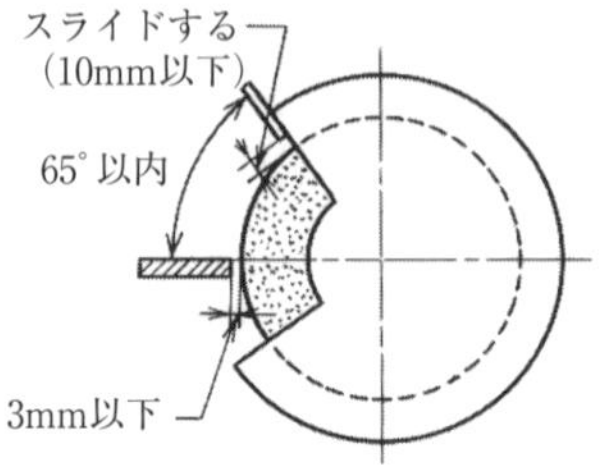

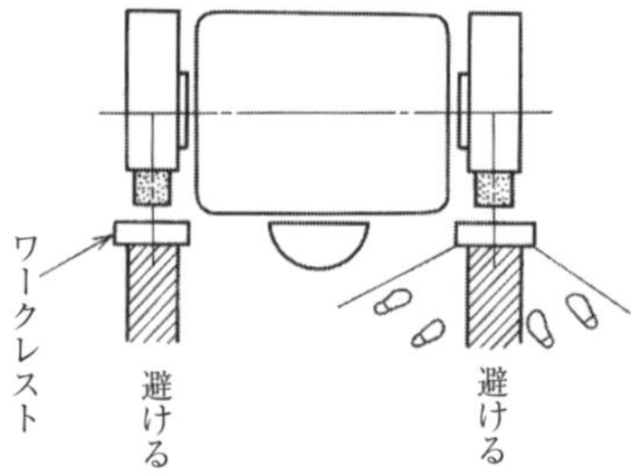

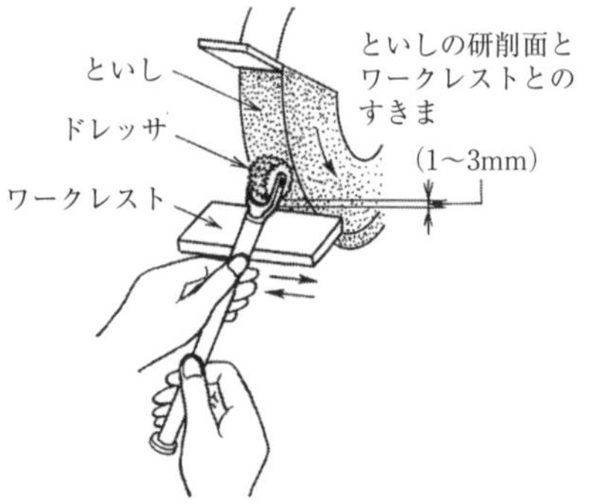

作業名	両頭研削盤による研削作業	主眼点	操作と研削

番号	作業順序	要　　点	図　　解
5		4．時々研削を中止して，工作物を水で冷やすとともに研削状態を調べる。 （1）研削による発熱で，工作物が非常に高温になる場合があるので，やけどに注意する。 （2）焼入れしてある材料の場合は，特に早め早めに水冷して，焼きが戻らないように注意する。	
6	後始末をする	1．スイッチを切り，といしが完全に止まるまで待つ。 2．研削盤全体をウエスで拭くとともに周囲を清掃する。 3．冷却水を取り替えておく。	

備 考	1．作業のじゃまになるからと，保護覆いや調整片は絶対に取り外して研削してはならない。 2．といしの側面を使用してはならない。 3．といしを交換する時は，次のことに留意する。 　（1）特別教育（自由研削といし）を修了した者以外は，業務でといしの交換を行ってはいけない。 　（2）といしを木ハンマなどで軽くたたいて，割れの有無を調べる。 　（3）といしとフランジの間には，必ずパッキンを入れて締め付ける。 　（4）といしを交換したら，3分間以上運転して，安全を確かめた後に使用する。 　（5）新しいといしに添付されている検査表は，参考のためにとっておくとよい（参考表1）。

参考表1　研削といし検査表

と材種別	A
粒　度	60
結合度	N
組　織	5
結合剤	V4T
形　状	1号縁形A
寸　法	150×16×12.70
回転試験速度	3000^{m}/min
最高使用周速度	2000^{m}/min

作業名	コンクリートたがねの研削作業	主眼点	刃先の研ぎ方

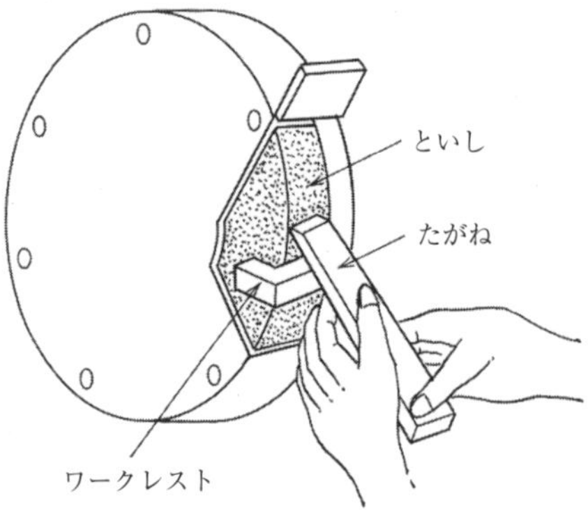

図1　作業姿勢

材料及び器工具など

コンクリート用平たがね
コンクリートたがね
保護めがね

番号	作業順序	要　　点	図　　解
1	準備する	1．必ず保護めがねを着用する。 2．たがね刃先の摩耗や傷を調べる。 3．といしの正面を避けて立つ。 4．スイッチを入れ，1分間以上の試運転を行う。	
2	先端を研削する	1．たがねを両手で持ってワークレストに載せる。 2．静かにといしに当て，刃先角を検査しながら仕上げる（図1）。 3．刃先が熱でなまらないように，時々水で冷却する。

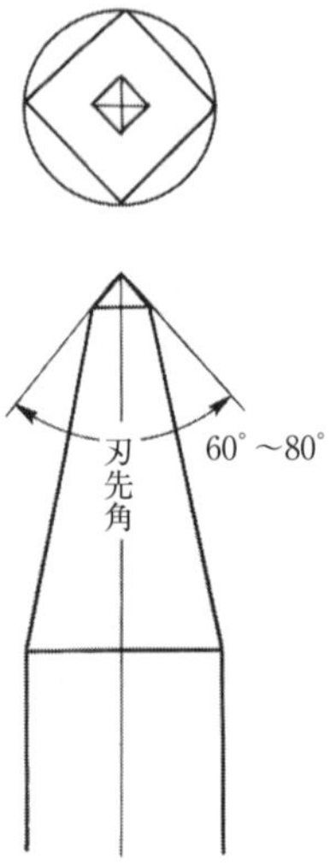

図2　コンクリートたがね |
| 3 | 検査する | 1．刃先角が60°〜80°以内に研磨できているか調べる（図2，図3）。
2．摩耗部，欠損部が取れているか調べる。 |

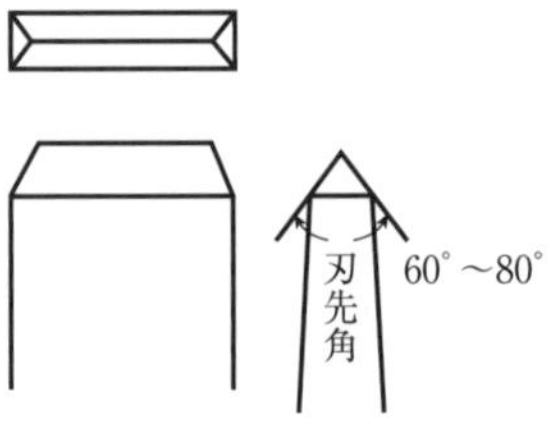

図3　コンクリート用平たがね |
| 備考 | | | |

作業名	ディスクグラインダによる研削作業	主眼点	操作と研削

図1　作業姿勢（正面）

材料及び器工具など

溶接試験片など
ディスクグラインダ
保護めがね
防じんマスク
（万力）

番号	作業順序	要　　点	図　　解
1	準備する	1．ディスクグラインダの各部の点検をする。 （1）といしとその取付け状態に異常がないか。 （2）スイッチ及び本体に異常がないか。 （3）電気コード及びプラグに異常がないか。 2．工作物を固定する（小さな工作物は万力に固定する）。 　　グラインダ作業は，常に周囲の状況に注意して行い，必要に応じてつい立てなどを利用する。 （1）付近に燃えやすい物（油，ガソリン，アセチレン容器，紙，ウエスなど）がないか。 （2）他の作業者の迷惑にならないか，など。 3．保護めがねを着用する。 4．電気コードをコンセントに接続してスイッチを入れ，といしの回転状態に異常がないかを点検する。	 図2　ディスクグラインダ 図3　作業姿勢（側面）
2	作業の姿勢をとる	1．右手で本体を，左手はスイッチを押せる状態で持つ（図2）。 2．両わきを締め，身体の正面にしっかりと構え，安定した姿勢をとる（図3）。	
3	研削する	1．といしの角度を研削面に対して約30°に構える（荒削り）（図4）。 　　といしの角度は，荒→中→仕上げと徐々に小さくする（といしは，切断用でなく必ず研磨用（図5）を使用すること）。 2．スイッチを入れ，研削を開始する。 （1）最初は，といしを軽く研削部に触れて，目的の場所が研削できているかを確認する。 （2）凹凸がある場合は，平均に平らになるまで，手前に引く方向に研削する（広い範囲は前後に押引きして研削する）。 3．研削状態をよく確認しながら作業する。 （1）といしを無理に材料に押し付けないで，グラインダ本体の重さを利用する。 （2）時々作業を中断し，研削部を手で触って確認するなど，削りすぎないよう注意する。 4．スイッチを切り，といしの回転が止まってから作業台に置く。	 図4　といしの角度 図5　といしの種類 　（切断用（上）と研磨用（下））

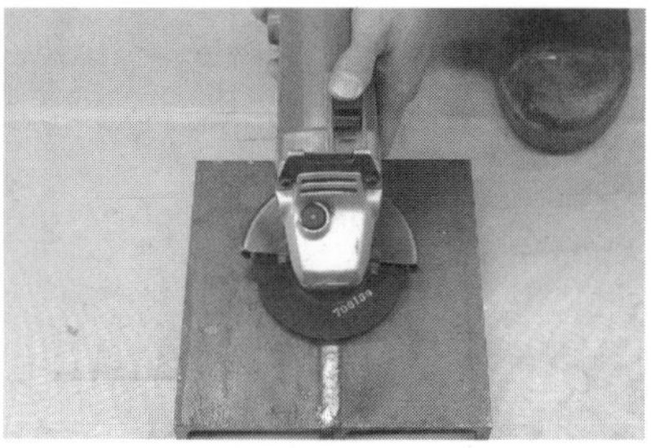

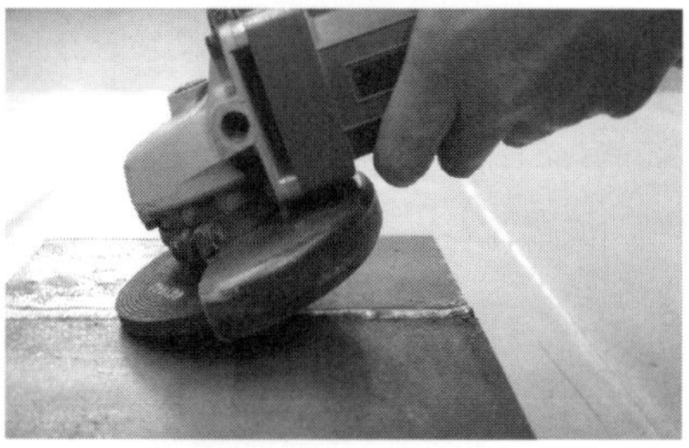

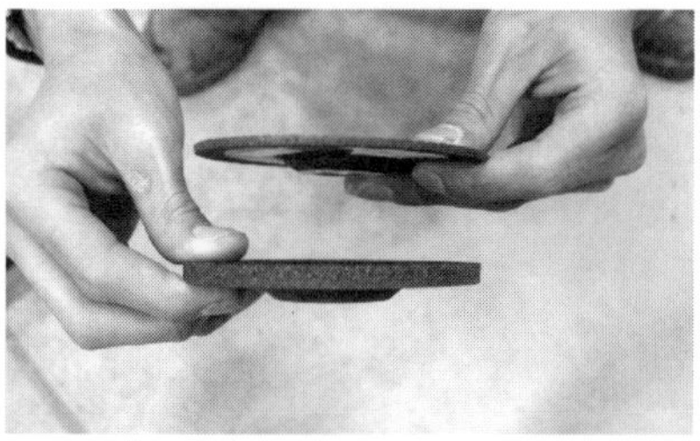

作業名	電気ドリルによる穴あけ作業	主眼点	操作と穴あけ

	材料及び器工具など

図1　電気ドリル

軟鋼（山形鋼など）
切削油
ウエス
電気ドリル本体
ドリル
チャックハンドル
けがき針
ポンチ
ハンマ

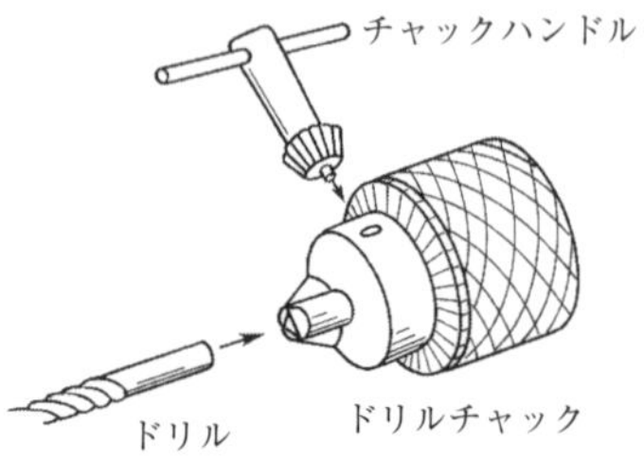

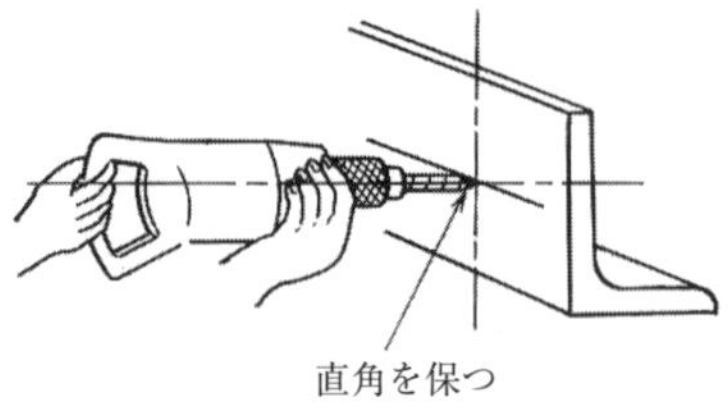

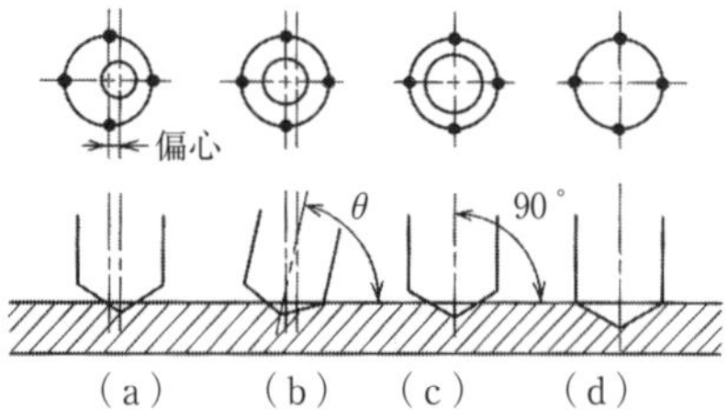

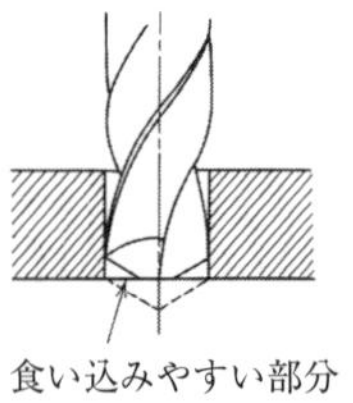

番号	作業順序	要　　点	図　　解
1	準備する	1．穴あけ位置をけがき，中心にセンタポンチを打つ。 2．工作物を固定する。 3．電気ドリルの各部に異常がないか点検する。 4．ドリルチャックのスリーブを手で回し，つめをドリル径より少し大きめに開く。 5．ドリルのシャンク部を3本のつめの中央に差し込み，スリーブを回して固定する。	チャックハンドル ドリル　ドリルチャック 図2　ドリルの取り付け
2	ドリルを取り付ける	1．ドリルチャックにドリルを差し込み，チャックハンドルで3カ所の穴を用いて平均にしっかり締める（図2）。 2．電気コードをコンセントに接続する。 3．スイッチを入れ，ドリル先端に振れがないかを調べる。 4．保護めがねを着用する。	直角を保つ 図3　正しく保持する
3	試しもみをする	1．右手で握り部を持ち，左手は電気ドリルの胴部を支えて安定した姿勢をとる（図3）。 2．センタポンチ穴にドリル先端部を軽く当て，ドリルを工作物面に直角に保ってしっかり構える。 3．スイッチを入れて，軽く試しもみをする。 　中心が狂っている場合は，ドリルの角度を変えて少しずつ修正する（図4）。	偏心　θ　90° （a）（b）（c）（d） 図4　中心位置の修正の方法
4	穴あけをする	1．ドリルが穴あけ面に対して常に直角になっていることに注意しながら，一様な力で押す。 2．時々切削油を注油する。 3．穴の抜けぎわに近くなったら押す力を緩め，少しずつ慎重に作業して，ドリルの食込みを防ぐとともに，ドリルが急激に突き抜けるのを防ぐ（図5）。 4．穴が貫通したら，静かに真っすぐドリルを引き抜く。 5．スイッチを切る。	食い込みやすい部分 図5　穴の抜けぎわに注意
5	後始末をする	1．電源コードをコンセントから抜いた後，ドリルをチャックから外す。ドリル及び本体をウエスで拭き，所定の場所に保管する。 2．周囲を清掃する。	
備考	出所：（図1）工機ホールディングス（株）		

| 作業名 | レシプロソーの取扱い方 | 主眼点 | 操作と切断 |

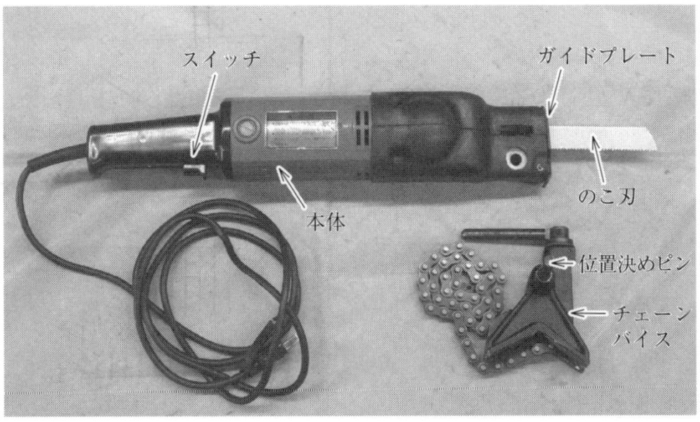

図1　レシプロソーと各部の名称

材料及び器工具など

鋼管（15～50A）
レシプロソー
パイプ万力
油さし
六角棒レンチ
スケール
保護手袋
保護めがね

番号	作業順序	要　点	図　解
1	準備する	1．鋼管に適したのこ刃を選び，取り付ける。 2．適切な方法でのこ刃を取り付け，抜けてこないか確認する（図2）。	 図2　のこ刃の固定
2	管を固定する	パイプ万力に鋼管を，緩まないように確実に締め付ける。	
3	チェーンバイスを固定する	鋼管にチェーンバイスを，位置決めピンの溝と切断位置を合わせて，緩まないように確実に固定する（図3）。 ※位置決めピンの溝が切断位置の目安となる。	 位置決めピン 図3　管への固定
4	切断箇所に合わせる	1．チェーンバイスの位置決めピンに本体の穴を通し，バイスに当たるまで押し込む（図4）。 2．チェーンバイスを緩め，のこ刃を切断位置に合わせ，再度確実に固定する。	
5	切断する	1．のこ刃を鋼管に軽く当てた状態でスイッチをONにする。 2．のこ刃は前後に動く。 3．左手で本体の先，右手でスイッチを操作する。 4．切断の際は，大きな力を加えず，ゆっくりと静かに切断する。 5．鋼管等の金属を切断する際は，熱い切りくずが飛散するので，保護めがねや手袋等の保護具を着用する。 6．切り落とした後，スイッチを戻し，停止させる。	 図4　レシプロソーの取り付け
備考		1．鋼管以外は，切断材料に適したのこ刃を選び，取り付ける。 ※機種により異なるので，取扱説明書を確認する。 2．チェーンバイスが使用できない場合は，のこ刃を鋼材の切断位置に置き，ガイドプレートを鋼材に強く押し付けてから切断する。 3．壁や隣接する障害物の近くで切断する場合は，刃先が障害物に当たらないよう，確認してから作業をする。	

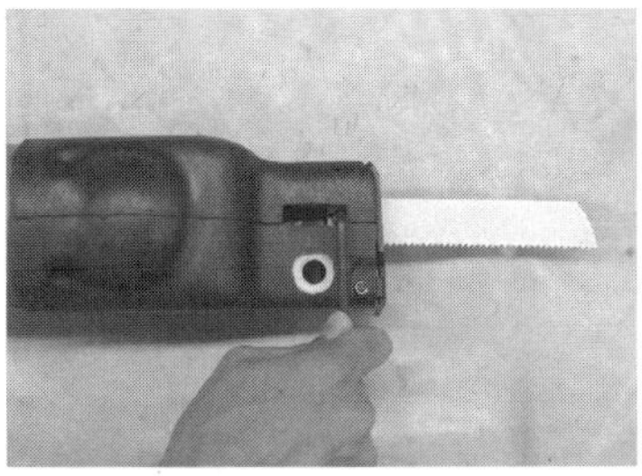

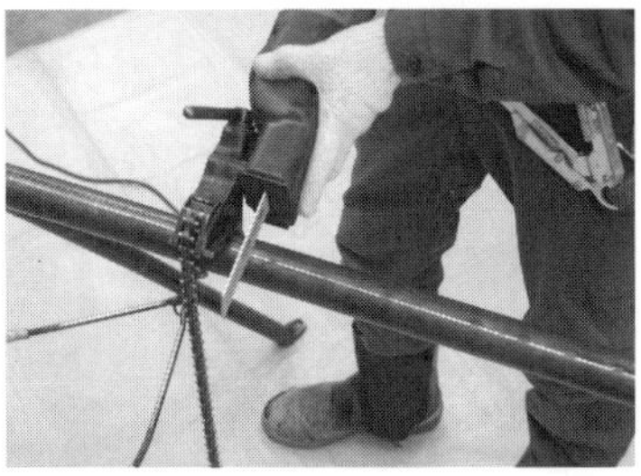

作業名	万力の取扱い方	主眼点	取扱い方と手入れ

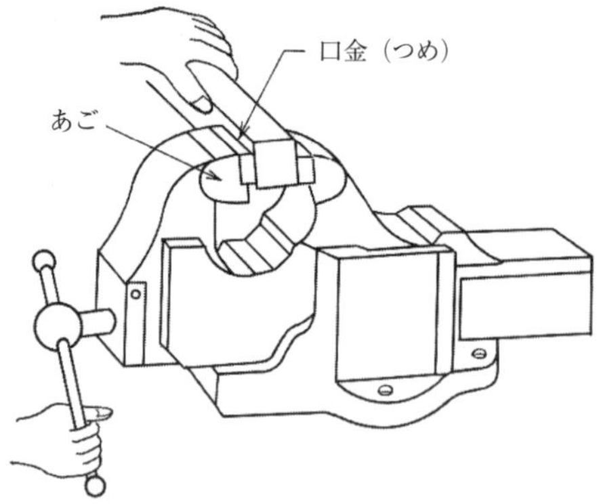

図1　万　力

材料及び器工具など

軟鋼〔(例) □30×80〕
横万力
手ぼうき
ウエス

番号	作業順序	要　　点	図　　解
1	準備する	1．口金部分及びハンドルのごみや油をウエスで拭き取る。 2．口金部にガタなどの異常がないか，ハンドル操作が滑らかに口金の開閉ができるか，などを点検する。 3．工作物を万力の左側に置く（図2）。	
2	口金を開く	ハンドルの下端を右手で持ち，左に回す（図2）。 工作物の大きさよりやや広めに開く（図3）。	
3	工作物をくわえる	1．左手で工作物を持ち，口金から10mm くらい出して中央に水平に支える（図4）。 2．右手でハンドルを右に回し，工作物を締め付ける。 3．工作物の位置が適切であることを確かめ，両手でハンドルを操作して強く締め付ける。 4．ハンドルが作業のじゃまにならない位置にセットする。	
4	工作物を外す	1．口金を開いた時に工作物が落下しないよう，左手で工作物を支える（図4）。 2．右手でハンドルの端を握り，左に回して口金を開く（図4）。 3．工作物を作業台のもとの位置に戻す（図2）。	
5	後始末をする	1．手ぼうきで万力全体の切粉やごみをよく払う。 2．油を含んだウエスで万力全体を拭き，錆の発生を防止する。 3．万力の口金を閉じる。 　万力の緊張を緩めるため，口金が密着しない状態まで閉じ，ハンドルを垂直に下げておく。	

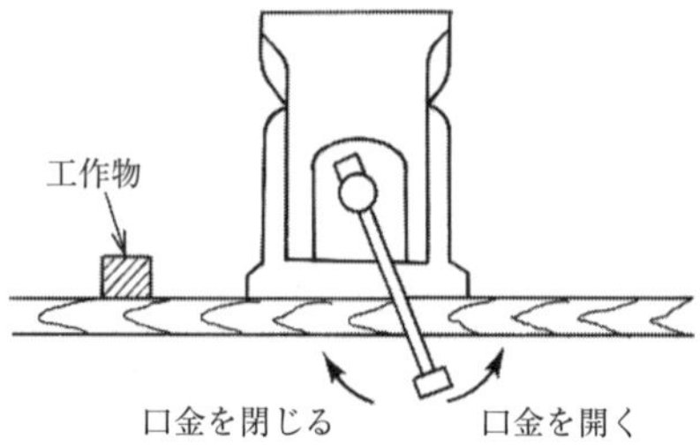

図2　工作物の準備とハンドル操作

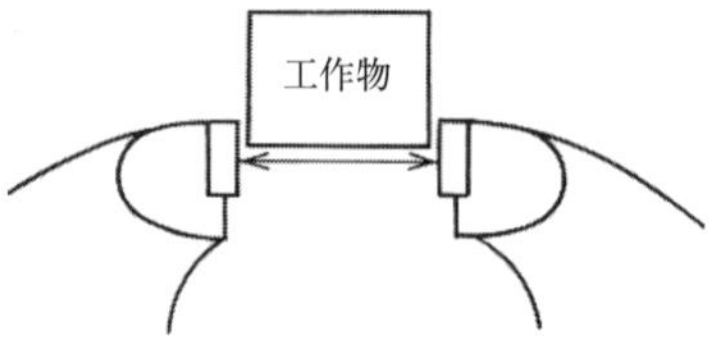

図3　口金を工作物よりやや広く開く

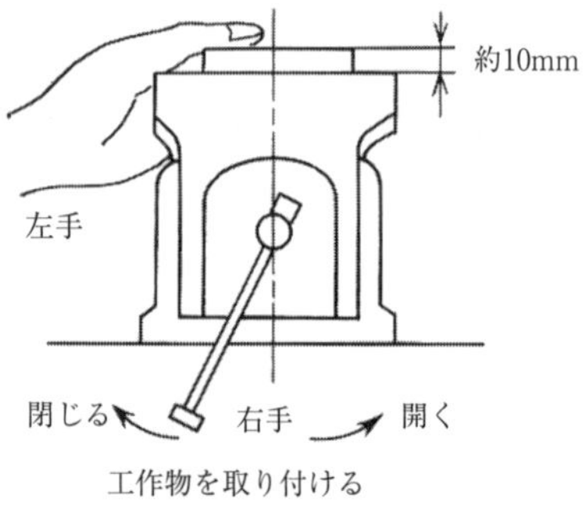

図4　工作物の取り付けと取り外し

備考

1．仕上げた製品をくわえる時は，銅板又はアルミニウム板でつくった保護金を用いて傷が付かないように締め付ける（参考図1）。
2．薄板やアルミニウム板など変形しやすい材料は，両側に木片を添えて締め付ける（参考図2）。
3．参考図3に悪い口金の例を示す。

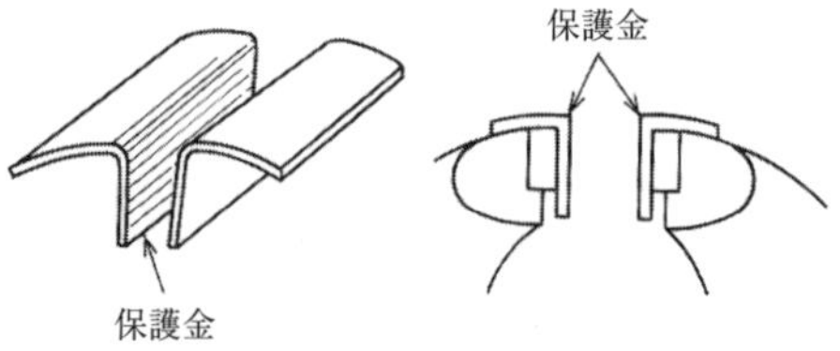

参考図1　保護金

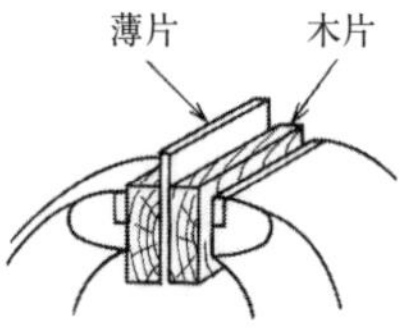

参考図2　変形しやすい材料の締付け方

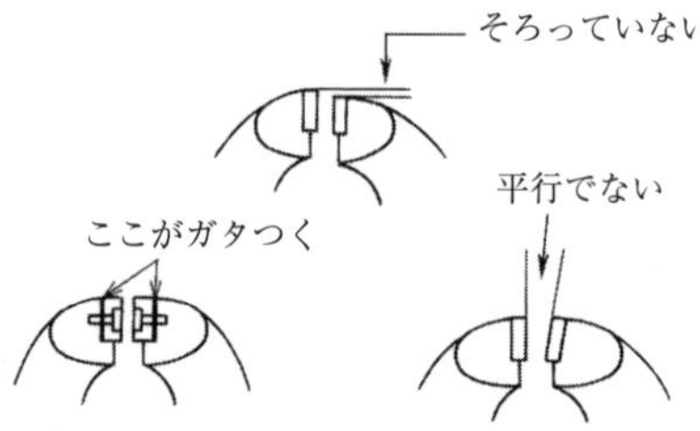

参考図3　悪い口金

作業名	コア抜き作業	主眼点	ダイヤモンドドリルの取扱い方

			材料及び器工具など

図1 湿式コアドリルの外観及び作業風景

コアドリル（乾式・湿式）
ハンマードリル，ハンマ
あと施工アンカー
ハンドホルダー（打ち込み棒）
給水タンク（湿式）
コンクリート探知機
ゴム手袋（乾式・湿式）
保護めがね，耳栓，ゴム長靴（湿式）
防じんマスク
ほうき，スケール

番号	作業順序	要　　　点	図　　　解
1	位置決め	1．鉄筋位置，コンクリート被り厚さを確認の上，穴を開けても問題のない位置を選定する（図2）。 ※X線撮影による調査が望ましいが，難しい場合はコンクリート探知機などを使用する。 ※必要に応じて設計業者等にも確認をとる。 2．埋設物のチェックを十分に行う（電線・ガス・水道等）。	 図2 鉄筋探知の様子
2	アンカー施工	1．使用機器に定められた穴開け位置にハンマードリルで下穴をあける（図3）。 2．チリ吹き等で穴の中の切粉を除去し，アンカーを穴の中に挿入して，ハンマで打ちつける。	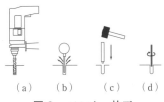 （a）（b）（c）（d） 図3 アンカー施工
3	準備する	1．本体を設置する（図4）。 ※水平，垂直を調整すること。その他，機器に応じた取り扱いに注意する。 2．コアドリルを設置する。 3．コアビットを取り付ける。 4．水処理パッド等の設置（湿式切削の場合）。 5．給水・排水の準備（湿式切削の場合）。 6．集塵処理の準備を行う（乾式切削の場合）。	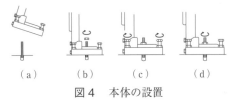 （a）（b）（c）（d） 図4 本体の設置
4	穴あけ作業	1．スイッチが入っていないことを確認して，プラグを電源に差し込む。 2．水道の蛇口をあけ，給水コックを徐々に開き，給水量を確認する（湿式）。 3．集塵処理を開始する（乾式）。 4．スイッチを入れ，切込みを行う。コアビットが軽く当たるまではゆっくり移動させる。始めは5～10mmの深さまで軽く切り込み，そのあとは一定の力で切り込んでいく。 5．所定の深さまで切り込んだら，送りハンドルでコアビットが穴から出るまでドリルを移動させる。 6．スイッチを切って，プラグを電源から抜く。 7．コアを引き抜き（図6），作業場の清掃を行う。	 図5 貫通後の様子
備考	1．主に改修工事で実施する。 出所：（図1左）（株）シブヤ 　：（図2）未来空間（株） 　：（図3，図4，図6）『ダイモドリル TS-092取扱説明書』（株）シブヤ		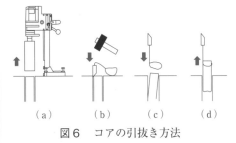 （a）（b）（c）（d） 図6 コアの引抜き方法

作業名		アーク溶接作業	主眼点	手溶接の基本作業

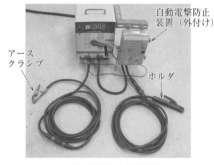

アース
クランプ

自動電撃防止
装置（外付け）

ホルダ

図1　自動電撃防止装置外付けの
　　　交流アーク溶接機

図2　保護具の着用

材料及び器工具など

交流アーク溶接機
被膜アーク溶接棒
チッピングハンマ，ワイヤブラシ
保護面
防じんマスク
保護具（腕カバー，前掛け，足カバー）
ホルダ，アースクランプ

図　　解

番号	作業順序	要　点
1	準備する	1．保護具等の点検，着用 （1）作業服，安全帽，安全靴，作業手袋を着用する。 （2）腕カバー，前掛け，足カバーを点検し，着用する（図2）。 （3）保護手袋，保護面，防じんマスクを点検し，準備する。 2．作業場所の整備点検 （1）可燃物，引火爆発物などが作業場所付近にないことを確かめる。 （2）消火器を手元に準備する。 （3）溶接母材，ハンマ，ワイヤブラシを所定の場所にそろえる。 3．溶接等の整備，点検 （1）自動電撃防止装置の有無を確認する。 （2）アースクランプ，ホルダ，キャブタイヤケーブル，ケーブルコネクタに損傷がないか確認し，整備する（アースクランプは母材に直接取り付ける）。 （3）自動電撃防止装置の作動を確認する（自動電撃防止装置は必ず取り付けてあるものを使用すること）（図3）。
2	溶接作業	1．溶接棒の心線をホルダで確実に挟む（図4）。 2．いったんアークを発生させ自動電撃防止装置の作動（音がする）を確かめる。また，電流値の確認をする。 3．溶接棒の角度は進行方向に70°〜80°，母材面に対して90°とする（図5）。 4．アークの発生は，マッチをするように溶接棒の先端で母材の表面を軽くこすり，溶接棒と母材との間隔を2〜3mmに保てば発生する。 5．アークが発生したら，溶接始点から終点までを一直線に進める。 6．アーク長，運棒速度は一定にし，ビード幅が均一になるようにする。
3	溶接部の仕上がり点検	1．溶接棒を外し，ホルダを保護面の中に納める。 2．ハンマ，ワイヤブラシでスラグを除去する。 3．溶接部にアンダカットやオーバラップ等ができていないかを確認する（図6）。
4	後処理	1．開閉器を確実に開放する。 2．母材や使用した溶接棒は，熱を持っているため，冷却してから処理する。

自動電撃防止
装置（内蔵形）

図3　自動電撃防止装置内蔵形の
　　　交流アーク溶接機

図4　溶接棒の取り付け

図5　作業姿勢

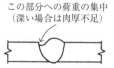

この部分への荷重の集中
（深い場合は肉厚不足）

この部分への荷重の集中

（a）突合せ溶接での
　　　アンダーカット

（b）すみ肉溶接での
　　　アンダーカット

この部分への荷重の集中

（c）突合せ溶接でのオーバラップ

図6　溶接で発生する主な欠陥

出所：（図6）安田克彦著『目で見てわかる良い溶接・
　　　悪い溶接の見分け方』（株）日刊工業新聞
　　　社，2016年，p.11，図1-3〜図1-5

作業名	ガス溶断作業	主眼点	酸素アセチレン溶接溶断装置の取扱い方

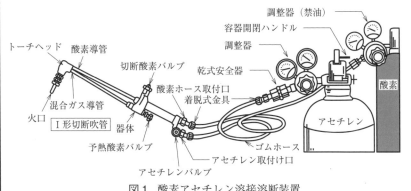

図1 酸素アセチレン溶接溶断装置

材料及び器工具など

酸素容器，アセチレン容器
ゴムホース，ガス用着脱式金具
酸素調整器，アセチレン調整器
切断吹管，容器開閉ハンドル
乾式安全器（逆火防止器）
安全帽，安全靴，革手袋
保護めがね（遮光めがね），防じんマスク
消火器，水バケツ，せっけん水
点火用ライタ，片手ハンマ

番号	作業順序	要　点	図　解
1	容器を固定する	1．安全な場所を選び，転倒防止のため転倒防止金具（チェーン）などで確実に固定する（図2）。 2．酸素容器は右側に，アセチレン容器は左側にセットする（調整器取付け口は向かって左側に向ける）（図1）。	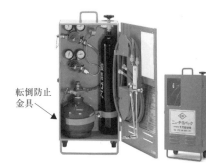 転倒防止金具 図2　カート式溶接溶断装置
2	調整器を取り付ける	1．調整器取付け口の水分・ほこりを吹き払うため，容器開閉ハンドルで静かに容器弁を45°ぐらい開いてガスを放出し，締める（放出口を身体の方向に向けてはならない）。 2．調整器のパッキンの有無，損傷を確認して垂直になるように取り付ける。	 （a）酸素調整器
3	調整器，吹管酸素にゴムホースを取り付ける	1．ガス用着脱式金具を確実に差し込む。 2．調整器の圧力調整ハンドルが緩めてあるか，確認する。	 （b）アセチレン調整器 図3　調整器の種類
4	容器弁をあける	容器開閉ハンドルで静かに容器弁を約45〜90°あける。アセチレンは1.5回転以上回さない（容器開閉ハンドルは容器弁に付けたまま）。	
5	使用圧力を調整する（酸素）	2次側を酸素0.2〜0.5MPa，アセチレン0.01〜0.03MPaに調節する（図3）。	
6	吹管（インゼクタ）の確認	ガス側の吹管にゴムホースを取り付け，酸素弁を開きアセチレン取付けの吸込みを確認する（正常にインゼクタが作動するか確認する）。 吹管（アセチレン）にゴムホースを取り付ける。	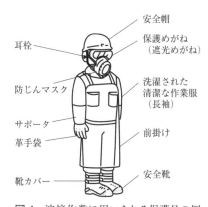
7	ガス漏れを検査する	せっけん水で各接続箇所のガス漏れを確認する。	安全帽 耳栓 保護めがね（遮光めがね） 防じんマスク 洗濯された清潔な作業服（長袖） サポータ 革手袋 前掛け 靴カバー 安全靴
8	点火する	保護具（図4）を付け，アセチレンバルブ及び予熱酸素バルブを少し開き，点火用ライタで点火する。	図4　溶接作業に用いられる保護具の例

作業名	ガス溶断作業	主眼点	酸素アセチレン溶接溶断装置の取扱い方

番号	作業順序	要　点	図　解
9	標準炎を作る	まず，アセチレンバルブ及び予熱酸素バルブを操作して標準の予熱炎にし，さらに高圧酸素バルブを開く。この時炭火炎になるので再び調整し，標準の切断炎にする（図5）。	
10	溶断する	1．切断材の端に吹管火口を90°（白心錐先端約2mm）にして近づけ，赤熱（750～900℃）する（図6）。 　温度は図7を参照のこと。 2．高圧酸素バルブを1/2～1回開き，鋼板の裏側まで切断酸素が突き抜けて，切断が開始されると同時に吹管を進め，溶断する。溶断後は高圧酸素バルブを閉じる。	
11	消火する	予熱酸素バルブを閉じ，アセチレンバルブを閉じ消火する。火口の過熱は，予熱酸素バルブ，高圧酸素バルブを少し開き，酸素を出しながら吹管のノズルを水バケツに浸して冷却する。	
12	切断面の状態確認	1．片手ハンマで付着しているスラグを取り除く。 2．次のことについて確認する（図8）。 　（1）肩のだれ………………（加熱炎の強すぎ） 　（2）スラグの付着…………（切断酸素圧力不足） 　（3）底部にえぐれ…………（加熱炎の弱すぎ） 　（4）ドラグ（ひけ）の長すぎ…（吹管角度の不良，切断速度の速すぎ）	

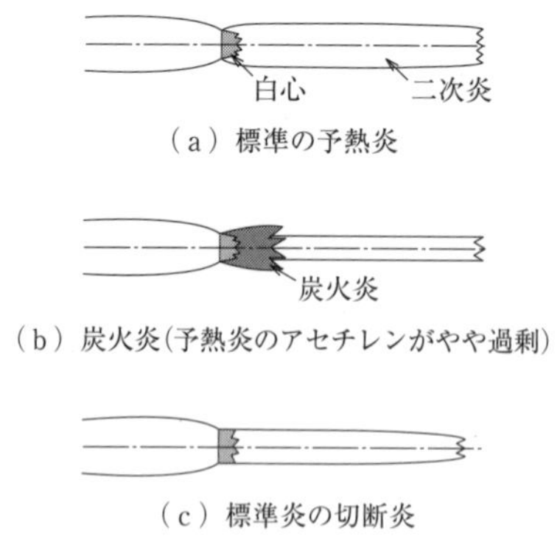

図5　溶断時の火炎の調整

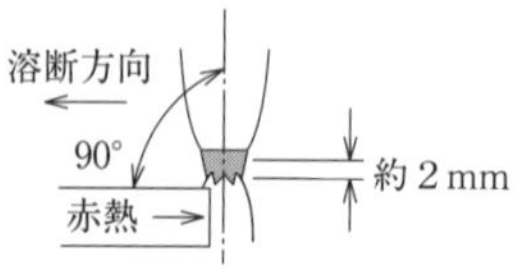

（a）標準の予熱炎

（b）炭火炎（予熱炎のアセチレンがやや過剰）

（c）標準炎の切断炎

図6　溶　断

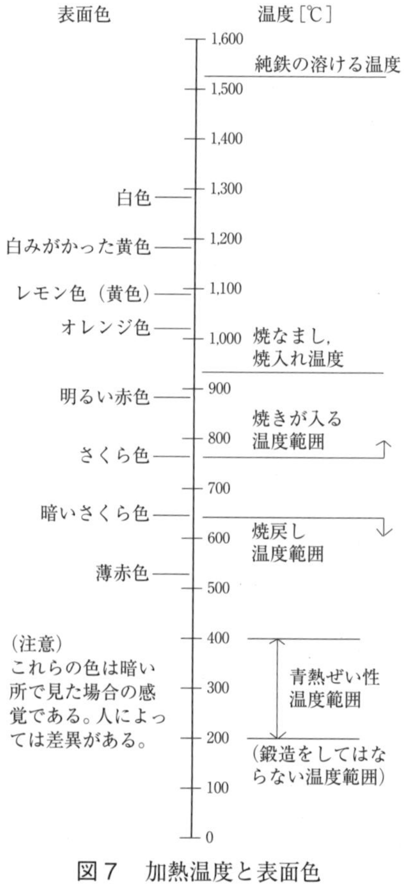

図7　加熱温度と表面色

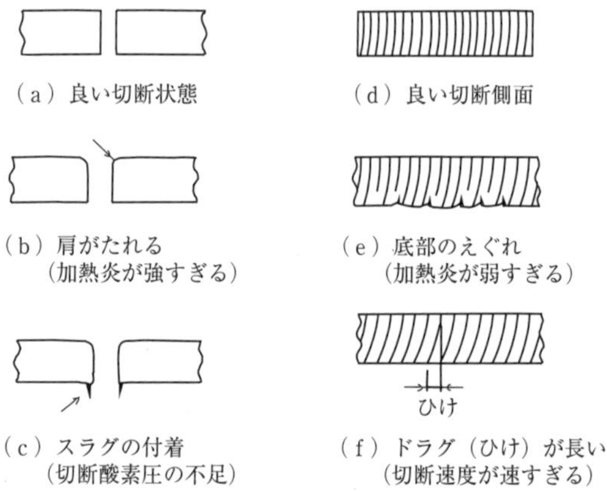

図8　切断面の状態

（a）良い切断状態　（d）良い切断側面
（b）肩がたれる（加熱炎が強すぎる）　（e）底部のえぐれ（加熱炎が弱すぎる）
（c）スラグの付着（切断酸素圧の不足）　（f）ドラグ（ひけ）が長い（切断速度が速すぎる）

備考	1．酸素アセチレン溶接装置の取り扱いは，ガス溶接技能講習を修了した者が行う。 2．有害なヒュームやガスによる中毒を防止するために，室内の換気には十分注意をする。 3．めがねなどを使用している者が溶接作業を行う場合，指示者は目の保護に留意する。

出所：（図2）（株）イチネンTASCO
　　　（図3）山村和司・佐藤英男共著『小型エアコンの取扱いと修理実用マニュアル』（株）オーム社，2014年，p.59，図4.40
　　　（図7）（独）高齢・障害・求職者雇用支援機構　職業能力開発総合大学校　基盤整備センター編『溶接実技教科書』（一社）雇用問題研究会，2020年，p.36，図3.7－3
　　　（図8）（図7に同じ）p.37，図3.7－4

作業名	トーチランプの使用方法	主眼点	カートリッジガストーチの取扱い方

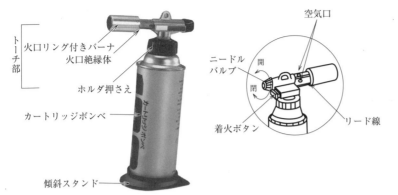

図1　カートリッジガストーチと各部の名称

材料及び器工具など

ガストーチ本体
カートリッジボンベ（逆止め機能付き）
缶ガス抜き器
保護手袋（軍手，革手袋等）

番号	作業順序	要　点	図　解
1	カートリッジボンベを取り付ける	1．トーチ部のニードルバルブが閉まっていることを確認する（図1丸枠）。 2．ホルダ押さえを左に回し，上部に移動させる。 3．カートリッジボンベを右に回し，トーチ部に固定する。 4．ホルダ押さえを右に回し，カートリッジボンベを確実に固定する（図2）。	火口リング付きバーナ（空気量調節） ニードルバルブ 上部に移動 ホルダ押さえをボンベと固定する ボンベを右に回し固定する 図2　トーチ部の断面と詳細
2	点火・炎の調整をする	1．ニードルバルブを少し開いてガスを出す。 2．着火ボタンを押し，点火する。 3．ニードルバルブをゆっくり開き，使用目的に合った炎に調整する（図3）。	約1 500℃ 全開（炎の温度→高い）
3	消火する	1．ニードルバルブを閉め，ガスを止める。 2．ガスが止まり，炎が完全に消えていることを確認する。	約800℃ 中開（炎の温度→低い） 図3　炎の状態
4	カートリッジボンベを取り外す	1．ホルダ押さえを左に回し，上部に移動させる。 2．カートリッジボンベを左に回し，トーチ部より外す。 3．空になったカートリッジボンベは，室外の火気のないところで底部に数カ所穴をあけ，残ガスを完全に放出した後処分する。	

備考

1．使用しない場合は，トーチからカートリッジボンベを外し，カートリッジボンベにキャップをして保管する。
2．カートリッジボンベは40℃以下となる場所で保管する。
3．カートリッジボンベをそのまま火気に投じない。
4．カートリッジボンベは残ガスがなくなってから処分する。
5．製造メーカの研究により下記のように異なるカートリッジガストーチがあるので，必ず確認する。
　（1）生ガス発生防止機能により逆さ使用が可能になったもの。
　（2）自動空気調整機能により硬ろう付けができるもの。
　（3）誤作動防止安全ロック付きのもの。

【参　考】
　逆止め機能付きとは，カートリッジボンベにトーチ部（ホルダ押さえ）をねじ込むことにより，カートリッジボンベの弁部が開放され，トーチ部のニードルバルブでガス量を調整できるボンベのことをいう。
　参考図1は，逆止め機能なしのものである。

参考図1　逆止め機能なし

			番号	No. 3. 14－1

作業名	やすりかけの基本動作	主眼点	姿勢のとり方とやすりのかけ方（直進法）

材料及び器工具など

軟鋼〔（例）50×150×t 9〕
鉄工やすり
　（平300，荒目，中目，細目，油目）
ワイヤブラシ
万力
手ぼうき
くぎなど

（a）横から

（b）前から

図1　やすりかけの姿勢

番号	作業順序	要　　点	図　　解
1	準備する	1．やすりに柄を取り付ける（図2）。 　やすりのこみを柄の穴に差し込み，柄の頭を下にして，万力の胴の上などに打ち付けて，やすりの慣性を利用して打ち込む。やすりと柄の軸線が真っすぐになっていることを左右から確認しながら行う。 2．工作物を万力の中央に，加工部を口金から10mmくらい上に出し，水平にしっかり固定する。	図2　柄の取付け方
2	やすりの柄を持つ	右手のひらの中心のくぼみに柄の端（頭）を当て，親指を上に，他の指を下側に回して軽く握る（図3）。	図3　柄の持ち方
3	位置につく	1．図4のように，やすりの先端部（穂先）を，工作物に軽く載せ，やすりの中心ラインが直角でかつ水平となるように保持する。 2．この状態で，やすりの中心ライン上に右腕がくる位置で，身体の正面を作業台に向けて，（右腕のひじから先を除き）「気をつけ」の姿勢をとる（図4（a））。 3．そのまま，作業台に向かって左足を一歩前に踏み出し，なかば右向けをして，身体の正面を工作物に向ける（図4（b），（c））。	（a）　⇒　（b）　⇒　（c） 図4　位置につく
4	姿勢を整える	1．位置についた状態で，やすりの先端を50mmくらい工作物より先に出し，図5（a）のように左手中指と薬指で下から支え，次に図5（b）のように親指の付根のふくらみの部分で上から押さえる。 2．やすりを水平に保ちながら，柄を保持している右手首を右胸に密着させ，右ひじを脇腹から離さないように構える（図6）。 3．両腕のひじから先がほぼ水平に構えられるように，腰を下げるとともに，両足の位置と方向を修正して，安定させる（図7）。 　ここでの足の位置，ひざの曲げ具合などは，身長や作業台の高さにより，多少個人差が出る。	（a）　⇒　（b） 図5　先端部の持ち方 図6　やすりの構え方 ほぼ水平 ほぼ水平 図7　ひじから先を水平に保つ

作業名	やすりかけの基本動作	主眼点	姿勢のとり方とやすりのかけ方（直進法）

番号	作業順序	要　　点	図　　解
5	やすりを押す	1．工作物に注目しながら，左ひざを徐々に曲げ，上体を静かに前に進める。やすりに斜め上からの力を加えながら，水平に押し出す。 （1）特に荒削りの場合は，胸を張り，右手首を脇腹に密着させた状態で，胸を押す気持ちで行い，やすりだけを突き出さない。 （2）やすりを常に水平の状態で押し進めるため，胸の位置が上下しないよう，腰に力を入れ，背骨を真っすぐにして，腰を水平に動かし，腹を突き出したりしない。 2．やすりは刃の部分いっぱいまで押す。 　やすりは切れ刃全体をできるだけ長く使い，やすりが振れないよう，やすりを押さえる前後の力のバランスに注意する（図8）。	図8　やすりを押さえる力のバランス 図9　柄の抜き方
6	やすりを引き戻す	1．やすりを押さえている力を抜き，工作物からわずかに浮かす感じにする。 2．やすりは水平のまま，上体といっしょに引き戻し，最初の押す体勢にまで戻る（無理に引っ張ると柄が抜けて危険である）。	
7	繰り返す	1．姿勢を崩さないように，やすりをかける位置を少しずつずらしながら繰り返し行う。 　やすりをかける位置を変える場合は，やすりを引き戻す時に，足の裏全体を浮かさずに，にじり寄せる感じで，少しずつ左右に移動する。 2．やすりをかけるスピードは，1分間で30～40往復ぐらいで行う。 　やすりの刃に大きな切粉が付くと，やすりが滑ると同時に，工作面に無用な傷が付くので，時々，ワイヤブラシで切れ刃の上目に沿って払い落とす。取れにくいものは，くぎなどの先のとがったもので落とす。	
8	やすりの柄を抜く	万力の胴の角などを利用して，図9のように，やすりを滑らすようにして，柄を角に引っ掛け，やすりの慣性を利用して抜く。 　やすりが飛ばないよう，やすりの先は軽く支えておく。	
9	後始末をする	やすりや万力に付いた切粉をよく清掃し，後始末を完全にする。 　やすりの刃に油が付かないよう注意する。次回使う時にやすりが滑り，けがをしやすい。	
備 考		1．一般に，直進法と斜進法を混用して行う。 　直進法：この方法は切れ刃とやすりの運動方向がほぼ直角になるので，切れ味がよい（参考図1（a））。 　斜進法：この方法は切れ刃とやすりの動く方向がある角度をなすので，滑らかに削れる（参考図1（b））。	（a）直進法　　（b）斜進法 参考図1

番号		No. 3. 15－1
作業名	ノギスによる長さの測定	主眼点	取り扱いと測り方

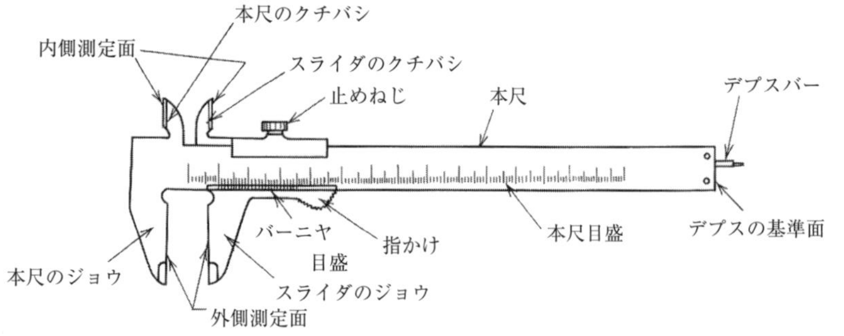

材料及び器工具など

工作物（測定用ピース）
ウエス
ノギス

図1　ノギス（M1型）と各部の名称

番号	作業順序	要　　点	図　解
1	ノギスを点検する	1．止めねじを緩め，スライダを動かして滑らかに動くか，デプスバーに曲がりがないか，ジョウ，クチバシの測定面に傷がないかなどを調べ，柔らかいウエスでよく拭く。 2．ジョウを閉じ，本尺とバーニヤ（副尺）のゼロ目盛がピッタリ合っているか調べる（図2）。 3．ジョウをしっかり閉じた状態で，ジョウとクチバシを光に透かし，すきまを調べる（図2）。 　ジョウは光が漏れず，クチバシはわずかに光が見える程度が正しい。	 図2　ノギスの検査
2	工作物を挟む（外側の測定）	1．左手で本尺のジョウを持ち，右手の親指を指かけにかけ，スライダを工作物より少し広く開く。 2．本尺のジョウの測定面を工作物の一方に当て，次にバーニヤのジョウを静かに押し進めて挟む（図3）。 （1）ジョウはできるだけ深く挟んで測定する。 （2）測定物を挟む力が大きすぎると，バーニヤにたわみが生じ，正確な測定ができない。 （3）ノギスと測定物が直角になるよう注意する（図4）。 3．小物部品は，工作物を左手に持ち，右手にノギスを持って，指かけ部を親指で動かして測定する（図5）。	 図3　大物部品の測定 図4　工作物の挟み方
3	目盛を読む	1．ノギスを工作物に正しく挟んだ状態で，目の位置をバーニヤのゼロ目盛の真上（垂直方向）になるようにする。 2．まず，バーニヤ目盛のゼロ線が本尺の目盛と合っている点をmm単位で読む。次に，本尺の目盛とバーニヤの目盛が一直線に合致しているバーニヤの目盛から1mm以下の端数を読む（図6）。 　挟み直して数回読み，読み間違いのないことを確認する。 3．正しい姿勢で目盛を読むことができない場合は，工作物を正しく挟んだ状態で止めねじを締めてスライダを固定し，工作物から静かに外してから目盛を読む。	 図5　小物部品の測定 図6　目盛の読み方（例73.2mm）

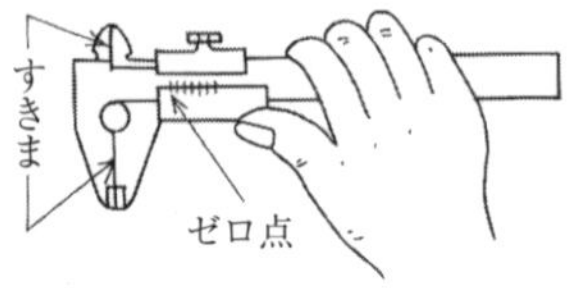

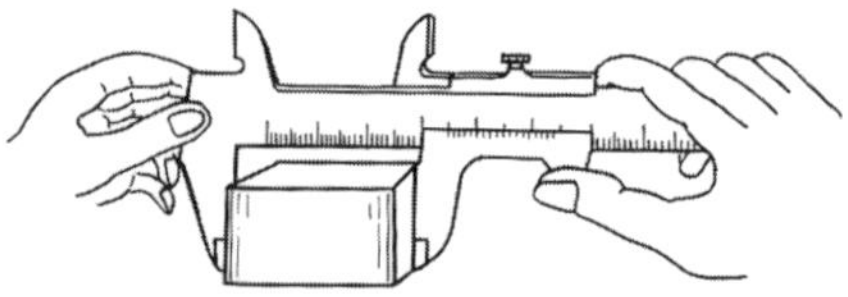

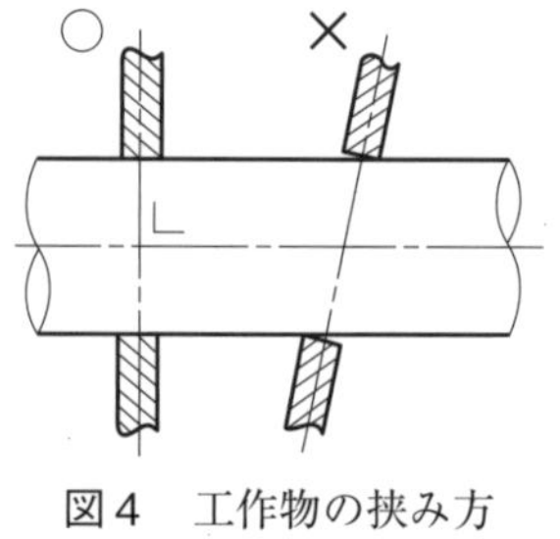

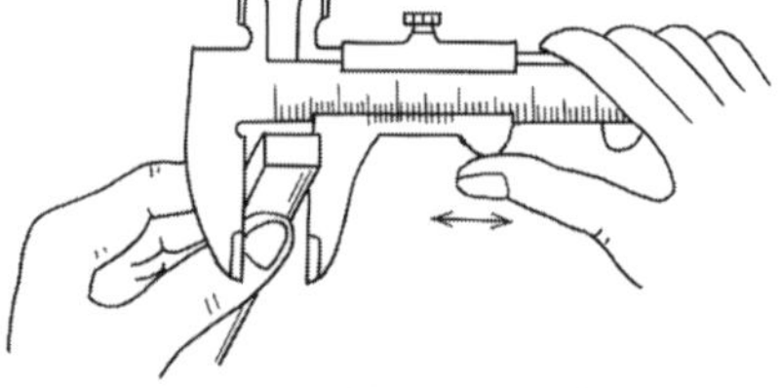

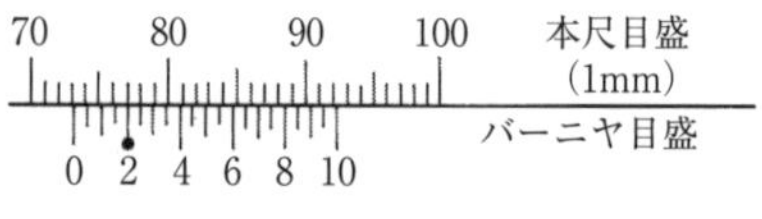

作業名	ノギスによる長さの測定	主眼点	取り扱いと測り方

番号	作業順序	要　点	図　解
4	内側の測定法	溝幅や穴径の測定など，内側の寸法を測定する場合は，クチバシを利用して測定する（図7）。 　クチバシが傾いたり，斜めになっていないかなどをよく確認して，正しい姿勢を読み取る。	○　　　　× 図7　クチバシを用いた内側の測定法
5	深さの測定法	溝や穴の深さの測定は，デプスバーを利用して測る（図8）。 　デプスバーが傾いていないかをよく注意するとともに，静かにデプスバーを下ろす。力を入れすぎると，バーにたわみが生じたり，デプスの基準面が浮いてしまうなど，正確な測定ができない。	 デプスバー 図8　デプスバーを用いた深さの測定法

備 考	1．回転中の工作物を測定しない。測定面の摩耗を早めると同時に危険である。 2．止めねじでスライダを固定したまま，無理に工作物を押し込んではいけない。 3．使用後は全体を清潔なウエスで拭いて保管する。 4．デジタル式もある。

番号	作業順序	要　点	図　解

| 作業名 | 金切りのこの取扱い方 | 主眼点 | 取り扱いと切断の仕方 |

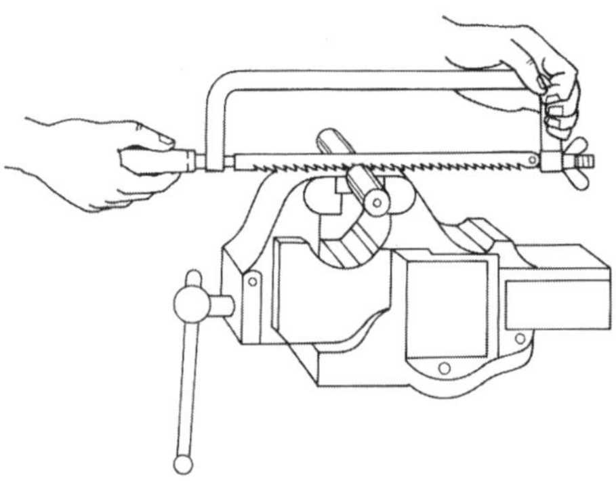

図1　金切りのこによる切断作業

材料及び器工具など

鋼管〔(例) 15A × 100〕
平鋼〔(例) t 6 × 25 × 100〕
金切りのこ
けがき針
スケール (300mm)
万力
手ぼうき
切削油

番号	作業順序	要　点	図　解
1	準備する	1．材料に寸法線をけがく (10mm間隔)。 2．フレームにのこ刃を取り付ける (図2)。 　(1) フレームの柄とちょうねじ両方のピンの方向が，刃を取り付ける方向と合っているか確認する (ピンの方向は，柄やちょうねじを抜いて変えられるようになっている)。 　(2) のこ刃の向きをのこを押す時に切れる方向に合わせ，まず，柄に付いているピンに，のこ刃の穴を引っ掛け，動かないよう指で押さえておく (図3 (a))。 　(3) もう一方ののこ刃の穴が，ちょうねじ側のピンに合うように，ちょうねじを調整してピンに差し込む (図3 (b))。 　(4) ちょうねじを締めて，のこ刃を張る (図3 (c))。 　(5) 切断する方向に刃先が向かっていることを確認する (図2，図3)。 3．のこ刃の張り方は，のこ刃の中央付近を指で挟んでねじってみて，動かないで，わずかに弾力がある程度にしっかり締める。	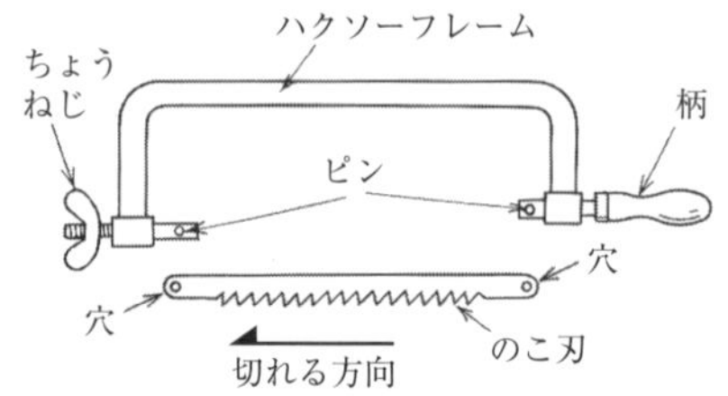 図2　金切りのこ (ハクソー，ハクソーフレーム) 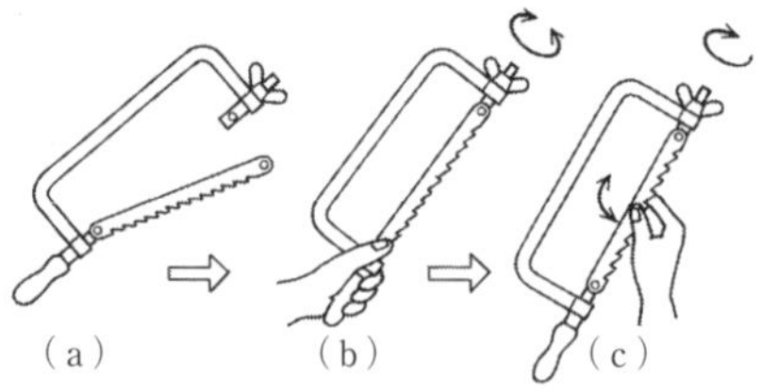 (a)　(b)　(c) 図3　のこ刃の取付け方
2	材料を万力にくわえる	材料の切断箇所を万力の口金近くに水平にくわえ，固定する。 　材料のくわえ方は，切断部分が口金に近いほど振動が出なくてよいが，のこを押している時に刃が滑り，柄を握った手が万力に当たって思わぬけがをすることがあるので，万力に手が当たらない距離に固定する (図4)。	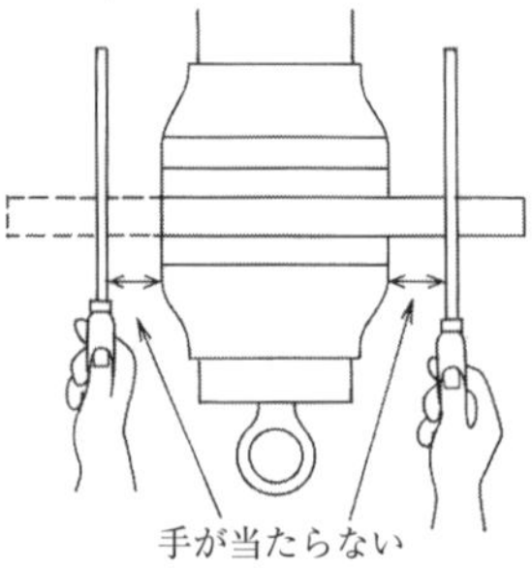 図4　材料をくわえる位置
3	位置につく	のこ刃を切断部に垂直に載せ，柄の握り，姿勢のとり方など，いずれもやすりかけの場合とほぼ同様に行う。	
4	切込みを入れる	左手の親指の爪を切断位置に当て，のこ刃を爪に沿わせ，右手だけで軽く押して切込みを入れる (図5)。 　ある程度切込みがないと，本格的に切り始める時，刃が左右に滑って正しい位置での切断ができない。	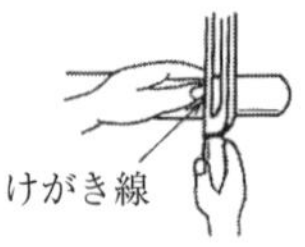 図5　切り込みの入れ方
5	切断する	1．左手でフレームの前の部分を垂直にしっかり握る (図6)。 　のこ刃より下側に指が出ないように注意する。のこを引いた時にけがをする危険がある。	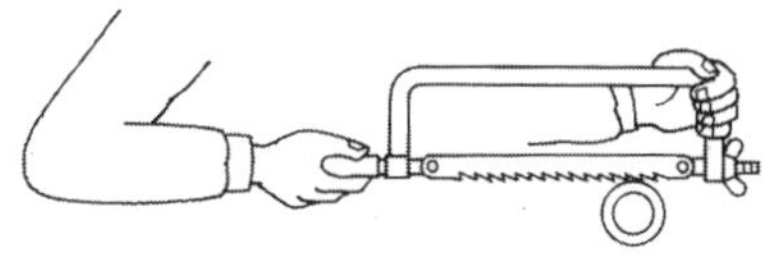 図6　正しい姿勢

| 作業名 | 金切りのこの取扱い方 | 主眼点 | 取り扱いと切断の仕方 |

番号	作業順序	要　点	図　解
5		２．両脇を締め，フレームがぐらつかないようにする。 ３．切断箇所を真上の方向から見ながら，フレームが傾かないように注意して，胸で押す気持ちで，真っすぐにのこ刃いっぱいまで押す。 　最初のうちは，あまり力を入れないで軽く行い，体勢を整えながら，徐々に力を入れて切る。 ４．引き戻す時は，わずかにのこ刃を浮かす気持ちで，静かに真っすぐ引く（無理に引っ張ると柄が抜けて危険である）。 　のこ刃は非常に折れやすく，曲がったり，よじれたりするとすぐに折れる。のこを手先だけで押すと，工作物に刃が引っ掛かった時，押す方向が狂って刃が折れやすくなる。のこは身体と一体で動かす。 　材料の形状によっては，材料や刃物の角度を変えながら切断する（図7，図8）。 ５．切り終わりに近づいたら，左手で切り落とされる側の材料を支え，右手だけでのこを軽く小刻みに動かして，ゆっくり切り落とす。	刃が折れやすい （a）　　　　（b） 図7　パイプは時々回しながら切る （a） （b） 図8　板材，角材は時々のこ刃の傾きを変えながら切る
6	繰り返す	作業順序2～5を繰り返し，次のけがき線を切断する。	
7	後始末をする	１．作業が終わったら，ちょうねじを緩め，刃が外れない程度にのこ刃の緊張を緩めておく。 ２．万力や作業台，周囲の清掃をする。	

備考

１．材質形状に応じて適当な刃数ののこ刃を使用する。
２．長物を順次一定の長さに切断する時は，切断箇所を万力の口金の右側に出したほうが，工作物をつかみ替えるのに便利である。
（１）切断する材料の材質，形状によって参考表1から適当なのこ刃を選定する。

参考表1

刃　数 （25.4mmにつき）	切　断　材
14山	軟鋼・黄銅・ねずみ鋳鉄・軽合金
18山	硬鋼・合金鋳鉄・青銅
24山	硬鋼・合金鋼・形鋼
32山	薄鋼板・管

（２）太い丸棒の切断
　　参考図1の①～④のように，方向を変えながら切断する。
（３）薄板の切断
　　参考図2のように，木片に挟んで切断する。

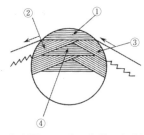

参考図1　太い丸棒の切断

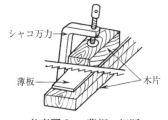

シャコ万力
薄板
木片

参考図2　薄板の切断

作業名	水準測量（オートレベル）作業	主眼点	操作と野帳の記入方法

図1　三脚の据え付け

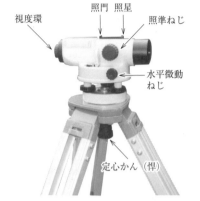

図2　オートレベルと三脚の取り付け

材料及び器工具など

オートレベル
スタッフ（標尺）
三脚
くい
巻尺
かけや（大型の木製ハンマ）

番号	作業順序	要　　点	図　　解
1	くい打ちをする	前方10～30mの所にくいを打ち，くいの中心にくぎを打つ。	
2	三脚を据え付ける	1．三脚下部バンドを外し，脚を適当な長さに伸ばし，ちょうねじを締める（図1）。 2．脚先をほぼ正三角形に開き，1本の脚を基準に他の脚2本で脚頭をなるべく水平にする（図1）。 3．三脚の石突きを強く踏み込む（図1）。	
3	オートレベルを取り付ける	1．オートレベルを両手で静かに取り出す。 2．脚頭に静かに載せ，レベル底部のめねじに，三脚の定心かん（桿）ねじをねじ込み固定する（図2，図4）。 3．完全に取り付くまでレベルから手を離さない。	
4	オートレベルの整準	1．三つある整準ねじのうち，二つの整準ねじA，Bと望遠鏡を平行にする（図3，図5）。 2．左右の親指で，二つの整準ねじを内側（外側）に回す（図5）。 3．左親指の方向に気泡が移動する（図5）。 4．Cの整準ねじで，気泡を中央にもってくる（図5）。 　　オートレベルは，円形気泡管の気泡を中央の内輪の中に入れれば，自動補正装置と揺れ止めの制動装置により，視準線が自動的に水平になる。	
5	視度調整をする	視度環を回し，接眼レンズを回転し，十字線が最もはっきり見えるように調節する※。	
6	鏡外視準する	1．くい中心のくぎにスタッフを垂直に立てる。 2．照門，照星からスタッフを見通すように，望遠鏡を向ける（図7，図8）。	

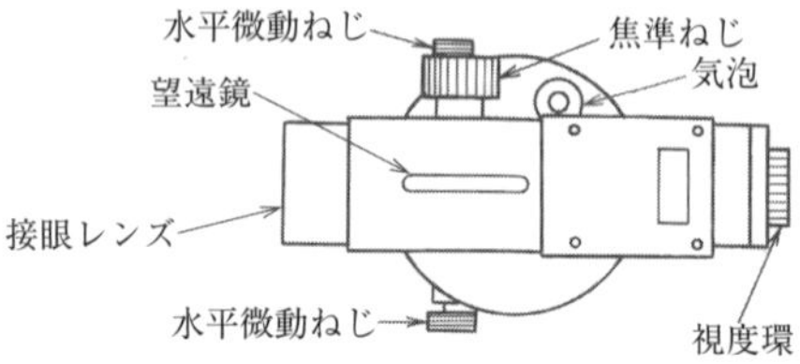

図3　オートレベル（平面）

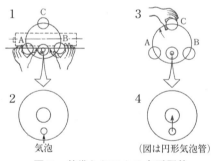

図4　オートレベルと三脚の固定

※接眼レンズの焦準が正しく合っていないと目を上下に動かした時に目標の像が動いて見える。これを視差といい，誤差の原因となる。

図5　整準ねじによる水平調整

1　　　　　　　3

2　　　　　　　4

気泡　　　（図は円形気泡管）

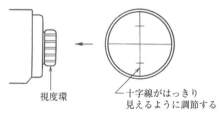

視度環　　　十字線がはっきり見えるように調節する

図6　視度環によるピント合わせ

A点のスタッフの読み　1.243

B点のスタッフの読み　0.339

レベルは何度回転しても水平である

後視BS　既知点側視準

FS　前視

求点視準B

BM

レベルは等距離位置に据え付ける

図7　スタッフの読み方

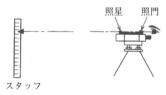

照星　照門

スタッフ

図8　焦準合わせ

作業名	水準測量（オートレベル）作業	主眼点	操作と野帳の記入方法

番号	作業順序	要　点	図　解
7	望遠鏡を調整する	1．焦準ねじで目標にピントを合わせる（図2，図3）。 2．水平微動ねじで，スタッフ目盛が読みやすいように十字線を動かす※。	前後にゆっくり振る スタッフ 標尺手 図9　スタッフの持ち方
8	スタッフを読む	1．読み方は，スタッフが垂直に立っていないか十字線で確認し，指示する。 2．スタッフの持ち方は，スタッフを垂直に身体の正面で持ち，前後に振る（目盛が上下している）（図9）。 3．上下している目盛の一番低い位置を読む（図10）。	
9	野帳に記入する	野帳に後視，前視の順に記入する。	一番低い数値がスタッフの読みとなる 図10　スタッフの読み
10	オートレベルの移動をする	1．三脚をまとめ，両手で垂直に持ち，静かに移動する（図11）。 2．遠距離の場合は，レベルを取り外して移動する。	体の前に両手で持つ　　肩にかつがない ○　　　　　× 図11　三脚の持ち方

備

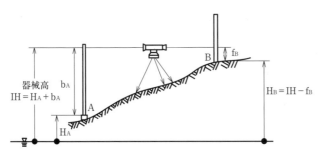

参考図1　昇降式
（A，B 2点間の高低差h を求めてからB点の標高H_B を求める方法）

高低差 = h = b_A − f_B

$H_B = H_A + h$
　　$= H_A + (b_A − f_B)$

参考図2　器高式
（レベルを水平にした時に得られる視準線の標高を求めてからB点の標高H_B を求める方法）

器械高　b_A
IH = H_A + b_A

$H_B = IH − f_B$

考

【作業順】
（1）目測で測点A，Bのほぼ中央にレベルを据え付ける。
（2）整準が終了したら，標尺手は測点Aにスタッフを正しく立てる。
（3）測定者は測点Aの後視を読み記帳する（器高式計算法ではここで器械高（A点の標高＋後視）を計算する）。
（4）標尺手は測定Bに標尺を正しく立てる。
（5）測定者は，望遠鏡を回し測点Bの前視を読み記録する。
（6）測点A，Bの高低差hはh＝後視－前視＝b_A－f_B で求められる。
（7）測定Bの標高は次のとおりである。
　　昇降式計算法　測点Bの標高＝（測定A の標高＋高低差）＝$H_A + h$
　　器高式計算法　測点Bの標高＝（器械高－前視）＝$IH − f_B$

| 作業名 | 水準測量（オートレベル）作業 | 主眼点 | 操作と野帳の記入方法 |

備

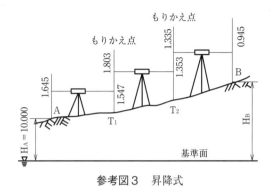

参考図3　昇降式

参考表1　野帳の記入例（昇降式）

測点	後視	前視	高低差 +	高低差 −	標高	備考
	m	m	m	m	m	
A	1.645				10.000	Aを
T₁	1.803	1.547	0.098		10.098	10.000
T₂	1.335	1.353	0.450		10.548	とする
B		0.945	0.390		10.938	
和	4.783	3.845	0.938	0.000	10.938	
点 検	3.845		0.000		10.000	
結 果	0.938		0.938		0.938	O.K

器械高
IH = 10.000 + 1.645
　　 = 11.645

参考図4　器高式

参考表2　野帳の記入例（器高式）

測点	後視	器械高	前視 もりかえ点	前視 中間点	標高	備考
	m	m	m	m	m	
A	1.645	11.645			10.000	Aを
I				1.547	10.098	10.000
T	1.335	11.883	1.097		10.548	とする
B			0.945		10.938	
和	2.980		2.042		10.938	
点 検	2.042				10.000	
結 果	0.938				0.938	O.K

考

【参　考】
　地盤高（グラウンドハイ；G.H）：基準面から地表面までの高さ。
　後視（バックサイト；B.S）：標高の分かっている点に立てたスタッフ。
　前視（フォアサイト；F.S）：これから標高（基準面からその地点までの鉛直距離）を求めようとする点に立てた
　　　　　　　　　　　　　　 スタッフを視準。
　器械高（インストルメントハイ；I.H）：望遠鏡の視準線の標高（望遠鏡の十字横線が見ている標高）。視準高とも
　　　　　　　　　　　　　　　　　　　 いう。
　もりかえ点（ターニングポイント；T.P）：レベルを据え替えるため，前視，後視をともに読み取る点。
　中間点（インターメディエートポイント；I.P）：その点の標高を求めるため，標尺を立て，前視のみを読み取る
　　　　　　　　　　　　　　　　　　　　　　 点。

作業名	インサート工事施工要領（1）	主眼点	インサートの種類

1．インサート工事について

　インサートは，建築設備の機器，配管，ダクトなどのあらゆるものを支持するために，コンクリート躯体内にあらかじめ埋設するめねじを有する部材である。その材質には，SHASE-S 009：2004に規定されている鋼製（第1種），ステンレス鋼製（第2種），合成樹脂製（第3種），その他（第4種：アルミニウム，セラミックなど）がある。

　インサートを使用する際の注意事項は，次のとおりである。

（1）インサートは施工図に基づき，使用目的に適した強度・材質のものを選定し，躯体工事と同時に正確に墨出しをして，所定の位置に堅固に固定する。

（2）床構造（型枠材）に適したインサートを使用する（図1）。

（3）管材重量，水重量，保温重量によりインサートの形状・強度を決定する（表1）。

（4）インサートは，インサート相互の最小距離を6L（L：有効埋込み長さ）以上，へりあき寸法は3L以上離し，施工する。

（5）インサートは，コンクリート打設時に垂直になるように型枠やデッキプレートに固定する。

（6）鋼製インサート1本当りの長期許容引抜き力を表1に示す。

（7）他の職種と調整の上，配管，ダクトなど，施工時に色別できるようにする。

表1　天井スラブコンクリート面におけるインサートの長期許容引抜き力（最小値）

インサートサイズ	M10（W3/8）	M12（W1/2）	M16（W5/8）
L：有効埋込み長さ [mm]	25	45	55
B：ヘッドの相当径 [mm]	17	20	25
F_C値 [N/mm²]	L（L＋B）の最小値 [mm²]		
	1 050	2 925	4 400
	最小長期許容引抜き力 [N]		
18	1 310	3 670	5 520
21	1 530	4 280	6 450
24	1 620	4 530	6 810
27	1 690	4 710	7 090
30	1 750	4 900	7 370

注1．本表は，コンクリートの設計用基準強度が18N/mm²から30N/mm²の間の代表的な値に対応するインサートの長期許容引抜き力を示したものである。
　　2．コンクリートの設計用基準強度がこの表の間になる時は，比例配分により修正，又はコンクリート強度の下限値に対応するインサートの引抜き強度としてよい。

図1　鋼製インサートの形状・用途

出所：（表1）SHASE-S009：2004「建築設備用インサート」p.11，解説表3（一部追加）
　　　（図1写真）（株）三門

作業名	インサート工事施工要領（2）	主眼点	インサート打ちの仕方

図1　木製合板型枠スラブインサート施工

材料及び器工具など

インサート
墨つぼ，墨差し，レーザ墨出し器
スケール，差し金，水平器
ハンマ，カッタ
保護帽（ヘルメット），安全靴，保護手袋
墜落制止用器具（安全帯）

番号	作業順序	要　点	図　解
1	準備する	1．インサートの種類，サイズ，間隔は，つり下げ荷重を計算し，施工要領書などで事前に決定し，色分けを施工業者ごとに打合せする（図1）。 2．配管の大小などにより，もう一度つり下げ重量を確認する（表1）。	図2　主な墨出し線
2	基準墨を見つける	型枠に表示されたとおり基準墨（逃げ墨）から，柱・壁の通り芯を見つける（図2）。	
3	墨出しをする	1．インサート図により，配管経路を確認する（備考1）。 2．逃げ墨より配管経路を計算して墨出しする（図1）。 3．インサート位置に図3のように印を入れる。	図3　インサートの表示
4	インサート打ち （樹脂製くぎタイプの場合）	1．配筋作業完了後（図1のように工程が前後する場合があるのでよく打ち合わせること），型枠に表示されたインサート位置に，樹脂製くぎでインサートのプラスチック台座をハンマで打ち込む（図4(a)）。 2．台座を固定した後，インサート金具を台座に差し込む（図4(b)）。	（a）　　　（b）　　　（c） 図4　インサート打ち
5	コンクリート打設後	1．スラブ下に残った樹脂製くぎはハンマで処理する（図4(c)①）。 2．ボルトは緩みのないように最後までねじ込む（図4(c)②）。	

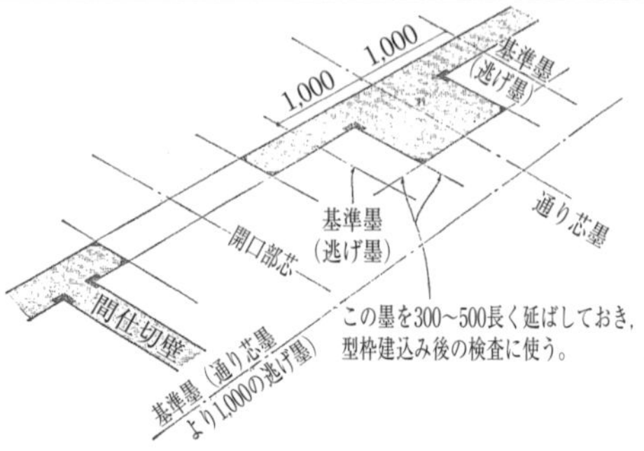

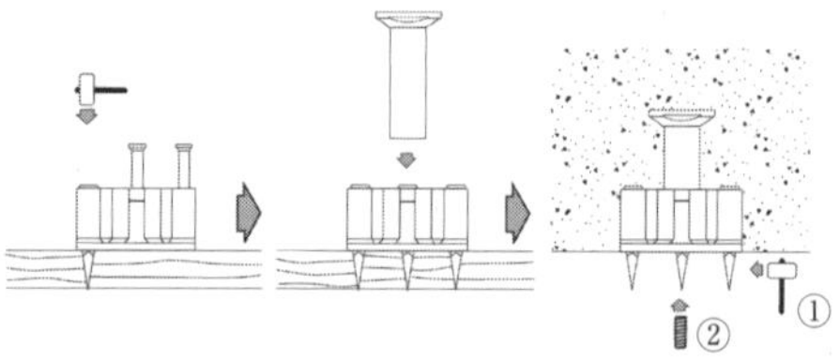

表1　インサートなどの選定表（鋼製インサート）（コンクリート強度18N/mm²）

管サイズ [mm]		15	20	25	32	40	50	65	80	100	125	150	200	250	300
管重量 [kg/m] （SGP＋水＋保温）		2.1	2.7	3.8	5.3	6.3	8.6	12.3	15.5	23	31	42	66	97	130
支持間隔 [m]	鋼管及びステンレス鋼管	2.0								3.0					
	銅　管	1.0								2.0					
	ビニル管及びポリエチレン管	1.0								2.0					
	ポリブテン管	0.6	0.7		1.0		1.3		1.6						
吊りボルト，インサートのサイズ		M－10，W3/8								M－12，W1/2			M－16，W5/8		

注．吊り用ボルト（転造ねじ加工された吊りボルト）とインサートは，ねじ規格が同一のものとする。

備考	1．機械室は機器類の配置変更などが多いので，配管の吊り位置の変更に対応するため，碁盤目（1m×1mの方眼状）にインサートを入れて，吊りアングル材（共通吊鋼材）で配管を支持できるようにする。 2．躯体コンクリート工事時期は，関係するその他の工事関係者と協力し，同一の図面に記入すれば，問題点の早期発見が可能となり，対応策も立てやすい。この時期は，未解決の問題も多いので，工事期間中の変更等に対処しやすいように，予備のスリーブ・インサート等も考慮しておく必要がある。 3．各社メーカにより仕様が異なるので，施工要領書に基づき施工する。

出所：（図2）『型枠施工必携　平成23年改訂増補版』（社）日本建設大工工事事業協会（現：（一社）日本型枠工事業協会），2011年，p.118，
　　　図4－6－1（一部改変）／（図3）（図2に同じ）p.120，図4－7－2
　　　（図4）『MIKADO製品総合カタログ 2019 No.30』（株）三門，p.20

| 作業名 | スリーブ工事施工要領（1） | 主眼点 | スリーブの種類 |

1．スリーブ工事について

スリーブ工事は，『公共建築工事標準仕様書　機械設備工事編　平成31年版』とSHASE-S010：2013の仕様に基づいて施工する。

（1）スリーブは，表1によるものとし，特記がなければ，次による。

① 外壁の地中部分で水密を要する部分のスリーブは，つば付き鋼管とし，地中部分で水密を要しない部分のスリーブはビニル管（JIS K 6741「硬質ポリ塩化ビニル管」のVU）とする。

② 柱及び梁以外の箇所で，開口補強が不要であり，かつ，スリーブ径が200mm以下の部分は，紙製仮枠としてもよい。紙製仮枠を用いる場合は，変形防止の措置を講じ，かつ，配管施工前に仮枠を必ず取り除く。

③ ①と②以外の鋼管製スリーブは，JIS G 3452「配管用炭素鋼鋼管」の白管とする。

表1　スリーブ

材料	仕様
亜鉛鋼板製	径が200mm以下のものは厚さ0.4mm以上，径が200mmを超えるもの（上限が350mm）は厚さ0.6mm以上で，原則として，筒形の両端を外側に折り曲げてつばを設ける。また，必要に応じて，円筒部を両方から差し込む伸縮形とする。
つば付き鋼管製	JIS G 3452「配管用炭素鋼鋼管」の黒管に，厚さ6.0mm以上，つば幅50mm以上の鋼板を溶接後，汚れ，油類を除去し，内面及び端面に錆止め塗料塗りしたものとする。

（2）スリーブの径は，原則として，管の外径（保温されるものにあっては保温厚さを含む）より40mm程度大きなものとする（表2，表3）。

なお，給水管，ガス管等は外から供給される管の位置を考慮して管の大きさを決定する。特に排水管は適切な勾配を必要するので，貫通位置・大きさについて十分検討する必要がある。

表2　スリーブ径の目安（被覆なし［管＋40mm］，被覆あり［管＋保温厚＋40mm］）

配管用炭素鋼鋼管 SGP		スリーブ径							
		被覆なし	被覆あり（給水・温水）			被覆あり（冷温水・冷水）			
呼び径	内径	スリーブ径	給水・温水厚	管＋保温厚	スリーブ径	冷温水・冷水厚	管＋保温厚	スリーブ径
15	21.7	75	20	61.7	150	30	81.7	150
20	27.2	75		67.2	150		87.2	150
25	34.0	75		74.0	150		94.0	150
32	42.7	100		82.7	150	40	122.7	200
40	48.6	100		88.6	150		128.6	200
50	60.5	125		100.5	150		140.5	200
65	76.3	125		116.3	200		156.3	200
80	89.1	150		129.1	200		169.1	250
100	114.3	175	25	164.3	250		194.3	250
125	139.8	200		189.8	250		219.8	300
150	165.2	225		215.2	300		245.2	300
200	216.3	300	40	296.3	400		296.3	350
250	267.4	325	50	367.4	450	50	367.4	450
300	318.5	400		418.5	500		418.5	500

注．スリーブ径が決まったら，表3の素材を選定する。

表3　スリーブ径

硬質ポリ塩化ビニル管（JIS K 6741）						配管用炭素鋼鋼管（JIS G 3452）			亜鉛鋼板製スリーブ		紙製仮枠（ボイドスリーブ）	
VP/HIVP			VU			SGP						
呼び径	内径	外径	呼び径	内径	外径	呼び径	内径	外径	呼び径	内径	呼び径	内径
50	51.8	60	50	56.4	60	50	52.9	60.5	50	50	50	50
65	67.8	76	65	71.6	76	65	67.9	76.3	-	-	-	-
75	78.0	89	75	83.6	89	80	80.7	89.1	80	83	75	75
-	-	-	-	-	-	90	93.2	101.6	-	-	90	90
100	100.8	114	100	107.8	114	100	105.3	114.3	100	103	100	100
125	126.0	140	125	131.8	140	125	130.8	139.8	125	128	125	125
150	147.2	165	150	154.8	165	150	155.2	165.2	150	153	150	150
-	-	-	-	-	-	175	180.1	190.7	175	178	175	175
200	195.4	216	200	203.0	216	200	204.7	216.3	200	203	200	200
-	-	-	-	-	-	225	229.4	241.8	225	228	-	-
250	241.6	267	250	251.4	267	250	254.2	267.4	250	253	250	250
300	287.8	318	300	299.6	318	300	304.7	318.5	300	303	300	300
-	-	-	350	349.0	370	350	339.8	355.6	350	353	350	350

出所：（表1）『公共建築工事標準仕様書　機械設備工事編　平成31年版』国土交通省大臣官房官庁営繕部，2019年，p.41，表2.2.11

（3）スリーブの材料は，使用場所及び用途別に適切なものを選択する（表4，図1〜図5）

表4　スリーブ・箱の種類

材質	スリーブ名	使用区分						
		一般壁	外壁	水槽壁	基礎はり	一般はり	一般床	防水床
紙製	ボイドスリーブ	○					○	
鉄製	鋼管スリーブ		○					
	つば付き鋼管製スリーブ		○	○				○
	亜鉛鋼板製スリーブ	○				○	○	
塩ビ製	硬質ポリ塩化ビニル管スリーブ		○	○				
木製	箱	○					○	

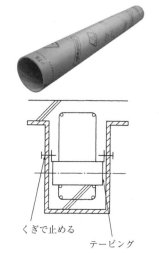

図1　紙製仮枠（ボイドスリーブ）

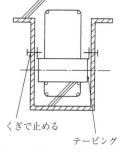

図2　硬質ポリ塩化ビニル管
　　　スリーブ

図3　亜鉛鋼板製スリーブ

円筒式スリーブ
くぎ打ち用つめ
スライド式スリーブ
くぎ打ち用つめ

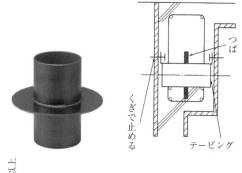

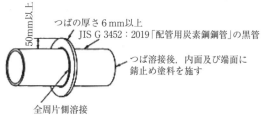

つばの厚さ6mm以上
JIS G 3452：2019「配管用炭素鋼鋼管」の黒管
つば溶接後，内面及び端面に
錆止め塗料を施す
全周片側溶接

図4　つば付き鋼管製スリーブ

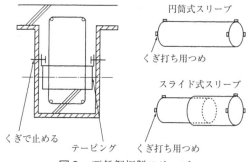

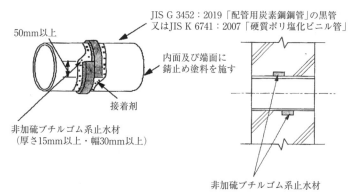

50mm以上
JIS G 3452：2019「配管用炭素鋼鋼管」の黒管
又はJIS K 6741：2007「硬質ポリ塩化ビニル管」
内面及び端面に
錆止め塗料を施す
接着剤
非加硫ブチルゴム系止水材
（厚さ15mm以上・幅30mm以上）
非加硫ブチルゴム系止水材

図5　特記　非加硫ブチルゴム系止水材を巻き付けて
　　　　　　止水するスリーブ

出所：（表4）『空衛vol.71 2017年11月号』（一社）日本空調衛生工事業協会，p.4，表1.1.1　（一部改変）
　　　（図1写真）フジモリ産業（株）
　　　（図3，図4写真）（株）アカギ
　　　（図1〜図3図，図4右）（表4に同じ）p.6，図1.1.3　（一部改変）
　　　（図4下）（一社）公共建築協会著『機械設備工事監理指針 平成28年版』（一財）地域開発研究所，2016年，p.184，図2.2.34（一部改変）
　　　（図5）（図4に同じ）p.185，図2.2.35（一部改変）

（4）床の箱入れは，次による。
　① 床開口の最大径が600mm以下の場合は，概ね開口によって切られる鉄筋と同量の鉄筋で，周囲を図6の例に準じた補強をする。
　② 床開口の最大径が600mmを超える場合は，建築担当者と十分な打合せを行う。
　③ デッキプレート床の箱入れは，図7の要領で行う。

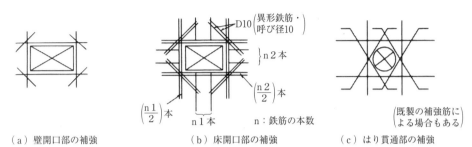

（a）壁開口部の補強　　　（b）床開口部の補強　　　（c）はり貫通部の補強

図6　開口部補強の例

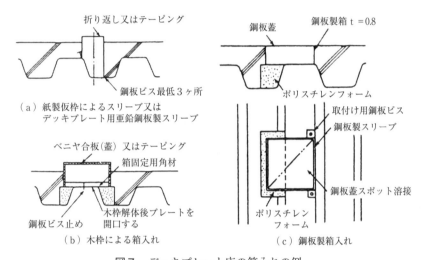

（a）紙製仮枠によるスリーブ又は　　　　（c）鋼板製箱入れ
　　デッキプレート用亜鉛鋼板製スリーブ

（b）木枠による箱入れ

図7　デッキプレート床の箱入れの例

（5）はり貫通スリーブの取り付け可能範囲及び口径は，建築構造図や仕様書を確認し，当確建物の基準を把握して，位置や大きさ，補強の要・不要など，建築工事担当者と十分な打合せを行う。
　　特にスリーブ取付けの際，図8又は納まりを確認し，やむを得ず基準値を外れる場合は，建築構造担当者と十分な打合せを行い，施工する。

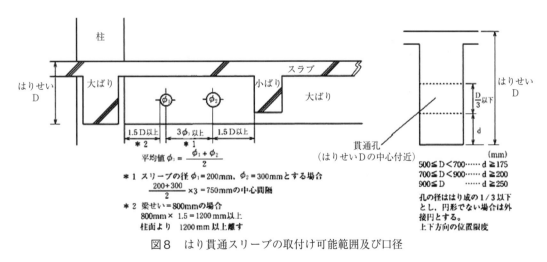

図8　はり貫通スリーブの取付け可能範囲及び口径

出所：（図6）（一社）公共建築協会著『機械設備工事監理指針 平成28年版』（一財）地域開発研究所，2016年，p.199，図2.4.1
　　　（図7）（図6に同じ）p.199，図2.4.2（一部改変）

番号	No. 3. 21

作業名	スリーブ工事施工要領（2）	主眼点	スリーブ箱入れの仕方

材料及び器工具など

墨つぼ，墨差し，レーザ墨出し器
スケール，差し金，水平器
下げ振り，ハンマ，カッタ
コンパネ（補強板），くぎ（50mm）
紙製スリーブ，箱スリーブ
ハッカ（結束工具），結束線
墜落制止用器具（安全帯）
保護帽（ヘルメット），安全靴，保護手袋
脚立，可搬式作業台

図1　箱入れ（左），スラブ紙製スリーブ入れ（右）

番号	作業順序	要　点	図　解
1	基準墨を確認する	型枠（片面組立て）縦面に印されたレベル墨（陸墨）（図1）や，基準墨（逃げ墨）（図2）の位置を確認する。	
2	図面を確認する	スリーブ，箱入れ図面より，それぞれの位置を確認する。	
3	墨出しをする	1．基準墨（逃げ墨）から，柱・壁の通り芯墨を見つけて，スリーブと箱入れ位置を計算し，墨出しをする（図2）。 2．壁スリーブの場合はレーザ墨出し器等を利用して墨出しをする。	図2　主な墨出し線
4	スリーブ材の加工をする	1．壁貫通部は壁厚により5mm短くスリーブを切断する。 2．壁貫通の幅50cm以上の箱スリーブは，下面にコンクリートが回るように直径10mm程度の下穴をあける。また，消火栓箱などは，つぶれないように内部を垂木や桟木で補強する（図3）。 3．外壁はつば付き鋼管スリーブ（つば幅50mm以上）を使用する（図4）。	穴（下面）直径10mm スリーブ材補強 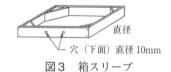直径 穴（下面）直径10mm 図3　箱スリーブ
5	取り付ける（スラブ）	1．開口部が100mm以下程度の小さなスリーブは，スラブ筋を図5のように1：6以上に折り曲げ，補強筋は不要（わずかにスラブ筋に掛かる場合は，結束線を緩め，鉄筋をずらす）である。 2．開口部が200～300mm程度のスリーブは，同様にスラブ筋を1：6以上に折り曲げ，異形鉄筋D10をいげたに入れる（図6）。	図4　つば付き鋼管スリーブ

<配筋要領>
開口部の辺の長さによって異なる。
a≦100mmの場合はAのように折り曲げる。
a＞100mmの場合はAのように折り曲げ，補強筋Bを入れる。

小さい開口部の場合（1辺の長さ100～200mm）　小さい開口部の場合（1辺の長さ200～300mm）
図5　スラブスリーブ施工による配筋補強

出所：（図2）『型枠施工必携　平成23年改訂増補版』（社）日本建設大工工事事業協会（現：（一社）日本型枠工事業協会），2011年，p.121，図4-7-3
（一部改変）

作業名	建築設備用あと施工アンカーの施工（1）	主眼点	金属拡張アンカー（内部コーン打込み式）

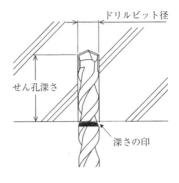  

図1　ドリルビット径（ドリル径），せん孔深さを確認

材料及び器工具など
ハンマードリル（せん孔機器） ドリルビット 金属拡張アンカー（内部コーン打込み式） ダストポンプ，集塵機 テープ，マジックインク，ナイロンブラシ 専用打込み棒，打込み用ハンマ， トルクレンチ，スパナ 保護手袋（軍手，革手袋等） 墜落制止用器具（安全帯），防じんマスク 保護帽（ヘルメット），保護めがね

番号	作業順序	要　点	図　解
1	アンカー打ちの準備をする	1．あと施工アンカーの種類や使用場所，施工方法などを，作業前に作業指示者に確認する。 2．作業工具・金属拡張アンカーなどを作業前に確認する。	 図2　墨出しをする
2	墨出しをする	墨出し位置を確認し，孔の中心を印す（図2）。	
3	コンクリートドリルなどの選定	所定のドリルビット径とハンマードリルを，SHASE-S012：2013の金属拡張アンカーより選定する。	 図3　コンクリートにせん孔
4	ドリルビットせん孔深さのマーキング	ドリルビット径（ドリル径），せん孔深さを確認し，テープ又はマジックインクで印を付ける（図1）。	
5	コンクリートにせん孔	コンクリート面に対し，直角にせん孔する（図3）。	
6	孔内清掃及びせん孔深さの確認	切粉が孔内に残らないように清掃する。	 図4　下孔にアンカーを挿入する
7	アンカー挿入	1．下孔にアンカーを挿入する（図4）。 2．アンカーの種類に応じた専用マシンホルダーの打撃モードで打ち込み（図5），図6のように奥のコーン部分を拡張させる。	

図5　専用マシンホルダーの打撃モードで打ち込む

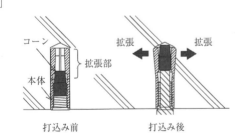

図6　打込み後の状態

備考	1．各社メーカにより仕様が異なるので，施工要領書に基づき施工する。 2．横走り配管の共通吊鋼材（ブドウ棚）支持には，あと施工アンカーを用いてはならない。

参考図1　集塵機能付きハンマードリル

出所：（図1左）建築設備用あと施工アンカー研究会著『建築設備用あと施工アンカー
　　　　選定・施工の実践ノウハウ』（株）オーム社，2008年，p.11，図2-5（a）
　　　（図6）（図1左に同じ）p.11，図2-4

作業名	建築設備用あと施工アンカーの施工（2）	主眼点	種類と選定方法

1．建築設備用あと施工アンカーについて

SHASE-S012：2005は，建築設備の機器，配管，ダクト及び計装設備の支持・固定に際し，コンクリート躯体にあと施工として用いられる留具（以下，あと施工アンカーという）について製品規格を定め，併せて設計・施工の指針を示した規格である。

本来，あと施工アンカーを施工する作業者は，（一社）日本建築あと施工アンカー協会（略称：JCAA）の資格を有する者，又は充分な技能及び経験を有し，監督職員が認めた者でなければならない。しかし，JCAA規格は，あと施工アンカーの全分野を網羅した規格で，建築設備従事者にわかりにくいため，建築設備分野に特化した規格が望まれていた。

（公社）空気調和・衛生工学会では，実験や検討，審議を重ね，平成17年11月にSHASE-S 012：2005「建築設備用あと施工アンカー」が上梓された。なお，最新の規格は，SHASE-S 012：2013である。

2．あと施工アンカーの種類

あと施工アンカーは，金属拡張アンカーと接着系アンカーに大別される（表1）。

表1　あと施工アンカーの分類と施工部位

分　類	記号	施　工　部　位	主たる用途
金属拡張アンカー	K	床スラブ上面・床スラブ下面・コンクリート壁	機器・配管・ダクトの支持
接着系アンカー	S	床スラブ上面・コンクリート壁	機器の床上固定，配管・ダクトの床上・壁固定

金属拡張アンカー：母材にせん孔された孔内に打ち込み又は締め付けによって拡張部を開かせることで，固定する方式である。

接着系アンカー　：母材にせん孔された孔内に接着剤を装てんしてアンカーボルトを挿入し，化学反応により硬化させて，母材との付着により固定する方式である。

3．あと施工アンカーの選定方法

使用環境・荷重条件等を考慮するあと施工アンカーの選定例を，下記に示す。

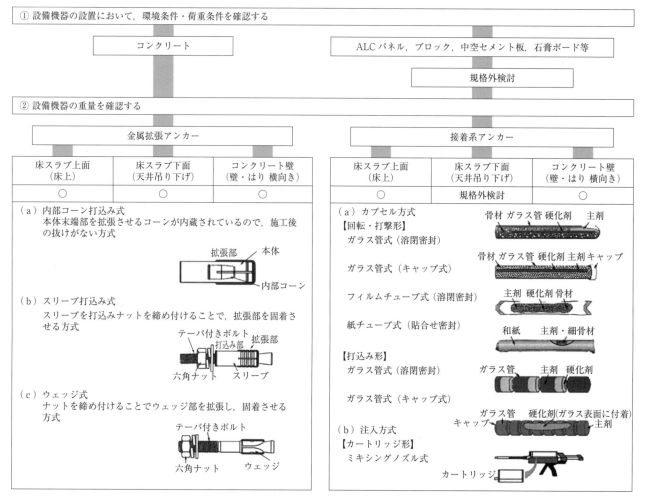

図1　SHASE-S012：2013「建築設備あと施工アンカー」推奨品例

出所：（表1）SHASE-S012：2013「建築設備用あと施工アンカー」p.2，表1
　　　（図1イラスト）（表1に同じ）p.5，表6／p.18，付図B.1／p.19，付図B.2／p.20，付図B.3（一部改変）

作業名	配管の吊り及び支持（1）	主眼点	フロアバンドの取付け作業

図1　フロアバンドの取付け例

材料及び器工具など

フロアバンド，振動ドリル（せん孔機器）
Aピン，ハンマ，チョークライン墨出し器
差し金，テープ，油性ペン，勾配計
ダストポンプ，集塵機，鉛筆，スケール
ウエス，保護手袋（軍手，革手袋等）
硬質ポリ塩化ビニル管（VP管）JIS K 6741
硬質ポリ塩化ビニル管継手(DV継手)JIS K 6739
塩ビ管用のこ，接着剤，面取り器

番号	作業順序	要　点	図　解
1	位置を確認する	1．施工図を基に，フロアバンドの配管ルートを確認する。 ※他業者と配管ルートが接触しないようにする。	 図2　配管するルートを墨出しする
2	フロアバンドの施工	1．チョークライン墨出し器で，配管するルートを墨出しする（図2）。 2．施工要領書に基づき，支持間隔の位置を決めてセットする（図3）。 3．フロアバンドのプレートセンター印（図4）からAピンの位置を確認し，配管するルートに合わせて油性ペンでマーキングする（図5）。 4．施工要領書に基づき，Aピンを振動ドリルでせん孔する（図6）。 　ダストポンプ等で孔内の切粉を除去し，フロアバンドをセットしてAピンを挿入し（図7），ハンマで打ち込む（図8）。	 図3　位置を決めてセットする

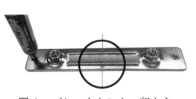

図4　プレートセンター印から
Aピンの位置を確認する

図5　マーキングする

図6　振動ドリルでせん孔する

図7　フロアバンドをセットし，
Aピンを挿入する

図8　Aピンをハンマで打ち込む

作業名	配管の吊り及び支持（1）	主眼点	フロアバンドの取付け作業

番号	作業順序	要　　　点	図　　　解
2		5．フロアバンドのナットを緩めてバンド上部を解放する（図9）。ＶＰ管を載せ，排水管（硬質ポリ塩化ビニル管）の施工要領書に基づき配管する（図10）。 6．排水管の勾配が正しいか，勾配計で確かめる（図11）。ナットを確実に締め付ける（図12）。	 図9　フロアバンドのナットを緩め 　　　バンド上部を解放する

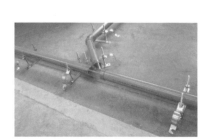

図10　施工要領書に基づき配管する

図11　勾配計でレベル確認

図12　ナットを締め付ける

備考	参考規格：JIS K 6739：2016「排水用硬質ポリ塩化ビニル管継手」 　　　　　JIS K 6741：2016「硬質ポリ塩化ビニル管」

作業名	配管の吊り及び支持（2）	主眼点	立てバンドの取付け作業

図1　立てバンドの取付け例

図2　配管するルートを墨出しする

材料及び器工具など

立てバンド，座付き羽子板，
振動ドリル（せん孔機器），専用打込み棒
金属拡張アンカー（内部コーン打込み式）
レーザ墨出し器，チョークライン墨出し器
差し金，テープ，油性ペン，勾配計
ダストポンプ，集塵機，鉛筆，スケール
保護手袋（軍手，革手袋等），保護めがね
配管用炭素鋼鋼管 JIS G 3452
ねじ込み式可鍛鋳鉄製継手 JIS B 2301
ウエス，シールテープ，パイプレンチ

番号	作業順序	要　点	図　解
1	位置を確認する	1．施工図を基に，立てバンドの配管ルートを確認する。 ※他業者と配管ルートが接触しないようにする。	
2	立てバンドの施工	1．レーザ墨出し器で，配管する立てラインを墨出しする（図2）。 2．施工要領書に基づき，支持間隔の位置を決めて，金属拡張アンカー（内部コーン打込み式）をハンマードリルでせん孔する（図3）。 　ダストポンプ等で孔内の切粉を除去し，専用打込み棒を打撃モードで打ち込む（図4）。 3．座付き羽子板を取り付けて（図5），立てバンドをセットする（図6）。 4．ボルト・ナットを手で締め付けた後（図7），バンドレンチでしっかりと締め付ける（図8）。	 図3　ハンマードリルでせん孔する

図4　専用打込み棒を打撃モードで打ち込む

図5　座付き羽子板を取り付ける

図6　立てバンドをセットする

図7　ボルト・ナットを
手で締め付ける

図8　バンドレンチでしっかりと
締め付ける

		番号	No. 3. 25－2
作業名	配管の吊り及び支持（2）	主眼点	立てバンドの取付け作業

1. 立てバンドは，壁等からの支持による立て管の振れ止め（座屈を生じないように支持）を目的とした金具である。
   立バンドや足類（羽子板，ねじ足など）のみで，管自体の重量を負担することはできないので，必ず立て配管の最上階や最下階に，参考図1のように，形鋼などで自重支持点を設けた上で，各階ごとに振れ止め支持を行う。
2. 立てバンドの防錆処理は，一般的に電気亜鉛めっき（ユニクロめっき）と思われている。
   しかし『公共建築工事標準仕様書（機械設備工事編）』に「屋内に使用する鋼材（吊り金物，支持金物等）の防錆処理に限定」と示されているので，屋外に使用する際は，溶融亜鉛めっき（どぶめっき）製又はステンレス製を使用する。
3. 施工要領書に「とい工事」と明記されている場合は，『公共建築工事標準仕様書（建築工事編)』の「13章　屋根及びとい工事　5節　とい」に基づいて施工する。

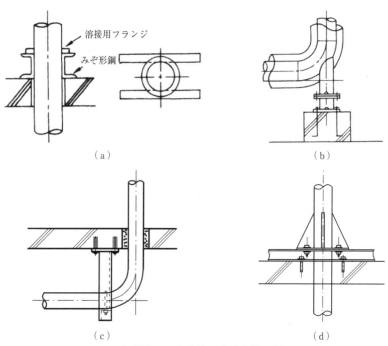

参考図1　立配管の自重支持の例

備

考

出所：（参考図1（a），（b））『空気調和・給排水設備施工標準　改訂第5版』（一社）建築設備技術者協会，2009年，p.222，解説図3.5.99
（a）（b）
　（参考図1（d））『公共建築設備工事標準図（機械設備工事編）平成31年版』国土交通省大臣官房官庁営繕部設備・環境課，2019年，p.113
参考規格：JIS B 2301：2013「ねじ込み式可鍛鋳鉄製管継手」
　　　　　JIS G 3452：2019「配管用炭素鋼鋼管」

| 作業名 | 配管の吊り及び支持（3） | 主眼点 | 吊りバンドの取付け作業 |

図1　吊りバンドの取付け例

図2　配管するルートを墨出しする

材料及び器工具など

吊りバンド，全ねじボルト
ハンマードリル（せん孔機器）
専用打込み棒
金属拡張アンカー（内部コーン打込み式）
レーザ墨出し器，チョークライン墨出し器
差し金，テープ，油性ペン，勾配計
ダストポンプ，集塵機，鉛筆，スケール
保護帽(ヘルメット)，保護めがね，防じんマスク
保護手袋（軍手，革手袋等）
水道用硬質塩化ビニルライニング鋼管JWWA K116
水道用ライニング鋼管用ねじ込み式管端防
　食管継手JPF MP003
ウエス，シールテープ，パイプレンチ

番号	作業順序	要　　点	図　　解
1	位置を確認する	1．施工図を基に，吊りバンドの配管ルートを確認する。 ※他業者と配管ルートが接触しないようにする。	
2	吊りバンドの施工	1．レーザ墨出し器で，配管する吊りラインを墨出しする（図2）。 2．施工要領書に基づき，支持間隔の位置を決めて「No. 3. 22　建築設備用あと施工アンカーの施工（1）」の手順で，ハンマードリルでせん孔する（図3）。 　　ダストポンプ等で孔内の切粉を除去し，専用打込み棒を打撃モードで打ち込む（図4）。 3．全ねじボルトと吊りバンドをセットする（図5）。 4．あと施工アンカーに全ねじボルトを挿入して締め付ける（図6）。 5．吊りバンドのナットを外し，バンドの片側をフランクにしてナットを軽く締めておく（図7）。 6．ナットを緩めて管をバンド部に当て，フランクになっている片側のバンド部に戻して締め付ける（図8）。 7．バンドレンチでしっかりボルトを締め付ける（図9）。 8．勾配計でレベル調整する（図10）。	 図3　ハンマードリルでせん孔する  図4　専用打込み棒を打撃モードで打ち込む

図5　全ねじボルトと吊りバンドをセットする

図6　あと施工アンカーに全ねじボルトを挿入する

図7　吊りバンドに管を吊る準備をする

図8　管を吊る

図9　バンドレンチでしっかりと締め付ける

図10　勾配計でレベル調整する

作業名	配管の吊り及び支持（3）	主眼点	吊りバンドの取付け作業

備考

1. 吊りバンドは，天井等からの吊り下げる場合の配管の重量を支持する（自重支持）ことを目的とした金具である。
2. 配管の支持・振れ止め支持の間隔は，参考表1による。

　　なお，吊り金物，支持金物及び固定金物は，内部の流体を含む管の荷重等に対して，十分な吊り又は支持強度を有する構造のものを使用する。

　　※『公共建築工事標準仕様書　機械設備工事編　平成31年版』の表2.2.14，表2.2.20を参照のこと。

3. この項のような実技作業に使用する「あと施工アンカー　金属拡張アンカー（内部コーン打込み式）めねじ形」の一般的な天井スラブ下面の許容引抜荷重は，全ねじボルト径M12以下は0.50kNである。

　　0.50kN以上の配管に使用する場合は，「あと施工金属拡張アンカーボルト（おねじ形）」の許容引抜荷重に対応した，あと施工アンカーを使用する。

　　※『建築設備耐震設計・施工指針　2014年版』表3.3（vii），表3.3（viii）を参照のこと。

4. 支持強度について

　　支持強度は，一般的に許容静荷重を指すと思われる。

　　許容静荷重を求める方法は，一般に，その製品の最大荷重（製品の機能を失わない程度の，物体に働く最も大きな外力）を，参考表2の安全率で割った値とする。

　　メーカによっては，特に説明がなく，強度を「最大荷重」として示している場合があるので，試験成績表を見る際には注意が必要である。また，安全率Sは製品又はメーカによって異なるので，一律ではない。

参考表1　配管の支持・振れ止め支持間隔

分類		呼び径	15	20	25	32	40	50	65	80	100	125	150	200	250	300
吊り金物による吊り	鋼管及びステンレス管		2.0 m以下									3.0 m以下				
	ビニル管，耐火二層管及びポリエチレン管鋼管		1.0 m以下									2.0 m以下				
	ポリブデン管		0.6 m以下	0.7 m以下			1.0 m以下		1.3 m以下		1.6 m以下	—				
形鋼振れ止め支持	鋼管，鋳鉄管及びステンレス管		—					8.0 m以下				12.0 m以下				
	ビニル管，耐火二層管，ポリエチレン管及びポリブデン管鋼管		—		6.0 m以下			8.0 m以下				12.0 m以下				

注1. 鋼管及びステンレス鋼管の横走り管の吊り用ボルトの径は，配管呼び径100以下は呼称M10又は呼び径9，呼び径125以上200以下は呼称M12又は呼び径12，呼び径250以上は呼称M16又は呼び径16とする。ただし，吊り荷重により吊り用ボルトの径を選定してもよい。

注2. 鋼管，鋳鉄管及びステンレス鋼管の呼び径40以下，ビニル管，耐火二層管，ポリエチレン管，ポリブデン管及び銅管の呼び径20以下の管の形鋼振れ止め支持は不要とし，必要な場合の支持間隔は，特記による

注3. 冷媒用銅管の横走り管の吊り金物間隔は，銅管の基準外径が9.52mm以下の場合は1.5 m以下，12.70mm以上の場合は2.0 m以下とし，形鋼振れ止め支持間隔は銅管に準ずる。ただし，液管・ガス管共吊りの場合は，液管の外径とする。また，冷媒管と制御線を共吊りする場合は，支持部で制御線に損傷を与えないようにする。

$$許容静荷重 = \frac{最大荷重}{安全率 S}$$

参考表2　安全率 S の例

材料＼荷重条件	静荷重	動荷重		
		片振り繰返し	両振り繰返し（交番）	衝撃
鋼	3	5	8	12

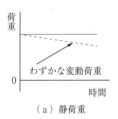

（a）静荷重

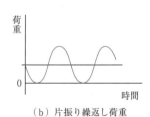

（b）片振り繰返し荷重

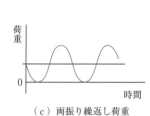

（c）両振り繰返し荷重（交番荷重）

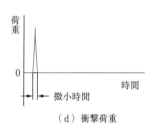

（d）衝撃荷重

参考図1　静荷重と動荷重の分類

出所：（参考表1）『公共建築工事標準仕様書　機械設備工事編　平成31年版』2019年，pp.61〜62，表2.2.20
　　　（参考図1）塚田忠夫・吉村靖夫・黒崎茂・柳下福蔵共著『機械設計法（第3版）』森北出版（株），2015年，p.28，表2.6
参考規格：JPF MP003：2015「水道用ライニング鋼管用ねじ込み式管端防食管継手」
　　　　　JWWA K116：2015「水道用硬質塩化ビニルライニング鋼管」

作業名	配管の吊り及び支持（4）	主眼点	耐震支持

1．建築設備耐震の基本的な考え方

　一般的建物や設備ではコストの問題もあり，地震後の設備機能を積極的に確保することは，あまり行われていない。地震後の機能確保は，受動的に考えられている。

　耐震グレードや耐震クラスの設定は，建築物用途の公共性や企業の重要性などを考慮し，建築主と設計者で協議して決める（表1）。

表1　建築物の用途（例）と機能確保・耐震支持による分類

機能確保の分類		耐震支持強度による分類	建築物の用途（例）	大地震動後の設備機能の目標（震度6強，7）	中地震後の設備機能の目標（震度5強，6弱）
Sグレード		耐震クラス S_A	災害応急対策活動等に必要な施設・消防，警察，特定の病院，特定の行政機関等・民間企業の特定する中枢施設	① 局部的に軽損被害は発生するが，大きな補修をすることはない。② 必要な設備機能が建築用途の機能に併せて相当期間継続できる。③ 主要機器等の点検は行う。	① 原則的には被害は生じない。② 設備機能は継続できる。③ 必要に応じて，主要機器等の点検は行う。
Aグレード	a	耐震クラス S_A	上記以外の災害応急対策活動等に必要な施設・特定の公共施設，病院等医療施設，特定の文化施設等	① 局部的には中損の被害が発生するが，長期間にわたる大きな補修を行うことはない。② 限定した特定の設備において，必要な設備機能が，建築用途の機能に併せて相当期間継続できる。③ 限定した特定の主要機器等の点検は行う。	① 局部に軽損の被害が発生するが，大きな補修をすることはない。② 限定した特定の機器では必要な設備機能が確保できる。③ 特定の主要機器等の点検は行う。
	b	耐震クラス A	Bグレード対象の建物や設備より，耐震安全性上の据え付けの強度を計り，レベルアップさせたもの	① 上記Aグレードa以外では設備機能確保の配慮は行わない。	① 原則的には大きな補修をすることなく，大部分の設備機能が確保できる。
Bグレード		耐震クラス B	特定しない官公庁施設，一般の建築物	① 機器・配管等では重損の被害が発生すると想定される。② 設備機能確保はほとんどの範囲において難しい（機能確保ができない）。	① 軽損の被害が発生する。② 大きな補修をすることなく，設備機能の確保は継続できる。③ 主要機器等の点検を行う。

　平成23年（2011年）3月11日に発生した東日本大震災の被害等を踏まえ，『建築設備耐震設計・施工指針』の耐震支持強度の中で，横走り配管が大きく改定された。2014年版と2005年版の違いを，表2に示す。

表2　耐震支持の適用に関する「2014年」と「2005年」の横走り配管の比較（抜粋）

設置場所		『建築設備耐震設計・施工指針　2014年版』 配管		『建築設備耐震設計・施工指針　2005年版』 配管	
		設置間隔	種類	設置間隔	種類
耐震クラスA・B対応					
上層階，屋上，塔屋		配管の標準支持間隔[注1]の3倍以内（ただし，銅管の場合には4倍以内）に1箇所設けるものとする。	A種	配管の標準支持間隔[注1]の3倍以内（ただし，銅管の場合には4倍以内）に1箇所設けるものとする。	A種
中間階			A種		50m以内に1箇所は，A種とし，その他はB種
地階，1階			125A以上はA種		B種
			125A未満はB種		
耐震クラスS対応					
上層階，屋上，塔屋		配管の標準支持間隔[注1]の3倍以内（ただし，銅管の場合には4倍以内）に1箇所設けるものとする。	S_A種	配管の標準支持間隔[注1]の3倍以内（ただし，銅管の場合には4倍以内）に1箇所設けるものとする。	S_A種
中間階			S_A種		50m以内に1箇所は，S_A種とし，その他はA種
地階，1階			A種		A種
ただし，以下のいずれかに該当する場合は上記の適用を除外する。					
—		（ i ）40A以下の配管（銅管の場合には20A以下の配管）。ただし，適切な耐震措置を行うこと。		（ i ）50A以下の配管，ただし，銅管の場合には20A以下の配管	
		（ ii ）吊材長さが平均20cm以下の配管		（ ii ）吊材長さが平均30cm以下の配管	

注1．本書「No.3.26-2」（p.64）の参考表1の数値を参照のこと。

| 作業名 | 配管の吊り及び支持（4） | 主眼点 | 耐震支持 |

2. 改定で，「床上基礎に固定する場合」と「天井吊りする場合」の考え方が明確になったので，演習問題を下記に示す。

　図1，図2のように正方形の機器重量600kg，アンカーボルト1m，据付け面より重心までの高さ0.5m，設計水平震度1.0，設計用鉛直度0.5とした時の「床上基礎に固定する場合」と「天井吊りする場合」のアンカーボルト1本当たりの引抜き力を計算する。

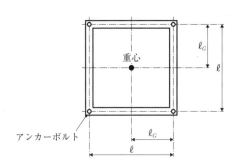

R_b：アンカーボルト1本当たりの引抜き力［N］（床上基礎に固定する場合）
R_b'：アンカーボルト1本当たりの引抜き力［N］（天井吊りする場合）
F_H：水平地震力［N］（$F_H = K_H \cdot W_1 \cdot G$，$K_H$：水平震度）
F_V：鉛直地震力［N］（$F_V = F_H / 2$）
h_G：据付け面より機器重心までの高さ［m］
W：機器の自重［N］（$W = W_1 \cdot G$，W_1：機器質量［kg］）
G：重力加速度（$G = 9.8$）［m/s²］
ℓ：アンカーボルトスパン［m］
ℓ_G：アンカーボルトから機器重心までの水平距離［m］
n_t：引き抜きを受ける側に設けられたアンカーボルトの本数

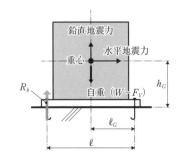

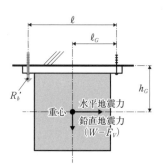

『建築設備耐震設計・施工指針』指針表3.2-1より

$$R_b = \frac{F_H \cdot h_G - (W - F_V)\ell_G}{\ell \cdot n_t}$$

$$R_b = \frac{k_H \cdot W_1 \cdot G \cdot h_G - (W_1 \cdot G - 0.5 \cdot k_H \cdot W_1 \cdot G)\ell_G}{\ell \cdot n_t}$$

$$= \frac{1.0 \times 600 \times 9.8 \times 0.5 - (600 \times 9.8 - 0.5 \times 1.0 \times 600 \times 9.8) \times 0.5}{1.0 \times 2}$$

$$= \frac{2\,940 - 1\,470}{2} = 735 \ [\text{N}]$$

図1　床上基礎に固定する場合

『建築設備耐震設計・施工指針』指針表3.2-4より

$$R_b' = \frac{F_H \cdot h_G + (W + F_V) \cdot (\ell - \ell_G)}{\ell \cdot n_t}$$

$$R_b' = \frac{k_H \cdot W_1 \cdot G \cdot h_G + (W_1 \cdot G + 0.5 \cdot k_H \cdot W_1 \cdot G) \cdot (\ell - \ell_G)}{\ell \cdot n_t}$$

$$= \frac{1.0 \times 600 \times 9.8 \times 0.5 + (600 \times 9.8 + 0.5 \times 1.0 \times 600 \times 9.8) \times (1 - 0.5)}{1.0 \times 2}$$

$$= \frac{2\,940 + 4\,410}{2} = 3\,675 \ [\text{N}]$$

図2　天井吊りにする場合

「床上基礎に固定する場合」と「天井吊りする場合」を比較してみると，

$$\frac{R_b'}{R_b} = \frac{3\,675}{735} = 5$$

したがって，床上設置より天井吊りのほうが，5倍の引抜き応力がかかる。

| 備考 | 出所：（図1，図2）打矢瀅二・山田信亮・井上国博・中村誠・菊地至著『図解 管工事技術の基礎』（株）ナツメ社，2017年，p.43（一部改変）
参考規格：SHASE-G0002：2012「新版 建築設備の耐震設計 施工法」 |

作業名	配管圧力試験（1）	主眼点	種　類

1. 配管圧力試験の種類

配管圧力試験は，配管完了部分から適宜行うが，既存建物でも配管関係のリフォーム時には実施が必要になる。そこで，試験の目的や水圧試験・気密試験の使い分け，それぞれの試験の方法を表1に示す。

表1　主な圧力配管の圧力試験検査基準の例

試験種別	水圧試験									気圧試験（空気又は窒素ガス）		
最小圧力等 / 最小保持時間［min］ 系統・管名称	1.75MPa 60	静水頭の2倍 60	ポンプ全揚程の2倍 60	ポンプ全揚程の1.5倍 60	加圧送水装置締切圧力の1.5倍 60	常用圧力の1.2～1.5倍 30	常用圧力の2倍 60	最高使用圧力の2倍 30	最高使用圧力の1.5倍 30	0.3MPa	110kPa	最大常用圧力の1.5倍 30
給水・給湯　給水装置（直結部）	○*1									○*8		
給水・給湯　高置水槽以下		○*2 0.75MPa以上								○*8		
給水・給湯　揚水管及び加圧給水・湯管			○*2 0.75MPa以上							○*8		
給水・給湯　器具接続管					○ 0.5MPa以内					○*8		
給水・給湯　住戸内架橋ポリエチレン管							○*3 0.75MPa以上					
給水・給湯　住戸内ポリブテン管							○*4 0.75MPa以上					
排水　揚水（ポンプ吐出）管			○*2 0.75MPa以上									
消火　水系消火管					○*2 1.75MPa以上					○*8		
消火　連結送水管	配管の設計送水圧力*7の1.5倍の圧力。ただし，最小値は1.75MPaとする。											
消火　連結散水設備	○											
消火　二酸化炭素消火設備	最高使用圧力（貯蔵容器から選択弁までは5.9MPa），10分保持									○		
消火　不活性ガス消火設備	最高使用圧力（貯蔵容器から選択弁までは10.8MPa），10分保持									○		
消火　粉末消火設備	最高使用圧力（貯蔵容器から選択弁までは2.5MPa），10分保持									○		
空調系　蒸気管							○ 0.2MPa以上					
空調系　高温水管							○*5 0.2MPa以上				○*6	
空調系　冷温水									○ 0.75MPa以上	○*8		
空調系　冷却水									○ 0.75MPa以上	○*8		
空調系　油管	危険物の規制に関する政令・同規則及び各地方条例に基づき，所定の試験に合格すること。											○
空調系　冷媒管	機器製造者が定めた気密試験圧力の最高値，24時間以上保持									○		

備考
* 1　水道事業者に規程のある場合はそれに従うこと。
* 2　圧力は配管の最低部におけるもの。
* 3　0.75MPa で60分後の水圧が，0.45MPa 以上で合格，再試験で0.55MPa 以上で合格。
　　1.0 MPa で60分後の水圧が，0.6 MPa 以上で合格，再試験で0.7MPa 以上で合格。
　　1.75MPa で60分後の水圧が，1.05 MPa 以上で合格，再試験で1.20MPa 以上で合格。
* 4　0.75MPa で60分後の水圧が，0.55 MPa 以上で合格，再試験で0.65MPa 以上で合格。
　　1.0 MPa で60分後の水圧が，0.8 MPa 以上で合格，再試験で0.9MPa 以上で合格。
　　1.75MPa で60分後の水圧が，1.40 MPa 以上で合格，再試験で1.60MPa 以上で合格。
（注）＊3，＊4とも再試験の場合は，当初圧力を下げないで試験圧力に再加圧する。
* 5　窒素ガス試験の場合は，最高使用圧力の1.5倍とする。
* 6　高温水用コンジット配管
* 7　ノズル先端における放水圧力が0.6MPa ｜消防長又は消防署長が指定する場合にあっては，当該指定放水圧力｜以上になるように送水した場合の送水口における圧力をいう。
* 8　気圧試験の前に，広範囲な試験を行う場合プラグ忘れなどがないか予備的に行う場合がある。

出所：（表1）ねじ施工研究会著『ねじ配管施工マニュアル』日本工業出版（株），2013年，pp.259～260，表資Ⅰ・9（一部改変）

作業名	配管圧力試験（2）	主眼点	水圧試験の使用方法と検査

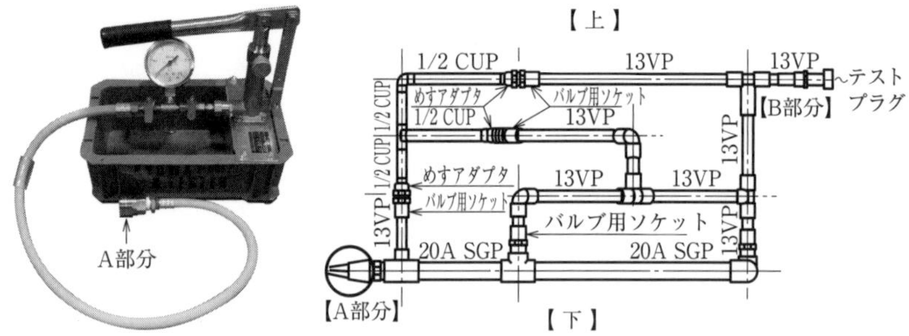

材料及び器工具など

図1　課題立面図とテストポンプ（手動式）接続例

水圧テストポンプ
水ホース
モンキレンチ
テストプラグ
シールテープ
ウエス

番号	作業順序	要　　点	図　解
1	テストポンプを設置する	1．テストポンプの水槽に水を入れ，水圧試験をする配管に接続する。（A部分） 2．配管の最高所末端（B部分）から水が出てくる（配管内の空気が抜けた状態）まで，テストポンプのハンドルを動かす。	
2	検査（試験）をする	1．配管の最高所末端B部分に，テストプラグをねじ込み加圧する。 ※ねじ部はシールテープにて水密性を保つ。 2．加圧に当たっては，一度に試験圧を上昇させず，2～3段階に分けて行う。 3．テストポンプ圧力が1.75MPaになるまで上げ，コックを締める。 4．圧力計を読み，一定時間（2分）安定していることを確認する。 5．配管の水抜きをする。	 図2　課題平面図

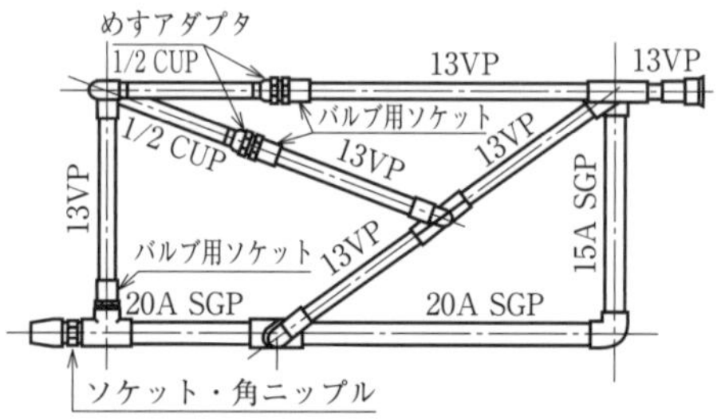

1．水圧テストポンプには手動式と，電動式があり，用途に合わせて使用する。（図1，参考図1）
2．各社メーカにより仕様が異なるので，取扱説明書を確認する。

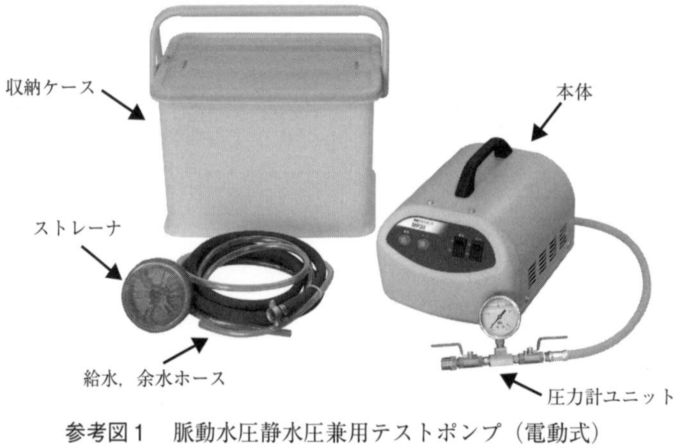

備

考

参考図1　脈動水圧静水圧兼用テストポンプ（電動式）

出所：（図1左）（株）キョーワ
　　　（参考図1）アサダ（株）

番号	No. 3. 30

作業名	配管圧力試験（3）	主眼点	空圧試験の使用方法と検査

材料及び器工具など

エアテストコンプレッサ一式
発泡式リークスプレー
テスト配管
シールテープ
テストプラグ
モンキレンチ
ウエス

図1　エアテストコンプレッサと各部の名称

番号	作業順序	要　　点	図　　解
1	エアテストコンプレッサを設置する	1．圧力計ユニットの先端おねじにシールテープを巻き，テスト配管に接続する（図2）。 2．圧力計ユニットとエアコンプレッサをエアホースで接続する。接続はカプラでワンタッチ接続なので，カチっと音がするまでしっかり押し込み，ロックを確認する。 3．エアコンプレッサのタンク下にあるドレンコックを閉止する（図3）。 4．エアコンプレッサの圧力調整器を左回しで最大まで緩める。 5．100V コンセントに電源を接続，スイッチをONにする。 6．エアコンプレッサが起動し，エアタンク内圧が0.79MPa まで上昇すると自動で停止する（タンク内圧0.6MPa 以下で再起動）。	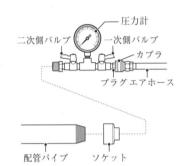 図2　圧力計ユニットとテスト配管の接続
2	検査（試験）をする	1．吐出圧力計を見ながら圧力調整器で試験圧力まで調整する（図4）。 2．圧力計ユニット2次側バルブを開いて，配管にエアを送る。 3．圧力計が試験圧力に到達したら，右側の1次側バルブを閉止して圧力保持する。 4．圧力が保持せず低下する場合は，漏えいしているので，漏えい音の確認や接続箇所へのリークスプレー吹きつけて，発泡を目視で確認する（図5）。	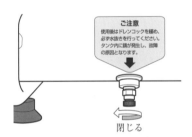 図3　ドレンコックの確認
備考		1．配管の耐圧試験は，通常水を用いるが，造作が進んだ中で水圧試験を広範囲に行う場合は，事前に接合部の確認を行う事ができない。万一，漏水してしまうと，損害が生じる可能性があるため，事前に空圧試験（エアテスト）を行なうことがある。 2．エアテストは，水圧試験より低い試験圧力（0.1～0.35MPa程度）で行う。 3．水は非圧縮性なので，どんなに圧力を加えても配管の容積を大きく上回る程の水量は入らないが，空気は圧縮性で，圧力を掛ければかけるほど入るため，大きな反発エネルギーが生まれる。 4．エアテストの際の空気漏えいは，配管が破裂する恐れがあり，大変危険である。また，接合部分にダメージを与えてしまうので，エアテストは低圧力で実施する必要がある。	 図4　圧力調整器の調整バルブ 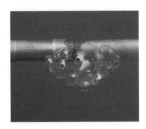 図5　漏えい時の発泡（イメージ）

出所：（図1，図5）アサダ（株）
　　　（図2～図4）『エアコンプレッサ0504　取扱説明書』アサダ（株）（一部改変）

			番号	No. 3. 31
作業名	配管圧力試験（4）	主眼点	気密試験キットの使用方法と検査	

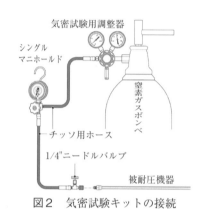

窒素用ホース（3m）
収納ケース
異形アダプタ
ニードルバルブ
シングルマニホールド
気密試験用調整器

図1　気密試験キットと各部の名称

材料及び器工具など

気密試験キット
窒素ボンベ
発泡式リークスプレー
モンキレンチ
ウエス

図　解

気密試験用調整器
シングルマニホールド
窒素ガスボンベ
チッソ用ホース
1/4"ニードルバルブ
被耐圧機器

図2　気密試験キットの接続

番号	作業順序	要　点
1	気密試験キットを接続する	1．図2に沿って機器やホース類を接続する。その際，気密試験用調整器の圧力調整ハンドルは，最大限緩めておく。 ※圧力調整ハンドルを緩めておくと，ガスは吐出されない。 2．シングルマニホールドとニードルバルブは，締めて閉止する。 3．窒素ボンベは，開閉ハンドルを使ってゆっくりと全開にしてから，少し戻す。その際，2次側圧力計の指針が上がらないことを確認する。 4．調整器の不具合である出流れを確認する。出流れが見られる調整器は非常に危険のため，調整器を交換する。
2	検査（試験）をする	1．調整器の圧力調整ハンドルを締めて，2次側圧力を0.5MPaまで上昇させる（図3）。 2．シングルマニホールド，ニードルバルブの順にゆっくり開き，シングルマニホールドの圧力計が0.5MPaに達したら，ニードルバルブを閉止する。 3．5分間以上放置し，圧力低下のない事を確認する。 4．圧力調整ハンドルをさらに締め，2次側圧力を1.5MPaまで上昇させる。 5．ニードルバルブをゆっくり開き，シングルマニホールドの圧力計が1.5MPaに達したら，ニードルバルブを閉止する。 6．再び5分間以上放置し，圧力低下のない事を確認する。 7．規定圧力（機器の設計圧力）以上に上昇させ，周囲温度と圧力をメモする。 8．加圧した状態で約1日放置し，圧力低下がない場合は合格とする。 ※周囲温度が1℃変化すると，圧力が約0.01MPa（ゲージ圧）変化するので，補正する必要がある。 9．圧力降下が見られた時は，配管接続箇所等に発泡式リークスプレーを吹きつけ，漏えい箇所（図4）を特定して修理や手直しを行なう。

① 0.5MPa 5分間放置 → 圧力低下
↓ 圧力低下なし
② 1.5MPa 5分間放置 → 圧力低下
↓ 圧力低下なし
③規定圧力まで昇圧 周辺温度と圧力をメモ → 圧力低下
↓ 圧力低下なし
④ 約1日放置 → 圧力低下
↓ 圧力低下なし
⑤ 合　格

漏れ箇所あり

図3　試験圧力について

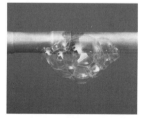

図4　漏えい時の発泡（イメージ）

備考	1．気密試験は冷媒配管作業が終了した後，配管に窒素ガスで機器の設計圧力以上に加圧して行なう作業である。加圧ガスには冷媒，酸素及び可燃性ガスや毒ガス等は絶対に使用しないこと。 2．機器ストップバルブは閉じたままで，絶対に開かないこと。 3．液管，ガス管両方加圧を行うこと。 4．メーカの取扱説明書を必ず確認すること。

出所：（図1，図4）アサダ（株）／（図2，図3）『気密試験キット取扱説明書』アサダ（株）

作業名	保温工事施工（1）	主眼点	配管保温の取付け作業

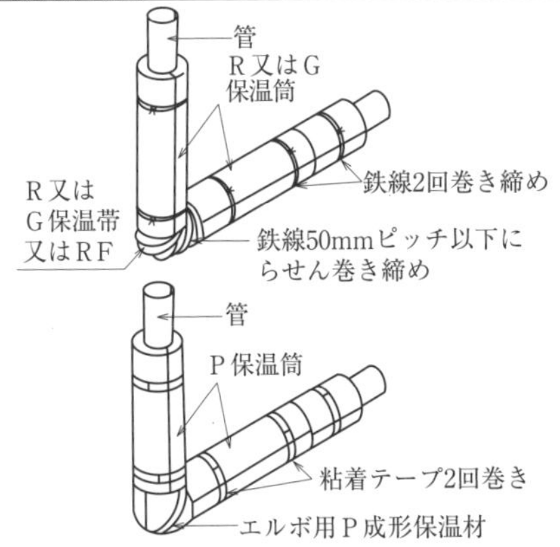

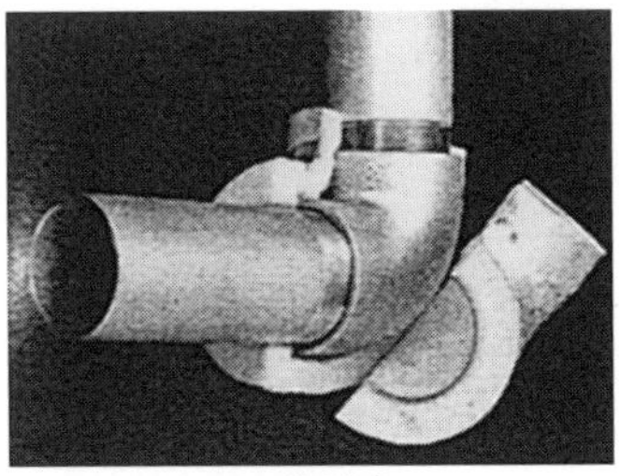

R：ロックウール保温材
G：グラスウール保温材
P：A種ポリスチレンフォーム保温材
RF：ロックウールフェルト

図1　管に対する保温材の取付け

	材料及び器工具など
	保温筒（グラスウール又はロックウール） 成形エルボ 鉄線（巻針金），金網 原紙，粘着テープ（アルミ製） アルミガラスクロス ポリエチレンフィルム 鋼製くぎ（細六のくぎ） 菊座バンド等 金属板，ハッカ

番号	作業順序	要　点	図　解
1	保温前	1．保温施工着手前に配管の溝切り加工部，溶接加工部及び管端シール面の防錆処理，鋼管（黒）の錆止め塗装が完了しているかを確認する。 　※塗装及び防錆工事については，『空調・換気・排煙設備工事読本』『機械設備工事監理指針』を参照のこと。 2．配管の試験が完了しているか，空気抜き，水抜き，ゲージ用の短管が取り付けられているかを確認する。 3．冷水管及び冷温水管の支持部の合成樹脂製支持受けが取り付けられているかを確認する（図2）。 4．被施工面を十分清掃する（水やごみ，氷等の付着がないこと）。 5．保温材の保管は，水分のない場所で行う。また，床面からの湿気にも留意する。	 （a）A種硬質ウレタンフォーム製支持受け （b）A種ビーズ法ポリスチレンフォーム製支持受け 図2　合成樹脂製支持受けの施工例
2	配管の保温	1．保温材が仕様どおりであることを確認する（材質の種類，口径，厚さなど）。 2．横走り管は保温筒の合わせ目が上下にならないように取り付ける。 3．曲がり部などは，成形カバーを使用し，やむを得ず保温帯などを使用する場合には，複層にし，かつ重ね部の継目が同一箇所に重ならないようにする（図1）。 4．保温筒は1本につき2カ所以上で2回巻締めするが，締めすぎて保温厚さを減じないように注意する（長さ200mm以下のものは1カ所でよい）（図3）。 5．支持金物のバンド部は，そのまま取り付けると凸凹部となるため，保温筒内側部の層をバンドの厚さほど，削り取り，管に密着させる。 　※A種硬質ウレタンフォーム製支持受けの厚さは，保温筒内に金具が納まるように，保温厚さより1サイズ薄いものを使用することが望ましい（図2（a））。（保温厚30mm→25mm，40mm→30mm，50mm→40mm）	 （注）屋内露出配管の曲がり部は，ロックウール，グラスウール保温材の場合は合成樹脂製の整形エルボを使用し，ポリスチレンフォーム保温筒の場合は，成形カバーを使用する。 図3　露出配管のエルボ部
3	外装用テープ巻き	1．外装テープ巻きは，同一方向に巻き，立て管の場合は下方向から上方向へと巻き上げていく。巻き始めと巻き終わりには，ずれ止めのため鋼製くぎ（細六のくぎ：L18L）又は粘着テープ等を用いてずれのないように止める。	

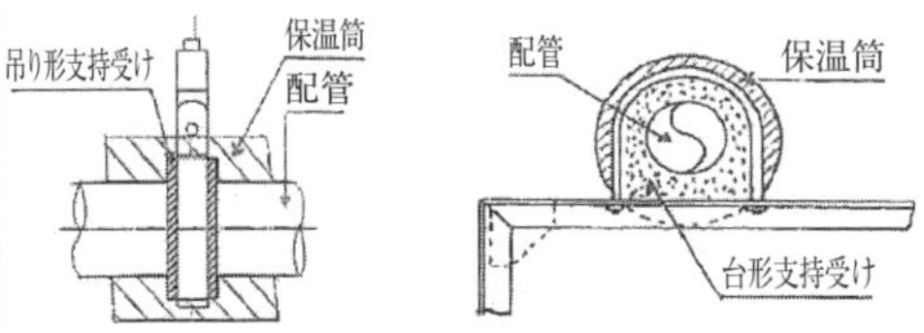

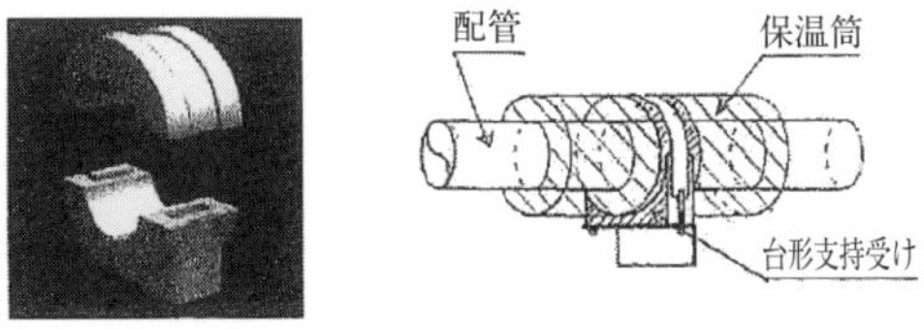

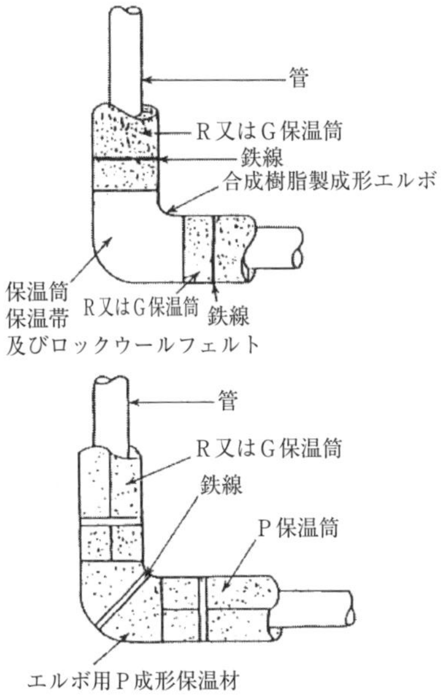

作業名	保温工事施工（1）	主眼点	配管保温の取付け作業

番号	作業順序	要　　点	図　解
3		2．アルミガラスクロステープ巻き（屋内隠ぺい部等）はアルミ箔の面を外側にして行う。機械室内の露出部の曲がり部に使用する場合は，テープに引っ張りが効かないので細幅のものを使用する。また，ずれ止めには，粘着テープ，接着剤等を用いる。 3．合成樹脂製カバー（シートタイプ）の取り付け（エルボ後付けの場合）は，厚さ0.3mmとし，長手方向，円周方向とも25mm以上の重ね幅とする。 　長手方向の重ね部は，両面テープを内側に貼って止めた後，150mm以下のピッチで，合成樹脂製カバー用ピン止めで取り付ける。 　エルボ部は，合成樹脂エルボを取り付け，合成樹脂製カバー用ピン止める（図4）。 ※ジャケットタイプもある。	 図4　合成樹脂製カバー（シートタイプ）のエルボ後付けの場合の取付け例
4	金属板外装	金属板の種類には，亜鉛鉄板，カラー亜鉛鉄板，アルミニウム板，ステンレス鋼板などがあり，長手方向は，はぜ掛け又はボタンパンチはぜを行う。雨水の浸入がないように，横走り配管においては中心より下方にはぜを設け，円周方向は，ひも出し加工部が外側になるように施工し，長手方向に25〜50mm重ね合わせる。 　立ち上がり配管には，重ね部はすべて下向きとし，雨水が侵入しないようにする。エルボ部はえび状又は成形カバーを使用する（図5）。 ※はぜとは，金属板同士を接続するため，折り曲げて引掛ける折り目の部分のことをいう。	 図5　配管の金属板外装
5	仕上げ	1．配管の保温の見切り部には，菊座を取り付ける。菊座の締め金具の部分は，管の裏側，背面など目に触れにくい箇所に取り付ける（図6）。 2．屋内露出配管の床貫通部には，保温材保護のため，厚さ0.2mm以上のステンレス鋼板で，床面より少なくとも150mmまで幅木を取り付ける（図7） 3．金属板での外装仕上げで，屋外露出の場合，雨水浸入予防のためにコーキング等を施す。	 図6　菊座の取り付け
備考		1．保温工事は，保温・保冷・断熱及び防露を目的として施工される。 2．保温材には数多くの種類があるが，その中で多く使用されるロックウール及びグラスウール等の繊維質，ポリスチレンフォームのような発泡プラスチック系の独立気泡体がある。これらは，断熱性，熱間収縮，燃焼性，透湿性等に相違があるので条件に適合するものを使用する。 3．保温管の空気抜き管及び水抜き管は，屋内，床下部はバルブの手前まで保温し，屋外部はバルブまで保温する。給湯管は屋内，屋外ともバルブまで保温する。 4．外装材とは，保温材の長期にわたる使用の劣化，外的障害から保護する役目をする。 5．補助材とは，保温材及び外装材以外の副資材をいう。	 図7　菊座・床貫通部幅木の取り付け

出所：（図1左）（一社）公共建築協会著『機械設備工事監理指針 平成28年版』
　　　　　　（一財）地域開発研究所，2016年，p.311，図3.1.6
　　　（図2）（図1に同じ）p.309，図3.1.5
　　　（図3）（図1に同じ）p.311，図3.1.7
　　　（図4）（図1に同じ）p.312，図3.1.8
　　　（図5）（図1に同じ）p.313，図3.1.10
　　　（図6，図7）（図1に同じ）p.313，図3.1.11

| 作業名 | 保温工事施工（2） | 主眼点 | 保温の材料 |

1. 保温工事について

　保温工事は，対象とするものの温度によって使用する材料や施工方法が異なり，保温工事・保冷工事・防露工事と使い分ける場合もあるが，一般的にはすべてを保温工事と総称することが多い。

　空気調和設備工事及び給排水衛生設備工事の保温の種別（I～XI）は，施工箇所により異なり，保温材の厚さは表1による。

　なお，寒冷地等で，これによることができない場合は，特記による。

表1　保温材の厚さ

単位〔mm〕

保温の種別		15	20	25	32	40	50	65	80	100	125	150	200	250	300	参考使用区分	
I	イ	20									25		40			ロックウール	温水管
	ロ	20									25		40			グラスウール	給湯管
II	イ	20			30		40									ロックウール	蒸気管（低圧（0.1MPa未満））
	ロ	20			30		40									グラスウール	
III	イ	30			40								50			ロックウール	冷水管 冷温水管
	ロ	30			40								50			グラスウール	
	ハ	30			40								50			ポリスチレンフォーム	
IV	ハ	30			40					50						ポリスチレンフォーム	冷水管（冷水温度2～4℃）
V	ハ	40			50			65								ポリスチレンフォーム	ブライン管（ブライン温度－10℃）
VI	イ	30			40								50			ロックウール	冷媒管
	ロ	30			40								50			グラスウール	
VII	イ	20									25		40			ロックウール	給水管 排水管
	ロ	20									25		40			グラスウール	
	ハ	20								25						ポリスチレンフォーム	
VIII		25														機器，排気筒，煙道，内貼	
IX		50															
X		75															
XI		屋内露出（機械室，書庫，倉庫）及び隠ぺい部は25，屋内露出（一般居室，廊下），屋外露出及び多湿箇所は50															

2. 保温の材料

　グラスウール保温筒やグラスウールエルボには，表面をアルミクラフト紙やアルミガラスクロスで加工したものがある。自由蝶番式なので，配管に簡単に施工でき，冷温水配管，給湯配管，蒸気配管などの保温・保冷用として用いられる（図1）。

（a）グラスウール保温筒
（表面無加工品）

（b）グラスウール保温筒
（ALK・ALGC）

（c）グラスウールエルボ

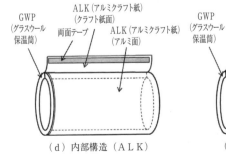

GWP（グラスウール保温筒）　ALK（アルミクラフト紙）（クラフト紙面）　両面テープ　ALK（アルミクラフト紙）（アルミ面）

（d）内部構造（ALK）

GWP（グラスウール保温筒）　ALGC（アルミガラスクロス）（ガラスクロス面）　両面テープ　ALGC（アルミガラスクロス）（アルミ面）

（e）内部構造（ALGC）

（f）自由蝶番式

図1　グラスウール保温筒，グラスウールエルボ

番号	No. 3. 33－2

作業名	保温工事施工（2）	主眼点	保温の材料

ロックウール保温筒は，各種配管の保温・断熱用，防火区画貫通部の処理用，銅管の保温・断熱用などに用いられる（図2）。

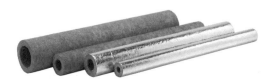

図2　ロックウール保温筒

A種ポリスチレンフォームは，水道配管，ブライン配管，冷水配管，冷媒配管などの保温・保冷・防凍用として用いられる（図3）。

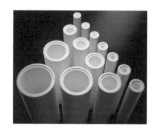

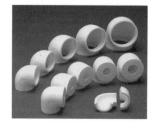

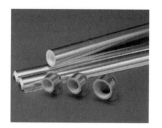

（a）パイプカバー　（b）エルボカバー　（c）ALGC貼り

図3　A種ポリスチレンフォーム

出所：（表1）『公共建築工事標準仕様書　機械設備工事編　平成31年版』国土交通省大臣官房官庁営繕部，2019年，p81，表2.3.7
（図1：a，b，d～f）旭ファイバーグラス（株）
（図1：c）マグ・イゾベール（株）
（図2）ニチアス（株）
（図3）アディア（株）

番号	No. 3. 34

作業名	工事写真撮影要領	主眼点	目的と仕方

1．工事写真撮影要領について

　　設備工事は，工事の重要な部分が完成後，土中や仕上げ材の裏に隠れて見えなくなってしまう部分が非常に多いため，その施工が適切であったことを説明する資料として，また，工事過程の記録や使用材料の確認，品質管理の確認の資料として，記録保存しておく必要がある。

　　国土交通省大臣官房官庁営繕部において，「営繕工事写真撮影要領」が平成28年版として改定されたことにより，『営繕工事写真撮影要領（平成24年版）・同解説 工事写真の撮り方　建築編／建築設備編』も全面改訂された。『営繕工事写真撮影要領（平成28年版）による工事写真撮影ガイドブック　平成30年版』は，工事写真を一新するとともに，建築工事編及び解体工事編，電気設備工事編，機械設備工事編の３分冊となり，より一層の内容の充実が図られている。

2．撮影要領

（1）工事写真には，工事名，撮影箇所（内容），請負会社名等を記入した黒板を入れて撮影する（図1〜図3）。また，埋設深さなどスケール等を用いて撮影する際は，スケール等が読みとれるように撮影する。

（2）工事工程ごとに施工前，施工中，施工後の状況がはっきりと判るように撮影する（表1）。施工中とは，作業中の意味ではなく，埋設配管の例では，掘削完了（掘削深さの判る写真）・床付け完了・配管敷設完了等をいう。

（3）使用する材料等の形状・寸法，規格等が判別できるよう，記載されている文字，記号，梱包のラベル等を撮影する。
　　※使用する材料のミルシート（材料証明書，検査証明書）は，注文時に依頼しないともらえない場合があるので，必ず注文時に依頼する。

（4）完成部分において，写真でしか確認できないもの，土中・コンクリート内部に隠れてしまうもの，隠ぺい部にあたっては，仕様や施工順序の確認，塗装部分においては，下塗り・中塗り・上塗り等の各施工段階が確認できる写真を撮影する。

（5）適切な品質・安全管理の状況写真，たとえば，安全協議会の開催の写真・ピット内作業においては，酸素濃度測定の実施が判る写真，品質管理においては，各種試験状況の写真など，自主検査状況が判る写真を撮影する。

（6）工事写真は上記目的及び，工事内容を十分理解している者が撮影する必要があり，作業員に任せておくのではなく，写真記録員を定めておく必要がある。

（7）工事完成後，衛生器具，空調機，機械室等の完成写真を撮影し，工事写真とともにアルバムに整理する。

（8）工事写真の信憑性を考慮し，工事写真の編集は認めない。

表1　機械設備工事の写真撮影対象及び標準撮影枚数

項　目		撮影対象	撮影時の注意事項	撮影枚数
施工状況及び出来形測定写真	配管工事	スリーブ，インサート及び箱入れ	スリーブの種別（つば付き鋼管，鋼管，亜鉛鉄板製，紙製，木製等）及び取付け状況が確認できるもの インサートの種別（一般，断熱用の区分）及び取付け状況が確認できるもの	各階ごとに2〜3枚
		隠ぺいされる配管	コンクリート埋込部分及び天井内の配管状況を示す	各階及び種別ごとに500m² ごとに2〜3枚 ただし便所配管は配管完了時に各階すべて箇所ごとに1枚
		防火区画等の貫通処理試験	防火区画を貫通する配管の耐火処理の状況を示す 配管の水圧，空気圧等の試験状況を示す（各種試験機の計器）	
	ダクト工事	スリーブ，インサート及び箱入れ	スリーブの種別（つば付き鋼管，鋼管，亜鉛鉄板製，紙製，木製等）及び取付け状況が確認できるもの インサートの種別（一般，断熱用の区分）及び取付け状況が確認できるもの	各階ごとに2〜3枚
		内貼り	消音材等の内貼施工状況を示す	10箇所ごとに1枚
		防火区画等の貫通処理	防火区画を貫通するダクトの耐火処理の状況を示す	箇所ごとに1枚
	機器の取り付け	機器の支持，据え付け	構造体からの機器の支持状況を示す アンカーボルトの取付け状況を示す	箇所ごとに1枚

注1．改修工事については，工事施工前と工事完了後の状況が比較できる写真を上記写真の当該部分のほかに必要枚数撮影するものとする。

3．工事写真（例）

図1　スリーブ入れ

図2　機器回り配管状況

図3　配管仕上げ塗装

出所：（表1）『工事写真撮影要領』文部科学省大臣官房文教施設企画部参事官，5.1.1表（抜粋）
　　　（図1〜図3）『営繕工事写真撮影要領（平成28年版）による工事写真撮影ガイドブック　機械設備工事編　平成30年版』（一社）公共建築協会，
　　　　2018年，p.78，図3-6／p.131，図4-95／p.168，図6-23

4. 鋼管の加工及び接合方法

			番号	No. 4. 1

作業名	鋼管の切断作業（1）	主眼点	パイプカッタによる切断

図1　作業姿勢

材料及び器工具など

配管用炭素鋼鋼管 JIS G 3452（15～50 A）
パイプ万力
パイプカッタ（1枚刃）
面取り器
けがき針
スケール

番号	作業順序	要　点	図　解
1	けがく	鋼管を10mm ずつの間隔でけがく。	
2	管を万力に固定する	万力に鋼管を緩まないようにしっかりと締め付ける。	 図2　切断箇所を合わせる
3	パイプカッタを管にくわえる	1．本体フレームを下にして管の下側に当てる。 2．カッタの刃とローラの間を挟む（図1）。	
4	切断箇所を合わせる	1．刃先を管軸に直角に合わす。 2．右手で調整ハンドルを軽く締める。 3．左手は本体を下から支える（図2）。	
5	切断する	1．右手で調整ハンドルを締める。 2．左手をハンドルの位置に持ち替える。 3．両手でハンドルを上下にやや動かしながら，あおるようにして回す。 4．1回転させ，軽くなったら，さらに調整ハンドルを締める。 5．管周を数回，回し切りする。 6．切り終わりに近づいたら管を左手に持ち替え，切り落ちるのを防ぐ。	 図3　切り口を仕上げる
6	切り口を仕上げる	1．面取り器を管端に直角に当てる（図3）。 2．管軸方向に力を入れ，回しながら，内面のまくれ（返り）を完全になくす。	

備考	1．パイプカッタで切断すると，管の断面にまくれ（返り）ができ，管内径が細くなって流体の流れに対する抵抗が大きくなり，さらに水あかなどがたまるおそれがあるので，切断後は必ずリーマでまくれ（返り）を完全に取り除くこと。 2．3枚刃のカッタで切断すると3枚の刃が曲がり，切り込みが交差することが多く，さらに切り口外面にまくれ（返り）ができるので，1枚刃のほうがよい。 3．パイプカッタで切断すると，まくれ（返り）を取り除く作業に手数がかかり，実行されにくい。 4．鋼管の種類によって，パイプカッタの使用が禁じられているものがあるので注意する。 5．面取り器には柄付き（バーリングリーマ等）もある。

参考規格：JIS G 3452：2019「配管用炭素鋼鋼管」

作業名	鋼管の切断作業（2）	主眼点	金切りのこによる切断

（a）鋼管の切断

（b）切断面の処理（面取り）

（c）切断面の処理（バリ取り）

（d）切断面の処理後

図1　金切りのこによる切断作業

材料及び器工具など

配管用炭素鋼鋼管 JIS G3452
金切りのこ
パイプリーマ
切削油（ねじ切り油）
パイプ万力
ウエス
スケール
保護手袋（軍手，革手袋等）

図　解

番号	作業順序	要　　点
1	鋼管をパイプ万力台に固定する	1．鋼管を切断位置をマーキングした箇所からパイプ万力より150mm（こぶし1個半）程度に固定する（図2）。 ※パイプ万力は使用前に次のことを確実に確認する。 （1）パイプ万力が転倒しないようしっかり固定されていること。 （2）上下の歯が磨耗していたり，V溝にシール剤等異物が付着していないこと。
2	切り込みをつける	1．金切りのこを両手で持ち，マーキングした線にのこ刃を垂直に静かにあてる（図3）。 2．のこ刃を軽く小刻みに前後させて，切込みを入れたら，適量の切削油をつける（図4）。
3	鋼管を切る	1．金切りのこに力を平均に掛け前方に刃を押し出し，次に力を抜いて手前に引く動作を繰り返す。 2．のこ刃と鋼管は常に垂直にして刃をねじらないようにのこ刃の全長を使って鋼管を切る（図5）。 3．途中で適宜少量の切削油をつけ（図6），刃の角度を変えながら切る（図7）。 ※切削油には潤滑と冷却効果及びのこ刃の寿命を延長する効果があるので，3～4往復ごとに切削油をつける。 4．切り終わりは，切断部の隙間が次第に大きくなってくるので，一方の手で鋼管を支え，もう片方の手で切口が折れないように力を加減して切断する（図8）。

切断位置

こぶし1個半程度

図2　鋼管を固定する

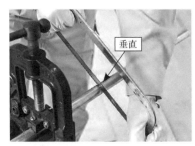

垂直

図3　切断箇所の切り込み

図4　適量の切削油をつける

図5　金切りのこの持ち方

作業名	鋼管の切断作業（2）	主眼点	金切りのこによる切断

番号	作業順序	要　点	図　解
4	切断面の確認	1．切断された断面（図9）が図10の正しい切断面になっているか，目視で確認する。 （1）1mm以下の場合は，やすりで直角に修正する。 （2）1mm以上の「斜め切断面」「段付き切断面」になっていた場合は，使用せずに切り直して「正しい切断面」になった鋼管のみを使用する。	 図6　適宜少量の切削油をつける
5	切断面の処理	1．右手の親指がやすりの柄の上になるようにして，穂先を手のひらで押さえるように左手でやすりを持ち，やすりの穂先を鋼管の切り口に直角に当てる（図11）。 2．やすりに力を平均に掛け，前方に押し，力を抜いて軽く引く。この動作を繰り返し，鋼管の切り口を直角に仕上げる。 3．鋼管切口の内側にパイプリーマを入れて回転させ，鋼管内面の「バリ」や「まくれ」をきれいに取る。 4．管内外の切削油や切粉をウエスで拭き取る。	 図7　刃の角度を変えながら切断

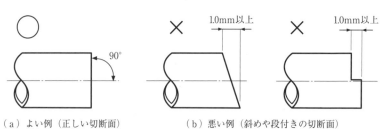

（a）よい例（正しい切断面）　　（b）悪い例（斜めや段付きの切断面）

図10　パイプ切断面の良否

図8　切断直前の姿勢状態

図11　切断面のやすりかけ

図12　内面の「バリ」や「まくれ」を取る

図9　切断後の状態

備考	1．金切りのこを使用する場合は，保護手袋（軍手，革手袋等）を着用する。 2．オイル受皿（油受け皿）を設置し，床を汚さないように注意する。 出所：（図1〜図9，図11，図12）『3級技能検定の実技試験課題を用いた人材育成マニュアル　配管（建築配管作業）編』厚生労働省，2018年，pp.29〜31 　　　（図10）レッキス工業（株）『カタログ2018-2019』p.119，図1 参考規格：JIS G 3452：2019「配管用炭素鋼鋼管」

作業名	手動式ねじ切り作業	主眼点	リード型（ラチェット付き）によるねじ切り

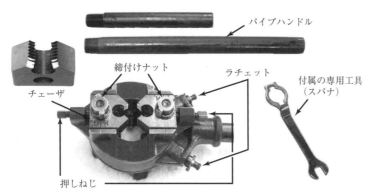

図1　手動式ねじ切り器（リード型）

材料及び器工具など

配管用炭素鋼鋼管JIS G3452
手動式ねじ切り器（リード型）
チェーザ
ねじ切り油
パイプ万力
ねじゲージ（テーパねじリングゲージ）
ウエス，スケール，切粉ブラシ
保護手袋（軍手，革手袋等）
オイル受け皿（油受け皿）

番号	作業順序	要　　点	図　　解
1	ねじ切り器を準備する	1．長短2本のパイプハンドルをつなげる（図2）。 2．ねじ切り器にパイプハンドルをセットする（図3）。 3．管径に合わせて，チェーザを選択する。	 図2　長短2本のパイプハンドルをつなげる  図3　ねじ切り器にパイプハンドルをセットする
2	チェーザを取り付ける	1．押しねじ（2箇所）を回して後方に下げる（図4）。 2．締付けナット（2箇所）を回して取り外す（図5）。 3．チェーザの表面を上にして，チェーザ（2個1組）を本体に入れる（図6）。 4．チェーザの基線目盛を本体の基線目盛の外側に合わせる（図7）。 5．締付けナットを軽く締める（図8）。 6．付属の専用工具（スパナ）で左右チェーザ横の押しねじを調節してチェーザを押し，本体基線とチェーザ基線の目盛り線を合わせる（図9）。 7．付属の専用工具（スパナ）で締付けナットを確実に締め付けて完了する（図10）。	

図4　押しねじ（2箇所）を回して後方に下げる

図5　締付けナット（2箇所）を回して取り外す

図6　チェーザ（2個1組）を本体に入れる

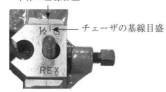

図7　チェーザの基線目盛を本体の基線目盛の外側に合わせる

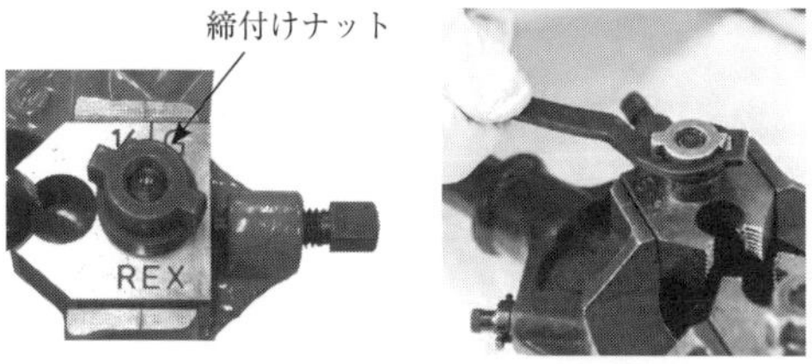

図8　締付けナットを軽く締める

図9　チェーザの基線目盛を本体の基線目盛を合わせる

図10　締付けナットセットを確実に締付けて完了する

| 作業名 | 手動式ねじ切り作業 | 主眼点 | リード型（ラチェット付き）によるねじ切り |

番号	作業順序	要　点	図　解
3	鋼管をパイプ万力台に固定する	1．鋼管をパイプ万力より150mm（こぶし1個半）程度にセットする（図11）。 　パイプ万力は使用前に次のことを確実に確認する。 （1）パイプ万力が転倒しないようにしっかり固定されていること。 （2）上下の歯が磨耗していたり，V溝にシール剤等の異物が付着していないこと。 2．フレームを閉じてパイプ万力のベースにフックが掛かっていることを確認し，ハンドルを回して鋼管をしっかり挟み込む（図12）。	![図11] 図11　鋼管をパイプ万力にセットする ![図12] 図12　鋼管を固定する
4	チェーザを取り付ける	1．鋼管の切小口の状態を確認し，表1を参考に15Aの場合はパイプの先端からねじの全長L 19.90mm（約20mm）の位置にねじ切りの長さに印を付ける（図13）。 　目視で確認する場合は，ねじを切る前にチェーザ「親ねじ」山数の確認をして，ねじ切り後のチェーザから出た鋼管の山数で切られたねじの全長Lを確認する（表1）。 2．背面のスクロール（図14）を矢印と逆方向に回して爪（4個）を鋼管径より少し大きめに開く（図15）。 3．手動式ねじ切り器をスクロール側より差し込み，チェーザの切上げねじ部（食付き部）を管端に直角に押しつける（図16）。	![図13] 図13　パイプの先端からねじの全長Lの印を付ける

表1　標準的なねじ加工寸法

単位〔mm〕

呼　び		標準的なねじ加工寸法			参　考　値		
管の呼び径（A）	ねじの呼び径（R）	必要な有効ねじ部長さ a＋b＋f	切上げねじ部長さ	ねじの全長基準値L	基準径の位置		基準径の位置から大径側に向かっての有効ねじ部長さ（最小）f*
					a*	許容差±b*	
⑮	1/2	14.97	4.93	19.90 11.0山	8.16	1.81（1.0山）	5.0
20	3/4	16.34	4.96	21.30（11.7山）	9.53	1.81（1.0山）	5.0
25	1	19.10	4.35	23.45（10.2山）	10.39	2.31（1.0山）	6.4

注＊　a，b，fは，JIS B 0203：1999「管用テーパねじ」に基づく数値。〔日本水道鋼管協会・日本金属継手協会資料〕

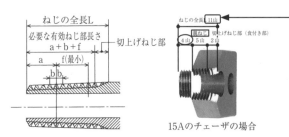

ねじの全長L
必要な有効ねじ部長さ a＋b＋f ← 切上げねじ部
a　f(最小)
b b
15Aのチェーザの場合

※15Aのチェーザの場合
　ねじの全長11山－（親ねじ5山＋切上げねじ部2山）＝4山

図14　背面のスクロール

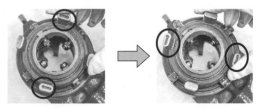

図15　背面のスクロールを矢印と逆方向に回し開く

図16　チェーザの切上げねじ部（食付き部）を管端に直角に押しつける

作業名		手動式ねじ切り作業	主眼点	リード型（ラチェット付き）によるねじ切り

番号	作業順序	要　　点	図　　解
4		4．チェーザの切上げねじ部（食付き部）を管端にスクロールを押しつけた状態で矢印の方向に回して爪（4個）を鋼管に固定する（図17）。 5．ラチェットピン（2箇所）をつまみ上げ，矢印を右回転方向に合わせる（図18）。 6．切削部に適量のねじ切り油をつける（図19）。	 図17　背面のスクロールを矢印方向に回し鋼管に固定する
5	鋼管に食い込ませる	1．ねじを切る時の姿勢は半身に構えて左手でねじ切り器本体を鋼管に押しつける（図20）。 2．右手でハンドルを慎重にゆっくりと上下に動かし，鋼管にねじ山を2～3山くらい食い込ませる。	
6	ねじを切る	1．鋼管に食い付いたら，本体を押すのをやめてねじ切り油をつける（図21）。 　ねじ切り油には，潤滑と冷却効果及びチェーザの寿命延長効果があるので，2山できるごとにねじ切り油をつける。 2．さらにねじを切って行き，管端がチェーザから所要の長さ（15Aの場合は4山）まで切り進む（図22）。	 図18　ラチェットピンをつまみ上げ，矢印を右回転方向に合わせる
7	ねじ切り器を外す	1．所定長さにねじを切ったら，ラチェットピン（2箇所）をつまみ上げ，矢印を左回転方向に合わせる（図23）。 2．ハンドルを下から上に動かして本体を逆回転させ，緩んできたら手で回して，鋼管からねじ切り器を外す（図24）。	 図19　切削部に適量のねじ切り油をつける

足をパイプ万力の三脚部分
にかけて，動かないように
しっかり固定する。

オイル受け皿

図20　鋼管にねじ切り器を食い込ませる姿勢

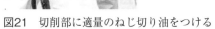

図21　切削部に適量のねじ切り油をつける

図22　チェーザから所要の長さ
　　　の状態

図23　ラチェットピン（2箇所）を
　　　つまみ上げ，矢印を左回転方
　　　向に合わせる

図24　鋼管からねじ切り器を外す

作業名	手動式ねじ切り作業	主眼点	リード型（ラチェット付き）によるねじ切り

番号	作業順序	要　　点	図　　解
8	ねじゲージに よる検査	1．ねじ切り器を鋼管から外した後に切粉ブラシやウエスで，管内外の切粉を取り除き（図25（a））ながら，ねじ部が偏肉・山欠け（図25（b）（c））になっていないか目視（外観）検査をする（「No. 4. 5 - 2」参照）。 2．ねじ部にねじゲージ（テーパねじリングゲージ）を軽く手で止まる位置までねじ込む（図26）。 3．止まった「ねじ先端位置」で合否を判定する（図27）。 4．切られたねじが不合格の場合は，チェーザを微調整して1～3の順で再度ねじ切り及び確認を行う。	

（a）管内外の切粉を取り除く　　　　（b）偏肉ねじ　　　（c）山欠けねじ

図25　目視（外観）検査

図26　ねじゲージを軽く手で止まる位置までねじ込む

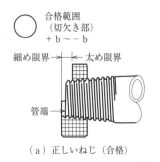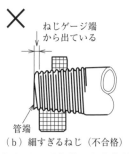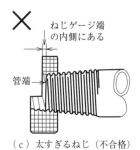

○ 合格範囲
（切欠き部）
+b～-b

細め限界　太め限界

管端

（a）正しいねじ（合格）

× ねじゲージ端
から出ている

管端

（b）細すぎるねじ（不合格）

× ねじゲージ端
の内側にある

管端

（c）太すぎるねじ（不合格）

図27　ねじゲージを使った合格範囲

備考	出所：（図1中央下，図2～図6，図8右，図9右，図10～図16左，図17～図25（a）） 　　　　『3級技能検定の実技試験課題を用いた人材育成マニュアル　配管（建築配管作業）編』厚生労働省，2018年，pp.13～17，pp.19～23 　　　（図1左・中央上・右，図7，図8左，図9左，図16右，図25（b），図26）レッキス工業（株） 　　　（表1）（一社）公共建築協会著『機械設備工事監理指針 平成28年版』（一財）地域開発研究所，2016年，p.222，図2.5.2，図2.5.3（抜粋） 　参考規格：JIS G 3452：2019「配管用炭素鋼鋼管」

作業名	自動定寸装置付きねじ加工機による切断	主眼点	パイプカッタによる切断

ハンマチャック
端より120mm以上
パイプカッタ
スクロールチャック
締める
締める
ダイヘッド
リーマ
鋼管
往復台
切断標線
締付けホイール
赤線（安全ライン）
送りハンドル
ハンマチャック

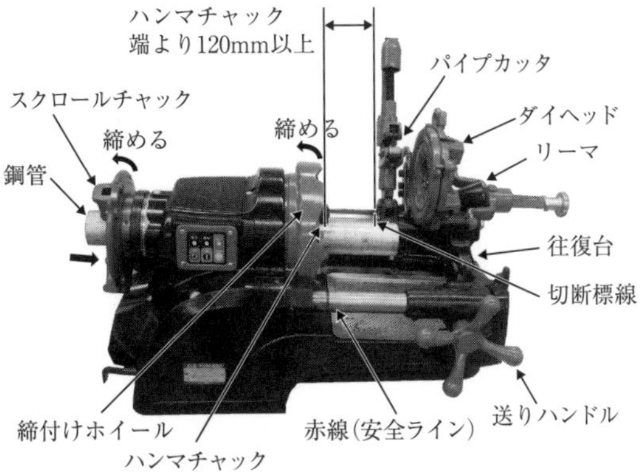

図1　ねじ加工機の各部の名称

		材料及び器工具など

自動定寸装置付きねじ加工機（切削・転造兼用）
配管用炭素鋼鋼管 JIS G 3452
スケール
パイプ受け台

番号	作業順序	要　　　点	図　　　解
1	準備する	1．使用しないダイヘッド，リーマ，パイプカッタを起こす。 2．締付けホイールを緩み方向に手で回し，ハンマチャックを加工する管径より少し大きめに開く（図1）。 3．スクロールチャックを緩み方向に手で回し，管径より大きく開く（図1）。	 図2　パイプ受け台
2	管を取り付ける	1．スクロールチャック側より鋼管を差し込む（短管の場合はハンマチャック側より差し込む）。 2．切断標線を，ハンマチャックの端より120mm以上出す（長尺の場合は，パイプ受け台（図2）を使ってスクロールチャックを締める）。 3．右手で鋼管を支え，左手で締付けホイールを締め，ハンマチャックが締め付けられたことを確認する。 　注意：通常は下から支えるが，長尺の場合は上から押さえる。 4．締付けホイールが回らなくなったら60°戻して手前にハンマチャックを2～3回たたくように回し，鋼管を確実に締め付ける（図1）。 5．スイッチを入れ，パイプが偏心して回転していないかを確認して，スイッチを切る（偏心している場合は，ハンマチャックを緩め，3・4を繰り返す）。	 送りハンドル　パイプカッタ 切断標線 赤線（安全ライン） 図3　パイプカッタによる切断状態
3	パイプカッタを切断位置に合わせる	1．パイプカッタを手前に倒してハンドルを回し，鋼管径より少し大きめに開く。 2．送りハンドルで切断標線にカッタの刃を合わせ，ローラと刃が鋼管に軽く当たるところまで近づける。	 リーマ刃 リーマ握り ホルダ 図4　短管の場合のリーマの取付け方
4	切断する	1．スイッチを入れ，鋼管を回転させる。 2．パイプカッタのハンドルを両手で回し，鋼管を切り込む（図3）。 3．パイプカッタの食込みは，鋼管1回転につきハンドルを90°の割合で回転する。 4．鋼管が切り落ちたら，ハンドルを回転させ，軸の赤線が出るまで戻し，上に起こす。 5．スイッチを切り，回転が止まるまで待つ。	
5	リーマを合わせる	1．リーマを手前に倒す。 2．リーマ握りを押してリーマを突き出す（図4）。 3．リーマ握りを手前に回してホルダに固定する。	

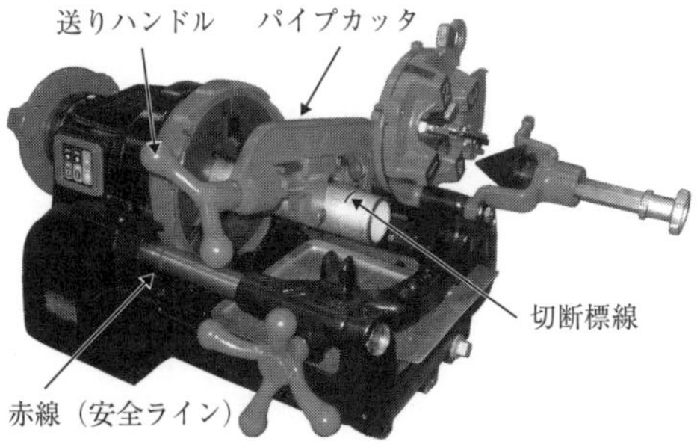

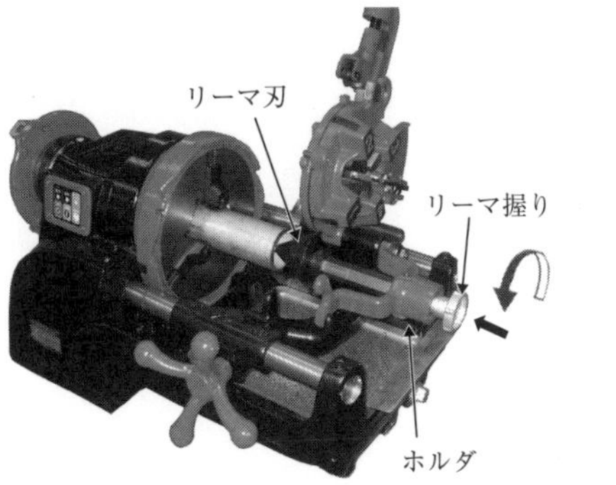

作業名	自動定寸装置付きねじ加工機による切断		主眼点	パイプカッタによる切断

番号	作業順序	要　　点	図　　解
6	面取りする	1．スイッチを入れ，管を回転させる。 2．送りハンドルでリーマを管に押し付け，徐々に内面のまくれ（返り）を取る。強く押し付けない（図5）。 3．送りハンドルを回し，リーマを右に寄せる。 4．スイッチを切り，回転が止まるまで待つ。 5．リーマシャフトを戻し，ホルダを持ち上げ，もとに戻す。	
7	検査する	1．切断標線どおりに正しく切断されているか見る。 2．管内面のまくれ（返り）が，完全に取り除かれているか見る。 ※①管の断面の変形はないか。 　　②管軸に対して直角に切断されているか。	図5　面取り

備考

1．自動定寸装置付きねじ加工機を使う時は，「労働安全衛生規則」第111条の回転する刃物に該当するため，綿手袋（軍手）は使用しない。
　　※保護手袋（革手袋，パラ系アラミド繊維手袋等）を使用する際は，指導員の指示に従う。
2．自動定寸装置付きねじ加工機を使う時は，回転が止まるまでは絶対に手を出さない。
3．自動定寸装置付きねじ加工機を使う時は，2人以上で操作しない。
4．自動定寸装置付きねじ加工機を使う時は，指示者に従うこと。
5．パイプカッタによる切断の時，最初から強く切り込むと切り口がゆがむ場合があるので，切り始めは軽く（管が1～2回転ごとに1/4回転（90°）ずつ）締め付けること。
6．塩ビライニング鋼管，耐熱性ライニング鋼管，ポリ粉体鋼管，外面被覆鋼管をパイプカッタで切断すると，ライニング，被覆部のはく離があるため，これらの管の切断にパイプカッタの使用が禁止されている※。このため帯のこ盤又は，自動丸のこ盤で切断する（参考図1）。
　　帯のこ盤又は，自動丸のこ盤で切断した管は，スクレーパで軽く面取りする（参考図2）。
7．塩ビライニング鋼管等の防食措置を施した配管と，管端防食管継手との接合部は，切削ねじ加工接合とする。ただし，呼び径50A以下のポリ粉体鋼管は，転造ねじ加工接合としてもよい。

参考図1　自動丸のこ盤による切断

参考図2　スクレーパで面取り

※『機械設備工事共通仕様書　平成13年版』より規定されている。最新は『公共建築工事標準仕様書　機械設備工事編　平成31年版』。

出所：（図1～図5）レッキス工業（株）
参考規格：JIS G 3452：2019「配管用炭素鋼鋼管」

| 作業名 | 自動定寸装置付きねじ加工機によるねじ加工作業(1) | 主眼点 | 切削ねじ加工 |

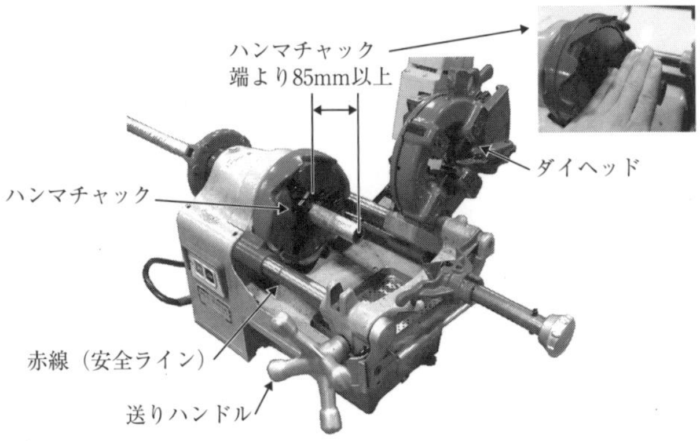

材料及び器工具など

自動定寸装置付きねじ加工機（切削・転造兼用）
配管用炭素鋼鋼管 JIS G 3452
ねじ切り油（上水用ねじ切り油）
スケール
ウエス

ハンマチャック
端より85mm以上
ダイヘッド
ハンマチャック
赤線（安全ライン）
送りハンドル

図1　安全に加工できるセット状態

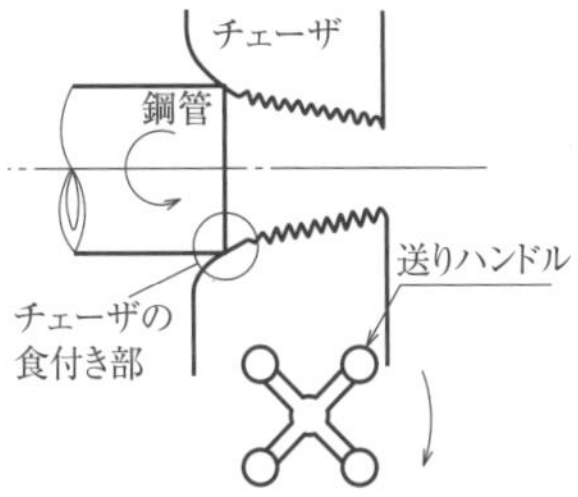

番号	作業順序	要　点	図　解
1	準備する	1．ねじ加工管径に合ったダイヘッドを準備する（図1）。 2．鋼管をハンマチャックの端より85mm以上出し，ねじ加工機に固定する。 3．スイッチを入れ，鋼管が偏心して回転していないか，確認して面取りをする。	管径表示プレート 位置決めノッチ
2	ダイヘッドを合わせる	1．ダイヘッドを手前に倒し，ねじ切りの位置にセットする。 2．位置決めノッチを左側に倒し，案内についている管径表示プレートの管径に合わせ，位置決めピンをノッチ溝の中に入れる（図2）。	図2　加工サイズに合わせる
3	ねじを切る	1．スイッチを入れ，鋼管を回転させる。 2．ねじ切り油がダイヘッドから注油されているのを確認する。 3．送りハンドルで往復台を動かし，チェーザを軽く鋼管に押し付け，食い付かせる（図3）。 4．ねじが2〜3山切れたら手を離す。 5．ねじが規定の長さになり，切上げレバーによりチェーザが自動的に開くのを確認する（図4）。	チェーザ 鋼管 送りハンドル チェーザの食付き部 図3　送りハンドルによる押付け
4	鋼管を取り外す	1．送りハンドルを回してダイヘッドを右に移動する。 2．スイッチを切り，回転が止まるまで待つ。 3．ダイヘッドを起こす。 4．ハンマチャックとスクロールを緩め，鋼管を取り外す。 5．鋼管内外の切粉やねじ切り油を，ウエス及び脱脂洗浄剤などできれいに取り除く。 ※上水用のねじ切り油を使用した場合は，水洗後ねじ部より水分を完全に拭き取る。 6．チェーザに付着した切りくずをブラシで取り除く。	 図4　ねじ加工完了状態
5	ねじゲージによる検査	1．ねじ部が表1のような不良ねじ（多角ねじ，偏肉等）になっていないか，目視検査（外観検査）を行う。 2．ねじ部にねじゲージ（テーパねじリングゲージ）を軽く手で止まる位置までねじ込む（図5）。 3．止まった「ねじ先端部」で合否を判定する（図6）。 4．加工されたねじが不合格の場合は，チェーザを微調整して，切断から1〜4の手順で再度ねじ加工及び確認を行う。	 図5　ねじゲージを手で止まる位置までねじ込む

| 作業名 | 自動定寸装置付きねじ加工機によるねじ加工作業（1） | 主眼点 | 切削ねじ加工 |

図　解

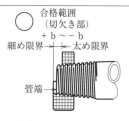

（a）正しいねじ（合格）　（b）細すぎるねじ（不合格）　（c）太すぎるねじ（不合格）

合格範囲（切欠き部）＋b〜−b　細め限界　太め限界　管端
ねじゲージ端から出ている　管端
ねじゲージ端の内側にある　管端

図6　ねじゲージを使った合格範囲

表1　不良ねじの種類とその原因

ねじの種類	不良項目	発生原因
多角ねじ	目視又は手触りで判別できる強度の真円度不良ねじ	① 切断面が傾斜していたり，段付きの場合にねじの切削が不安定の時 ② チェーザの摩耗，ハンマチャックのつめが摩耗，ねじ加工機の芯がずれている時 ③ 反り，曲りや円心度の悪い鋼管にねじ加工した時 ④ ダイヘッドの取付け溝や機械の摩耗によるがたの時 ⑤ 他の電動工具の使用により，ねじ加工機の回転が大きく変化した時
偏肉ねじ	切られたねじが大きく片方に寄っているねじ。多くの場合，管内面をのぞくと片面にねじの裏写りが見られるねじ	① 切断面が傾斜していたり，管のチャッキング不良の時 ② ハンマチャックのつめが摩耗，ねじ加工機の芯がずれている時 ③ 反り，曲りや真円の悪い鋼管にねじ加工した時
山やせ	目視で判別できるもので，ねじ山が基準山形に比べ，小さくやせたねじ	① 食付きの悪いのを無理に押し込んで，ねじ加工した時 ② ダイヘッドの溝番号とチェーザ番号の入れ間違いや，同一組でないチェーザを使った時 ③ 鋼管切断面の傾斜が大きい時
山欠け	目視で判別できるもので，ねじ山が基準山形に比べ，ねじ山のむしれや欠けの生じたねじ	① チェーザの摩耗による切止まり（目づまり） ② ねじ切り油不足や劣化の時 ③ ねじ切り油に水が混入した時 ④ ねじ切り油に金属粉（砂状の切粉）が混入している時
屈折ねじ	手動切上げダイヘッド式を用いた場合，チェーザ幅以上のねじ切りを行ったために，余分に切られた先端部のねじが平行ねじとなったもの	自動定寸装置の不良により，切り上げのタイミングが遅くなる場合，屈折ねじになる チェーザ幅（テーパねじ部分）　基準径の位置　f　a　平行ねじ部分　屈折点

備考

1. 65A以上のものは，ならい板型もあるので注意する。
2. ねじを切る場合はJIS B 0203：1999の付表を標準ねじとする。
3. 自動定寸装置付きねじ加工機を使う時は，「労働安全衛生規則」第111条の回転する刃物に該当するため，綿手袋（軍手）は使用しない。
   ※保護手袋（革手袋，パラ系アラミド繊維手袋等）を使用する際は，指導員の指示に従う。
4. 自動定寸装置付きねじ加工機を使う時は，回転が止まるまでは絶対に手を出さない。
5. 自動定寸装置付きねじ加工機を使う時は，2人以上で操作しない。
6. 自動定寸装置付きねじ加工機を使う時は，指示者に従うこと。
7. 自動定寸装置付きねじ加工機のダイヘッドの食付きが悪いからといって，絶対に送りハンドル部にメヤス管やパイプレンチなどを使って過荷重を掛けてはならない。
8. ねじ検査を必要とするのは，チェーザを交換した時，作業を開始する前，鋼管メーカが異なる場合などがある。
9. ねじリングゲージは，メーカにより異なるので，使用に際しては十分注意し，取扱説明書で確認する。
10. ねじリングゲージは，保守管理に注意し，定期的に検査する（管用テーパねじプラグゲージにより行う）。
11. チェーザが原因の場合は，新品に交換しメンテナンスに注意する。
12. 国土交通省は，『機械設備工事共通仕様書　平成13年版』で「ねじリングゲージの使用」と「残りねじ管理」を規定している（最新は『公共建築工事標準仕様書　機械設備工事編　平成31年版』）。

出所：（図3）原田洋一・円山昌明著「鋼管のねじ接合マニュアル③」『建築設備と配管工事　Vol34. No.7（通巻448号）1996年7月号』
　　　日本工業出版（株），1996年，p.71，第3図（30）
参考規格：JIS G 3452：2019「配管用炭素鋼鋼管」

作業名	自動定寸装置付きねじ加工機によるねじ加工作業(2)	主眼点	切削ねじ加工の調整

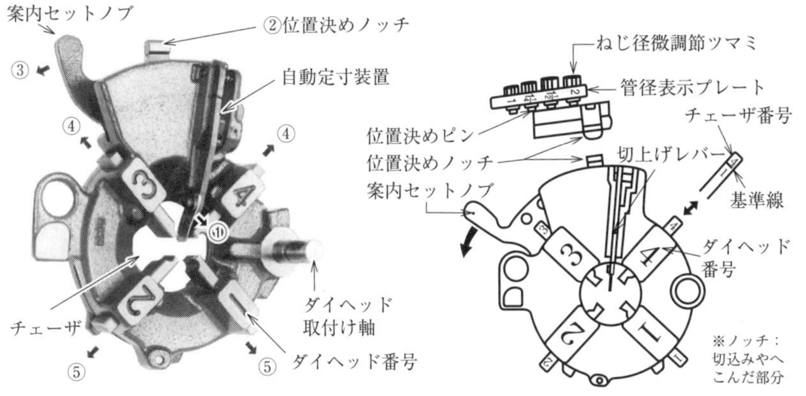

材料及び器工具など

切削ねじ用ダイヘッド
チェーザ
ウエス

図1　切削ねじ用ダイヘッドと各部の名称

番号	作業順序	要　　点	図　　解
1	チェーザを取り外す	1．コンセントが外れていることを確認し，ダイヘッドを往復台より取り外す。 2．ダイヘッドを開放（切上げレバーがブロック溝から外れ，チェーザが開いた状態）にする。（図1①） 3．位置決めノッチ（図1②）を位置決めピンから外し，案内セットノブを③の矢印の方向へいっぱいに引き自在にし，3番と4番のチェーザを取り外す（図1④）。 4．次に，ダイヘッドを往復台から起こして，1番と2番のチェーザを取り外す（図1⑤）。	 図2　ねじ加工状態にセット
2	チェーザを取り付ける	1．管径に合ったチェーザ4個1組をそろえる。 2．ダイヘッドのチェーザを取り外した状態にして，ダイヘッド番号1番と2番に同じ番号のチェーザを基準線の位置まで「カチッ」と音がするまで差し込む。 3．ダイヘッドを往復台にセットした状態にし，3番と4番のチェーザを同じダイヘッド番号に差し込む。 4．ダイヘッド本体を押さえ，案内セットノブを中央に移動させ，チェーザが中心に向かって入っていくのを確認する（チェーザが入らない時は，チェーザを少し上下に動かし，もう1度繰り返す）。 5．位置決めノッチを位置決めピンに差し込む。	 図3　ねじ長さ調整
3	自動切上げねじ長さを調整する	1．ダイヘッドをねじ切り機にセットした状態にする（図2）。 2．ダイヘッドをオープンにして，ねじ長さ調節固定ボルトを少し緩める（図3）。 3．長くする時はリーマ側へ，短くする時はカッタ側へ，レバー当たりを動かし調整する。 4．ねじ長さ調節固定ボルトをしっかり締め付ける。	 図4　管径切替え及び管径微調節部詳細 出所：（図4）ねじ施工研究会著『ねじ配管施工マニュアル』日本工業出版（株），2013年，p.30，図1・4・5
4	ねじ径を微調整する	1．位置決め固定ボルトを少し緩める（図4）。 2．ねじ径微調節ツマミを右に回し太く，又は左に回し細く調整する。	

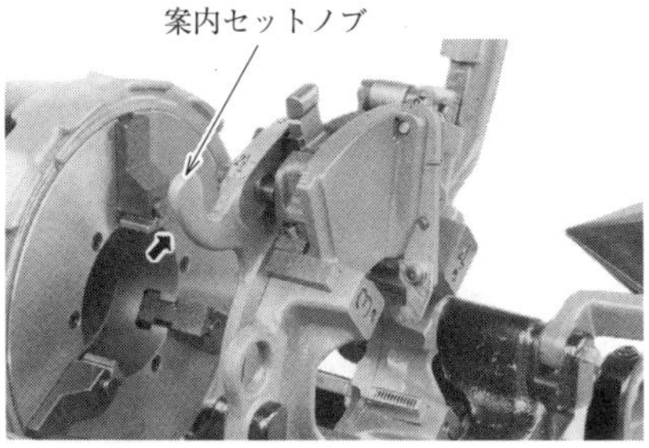

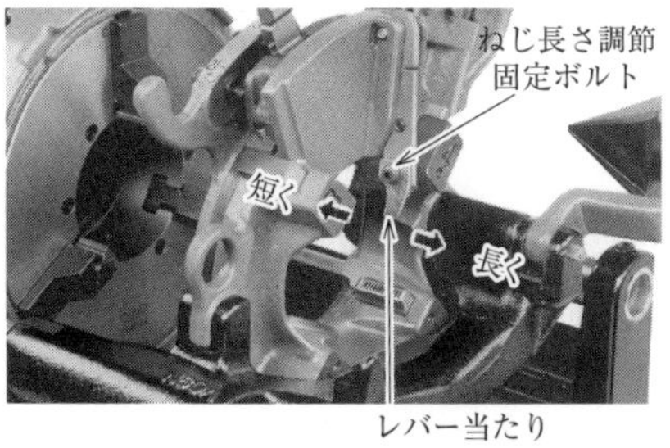

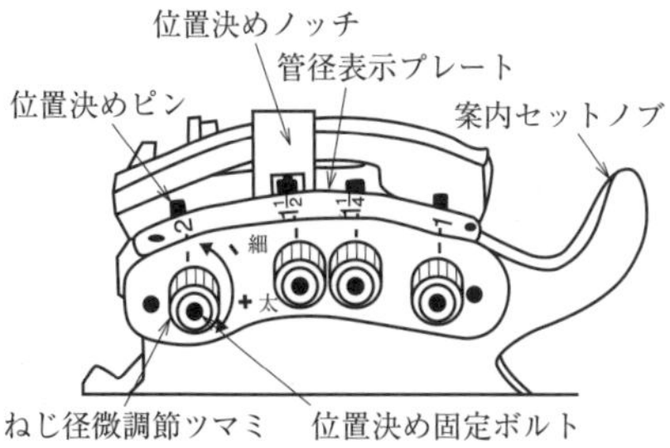

備考	1．チェーザは管径に応じて，2～4段階くらいに分かれてダイヘッドに取り付けられるようになっているので，ねじ加工をする管径に応じたダイヘッドとチェーザを組み合わせて使用する。 2．チェーザは4枚がセットになっているので，セットで使用する。 3．ねじの調整には必ず管用テーパねじリングゲージを使用する。 4．自動定寸装置付きねじ加工機は，各社メーカにより仕様が異なるので，取扱説明書を確認する。 5．ダイヘッドのチェーザ交換は必ずねじ加工機より取り外してから行う。

作業名	自動定寸装置付きねじ加工機によるねじ加工作業（3）	主眼点	転造ねじ加工

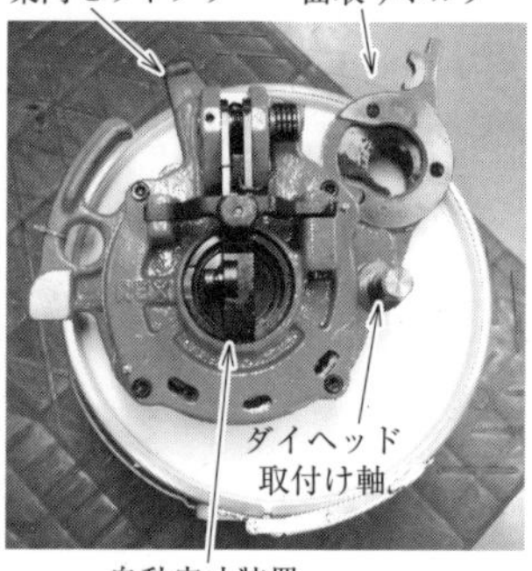

材料及び器工具など

自動定寸装置付きねじ加工機（切削・転造兼用）
配管用炭素鋼鋼管 JIS G 3452
ねじ切り油（上水用ねじ切り油）
スケール
ウエス

案内セットノブ　面取りホルダ　　ねじ径調整部　案内セットノブ

ダイヘッド取付け軸
自動定寸装置
（a）外　側

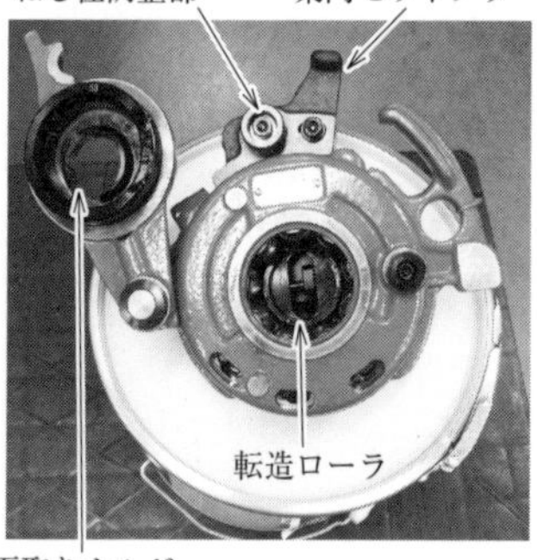

転造ローラ
面取りホルダ
（b）内　側

図1　転造ねじ用ダイヘッドと各部の名称

番号	作業順序	要　　点	図　　解
1	準備する	1．ねじ加工管径に合ったダイヘッドを準備する（図1）。 2．鋼管をハンマチャックの端より85mm以上出し，ねじ機に固定し，鋼管の真円加工をする（鋼管を真円加工にするために歪み取りを行う）。 3．ダイヘッドと面取りホルダを手前に倒しセットする。 4．スイッチを入れ，鋼管を回転させる。 5．ねじ切り油が面取りホルダから注油されているのを確認する。 6．送りハンドルで往復台を動かし，鋼管端面が面取りホルダに当たるまで送る（図2）。 7．テーパ加工が完了したらスイッチを切り，面取りホルダを起こす。 ※真円加工が完了した後，鋼管を取り外すことは，真円度不良の原因になるため厳禁である。	図2　面取り
2	転造ねじ加工をする	1．スイッチを入れ，鋼管を回転させる。 2．ねじ切り油がダイヘッドから注油されているのを確認する。 3．送りハンドルで往復台を動かし，鋼管に転造ローラを押し付け，食い込ませる（図3）。 4．ねじが2～3山転造されたら手を離す。 5．ねじが規定の長さになり，切上げレバーにより転造ローラが自動的に開くのを確認する（図4）。	図3　転造ねじ加工
3	管を取り外す	1．送りハンドルを回してダイヘッドを右に移動する。 2．スイッチを切り，回転が止まるまで待つ。 3．ダイヘッドを起こし，ハンマチャックとスクロールチャックを緩め，鋼管を取り外す。 4．鋼管内外の切粉やねじ切り油を，ウエス及び脱脂洗浄剤などできれいに取り除く。	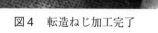図4　転造ねじ加工完了

作業名	自動定寸装置付きねじ加工機によるねじ加工作業（3）	主眼点	転造ねじ加工

1．自動定寸装置付きねじ加工機を使う時は，労働安全衛生規則 第111条の回転する刃物に該当するため綿手袋（軍手）は使用しない。
　※保護手袋（革手袋，パラ系アラミド繊維手袋等）を使用する際は，指導員の指示に従う。
2．自動定寸装置付きねじ加工機を使う時は，回転が止まるまでは絶対に手を出さない。
3．自動定寸装置付きねじ加工機を使う時は，2人以上で操作をしない。
4．自動定寸装置付きねじ加工機を使う時は，指示者に従うこと。

【管用テーパ転造ねじ】
　「管用テーパ転造ねじ」が初めて配管分野で使用されたのは，安全性が求められる新幹線などの列車の配管分野だった。当時は加工機が大きく現場持込みができなかったが，技術の進歩により阪神・淡路大震災以後見直され，国土交通省『機械設備工事共通仕様書 平成13年版』より規定されている（最新は『公共建築工事標準仕様書 機械設備工事編 平成31年版』）。使用する際は，メーカの取扱説明書をよく確認してから行う。
　「転造ねじ」は塑性変形でねじ部を形成するため肉厚が減らないのに対し，「切削ねじ」では先端にいくほど肉厚が減る。また，「転造ねじ」が金属組織を切断しないのに対し，「切削ねじ」では金属組織を切断するため，強度が低い。
　「転造ねじ」では主に管が破損するが，「切削ねじ」は接合部が破損する（参考図1～参考図4）。

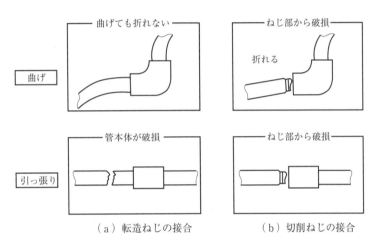

（a）転造ねじの接合　　　　　　（b）切削ねじの接合
参考図1　「転造ねじ」と「切削ねじ」に力が掛かった場合の破損状況

 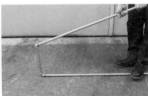  

曲げ試験セット　　　　　　ねじ部破損時　　　　　　破損接合部（拡大）　　　　ねじ接合部破損（全体）
（a）切削ねじ接合で曲げ試験をした場合

 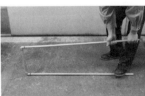 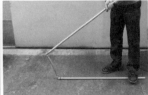 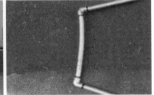

曲げ試験セット　　　　　　曲げ試験中　　　　　曲げ試験中（ねじ接合部破損せず）　　ねじ接合部破損（全体）
（b）転造ねじ接合で曲げ試験をした場合
参考図2　「転造ねじ」と「切削ねじ」に力が掛かった場合の破損状況

備

考

備考

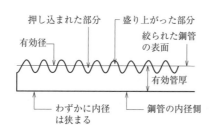

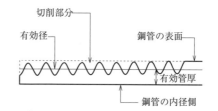

（a）転造ねじ　　　　　　　　　　　　（b）切削ねじ

参考図3　「転造ねじ」と「切削ねじ」の管肉厚と金属組織の違い

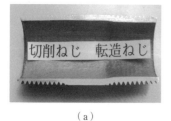

・転造ねじは切削ねじより約1ミリ残肉が多い
・残肉厚が確保されている

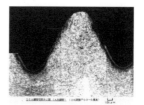

（a）　　　　　　　　　　（b）切削ねじ加工　　　　　（c）転造ねじ加工

参考図4　「転造ねじ」と「切削ねじ」の管肉厚と金属組織の違い

　参考表1より，「転造ねじ」と「突合せ溶接接合」の引張り強度比較試験結果は比較してもほぼ同等の強度を有することが判る。

参考表1　引張り強度比較試験結果

呼び径A	漏れ発生時の荷重					
	切削ねじ		転造ねじ（歩み転造）		突合せ溶接	
	［N］	［kgf］	［N］	［kgf］	［N］	［kgf］
15	37 140	3 790	61 250	6 250	60 510	6 170
20	41 650	4 250	77 620	7 920	76 250	7 775
25	65 170	6 650	109 700	11 200	106 890	10 900
32	95 160	9 710	156 120	15 930	151 020	15 400
40	103 890	10 600	162 000	16 530	176 200	17 975
50	144 070	14 700	218 360	22 280	234 870	23 950

記事	大阪市立工業研究所結果 試験材：配管用炭素鋼鋼管 　　　　ねじ込み式可鍛鋳鉄製管継手 切削ねじ：全ねじ部破損 転造ねじ：15A～32A母管破断，40A，50A管継手から脱管 溶接：15A～50A母管破断	0.5MPa 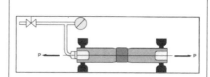
	試験条件：資料の両端に引張り荷重Pを負荷し，封入圧力0.5MPaで漏れ発生時の荷重を測定する	

出所：（参考図1）原田洋一著「管用転造ねじで接合強度を向上」『日経メカニカル　No.482　1996年6月10日号』（株）日経BP社，1996年，
　　　　　　　　p.67，図3
　　　（参考図2）レッキス工業（株）Webサイト『ねじ配管の革命児［転造ねじ］』pp.14～15
　　　（参考図3）（参考図1に同じ）p.67，図2
　　　（参考図4）（参考図2に同じ）pp.16～17
　　　（参考表1）ねじ施工研究会著『ねじ配管施工マニュアル』日本工業出版（株），2013年，p.284，表資Ⅱ・1
参考規格：JIS G 3452：2019「配管用炭素鋼鋼管」

作業名	ねじ接合の仕方（1）	主眼点	ねじ込み量の確認

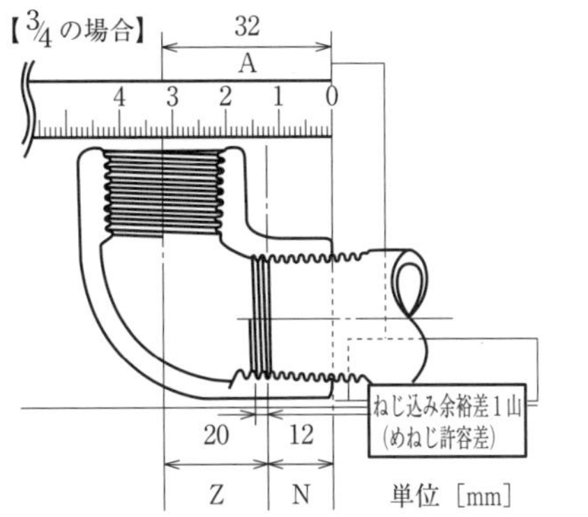

【3/4の場合】

ねじの呼び	継手中心から端面までの距離A	標準ねじ込み量N	継手の抜き寸法Z
1/2	27	11	16
3/4	32	12	20
1	38	14	24
1 1/4	46	16	30
1 1/2	48	16	32
2	57	20.5	36.5
2 1/2	69	23.5	45.5
3	78	26.5	51.5

単位〔mm〕

A：継手中心から管端までの距離
N：標準ねじ込み量（適正締込み位置）
Z：継手の抜き寸法

図1　ねじ込み継手の抜き寸法の出し方

材料及び器工具など

ねじ検査完了した鋼管20A（3/4B）
ねじ込み継手・エルボ3/4B
液状シール剤又はシールテープ
パイプ万力
パイプレンチ
スケール
鉛筆
油性ペン
ウエス
スコヤ（直角定規）

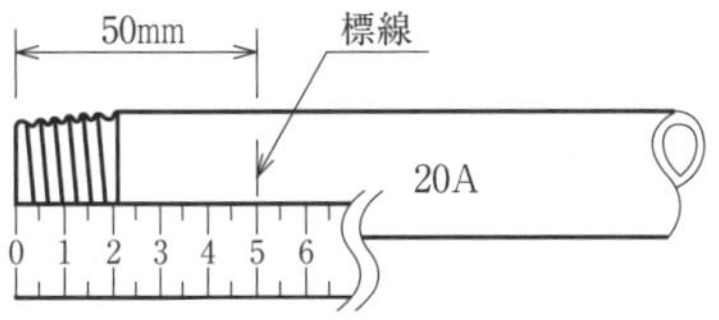

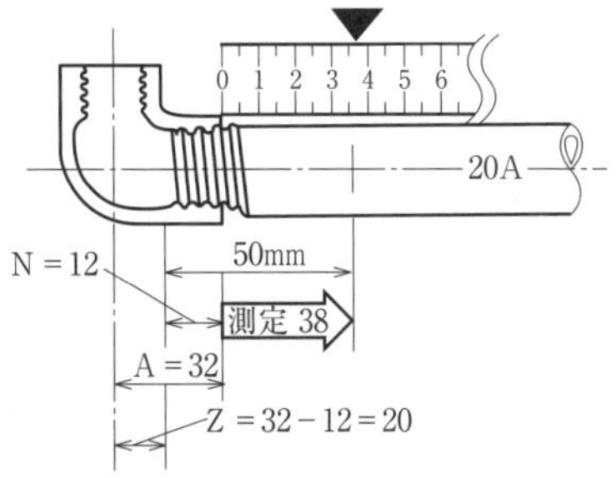

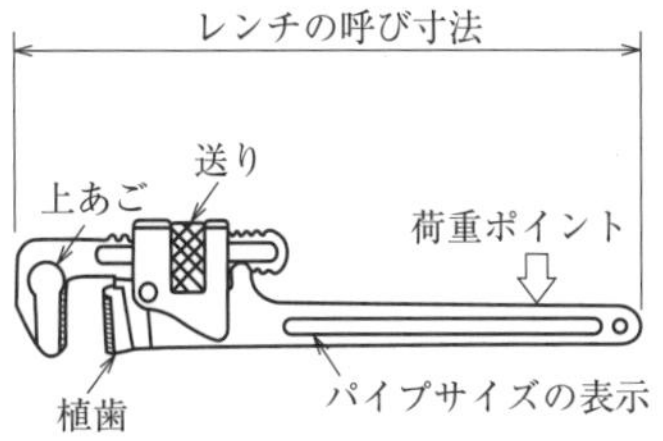

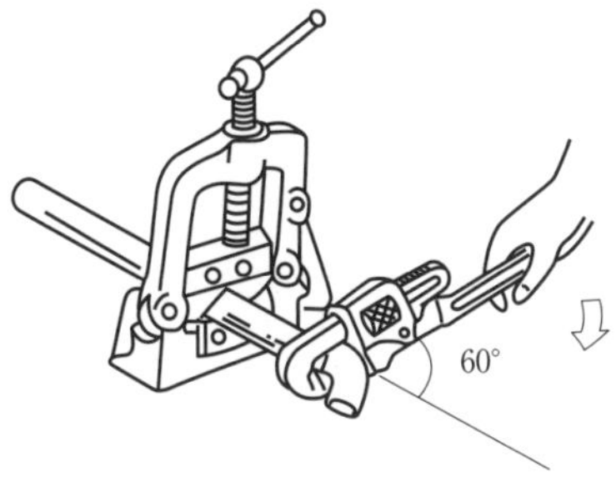

番号	作業順序	要　点	図　解
1	準備する（3/4の場合）	1．ねじ検査が完了した管を一握り半（100〜150mm）出し，パイプ万力に固定する。 2．管端より50mmの所に標線をマーキングする（図2）。 3．液状シール剤を塗布するか，又はシールテープを巻く。	 図2　標線をマーキング
2	ねじ込む	1．継手を軽く手で止まる位置まで右に締め込む。 2．止まった継手の管端面より標線の間を測定し，50mmより減算した結果が表1の手締め長さと一致することを確認する（表1）。 3．パイプレンチの植歯・上あごを継手の外径に合わせて食い込ませる。 4．柄じり近く（荷重ポイント）を確実に握り，左手で上あごを軽く押さえる（図4，図5）。 5．手に力を入れ，やや水平位置から60°下方に15〜40Aならば1.5回転締め込む（表1）。 　　この位置が漏れないねじ込み量である。 6．締め込み後，継手の管端面より標線の間を測定し，50mmより減算した結果が表1の手締め後締込み長さと一致することを確認する（図3）。	 図3　継手の抜き寸法の出し方 図4　パイプレンチの名称 図5　ねじ込み開始位置

| 作業名 | ねじ接合の仕方（1） | 主眼点 | ねじ込み量の確認 |

図　　解

表1　標準ねじ込み量と標準締付けトルク

鋼管の呼び径	ねじの呼び	標準ねじ込み量　N		標準締付けトルク	
		手締め長さ（基準径の位置）a [mm]（山数）	手締め後締込み長さ（工具締めしろ）W [mm]（山数）	トルク[N·m]	パイプレンチの呼び寸法 [mm]×加える力 [N]
15A	1/2B	8.17　(4.50)	2.72　(1.50)	40	300×200
20A	3/4B	9.53　(5.25)	2.72　(1.50)	60	300×290
25A	1 B	10.39　(4.50)	3.46　(1.50)	100	450×290
32A	$1\frac{1}{4}$B	12.70　(5.50)	3.46　(1.50)	120	450×350
40A	$1\frac{1}{2}$B	12.70　(5.50)	3.46　(1.50)	150	600×320
50A	2 B	15.88　(6.88)	4.62　(2.00)	200	600×420
65A	$2\frac{1}{2}$B	17.46　(7.56)	5.77　(2.50)	250	900×350
80A	3 B	20.64　(8.94)	5.77　(2.50)	300	900×430

【備考】
①資料は，JIS B 0203：1999（管用テーパねじ）に基づく数値。
②すべての数値は，小数点3位以下四捨五入。
③80A以下はパイプレンチ，100A以上は鎖パイプレンチ。
④標準ねじ込み量と標準締付けトルク資料は，日本水道鋼管協会・日本金属継手協会資料に基づく。
※手締め後の締込み長さはJIS規格で決められているわけではない。JIS規格制定の時に基本にしたイギリス規格（1905年制定）BS 21-85（管用テーパねじ）に，締め込み基準が定められており，事実上，山数として『W』が今日まで使用されている。

備
考

1．ねじは，一般的には締め込む場合「何山」というが「何回転」と同意語である。
2．実際問題として，手締め後締込み長さWという数値があるが，希望の位置で完了することは少ない。そこで角度合わせが必要な場合は，1山以内の締込み方向で調整することは認められている。
3．管及び継手のJIS内許容差はメーカにより差異があるため，メーカの混合を避けると同時に，ねじ検査で合格したねじで「使用する管継手」を手締めして，表1の手締め長さと一致するか確認する。
4．国土交通省は，『機械設備工事共通仕様書 平成13年版』で「残りねじ管理」を規定している（参考図1，参考表1）。最新は『公共建築工事標準仕様書　機械設備工事編　平成31年版』である。

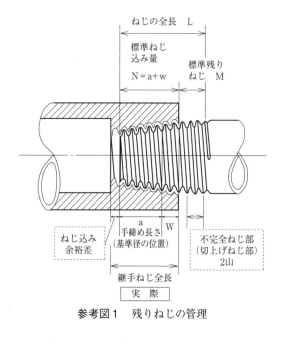

参考図1　残りねじの管理

参考表1　標準残りねじ及び標準ねじ込み量

鋼管の呼び径	ねじの呼び	ねじの全長 L		標準残りねじ M		標準ねじ込み量 N	
		山	[mm]	山	[mm]	山	[mm]
15	1/2	11.0	20.0	5.0	9.0	6.0	11.0
20	3/4	11.5	21.5	5.0	9.0	7.0	12.0
25	1	10.0	23.5	4.0	9.5	6.0	14.0
32	1¼	11.0	26.0	4.0	9.5	7.0	16.0
40	1½	11.0	26.0	4.0	9.5	7.0	16.0
50	2	13.0	30.0	4.0	9.5	9.0	20.5
65	2½	15.0	34.5	5.0	11.5	10.0	23.5
80	3	16.5	38.0	5.0	11.5	11.5	26.5

【備考】
①標準残りねじMは，ねじの全長Lによる。
②標準残りねじM及び標準ねじ込み量Nは，日本水道鋼管協会・日本金属継手協会資料に基づく。

| 作業名 | ねじ接合の仕方（2） | 主眼点 | 継手間の切断寸法の出し方 |

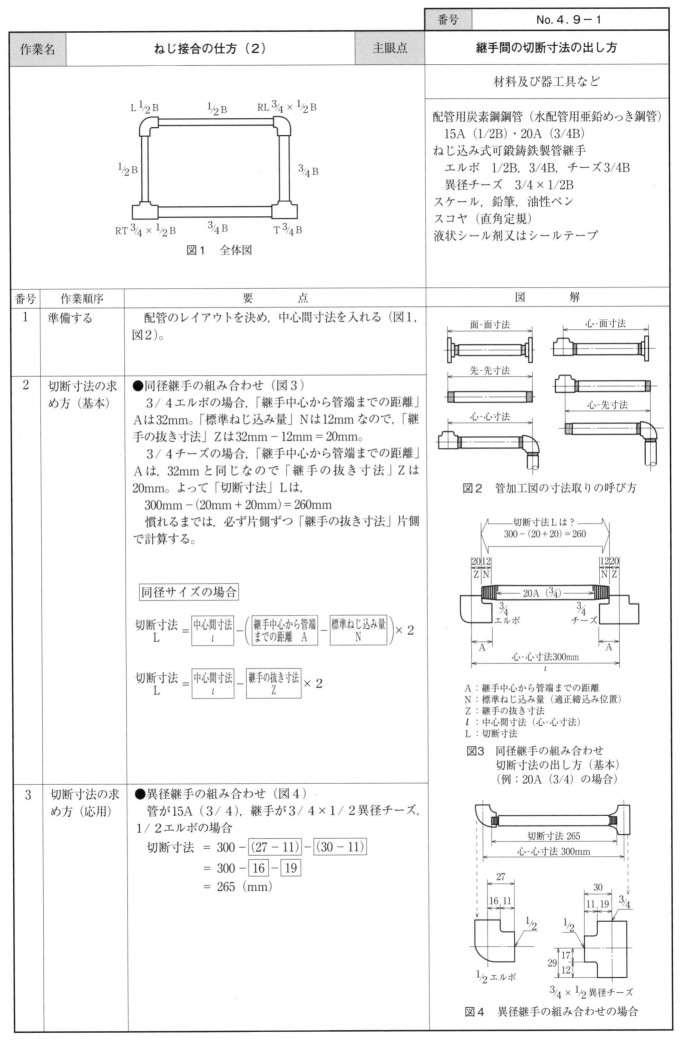

図1　全体図

材料及び器工具など

配管用炭素鋼鋼管（水配管用亜鉛めっき鋼管）
　15A（1/2B）・20A（3/4B）
ねじ込み式可鍛鋳鉄製管継手
　エルボ　1/2B，3/4B，チーズ3/4B
　異径チーズ　3/4×1/2B
スケール，鉛筆，油性ペン
スコヤ（直角定規）
液状シール剤又はシールテープ

番号	作業順序	要　点	図　解
1	準備する	配管のレイアウトを決め，中心間寸法を入れる（図1，図2）。	
2	切断寸法の求め方（基本）	●同径継手の組み合わせ（図3） 　3/4エルボの場合，「継手中心から管端までの距離」Aは32mm。「標準ねじ込み量」Nは12mmなので，「継手の抜き寸法」Zは32mm － 12mm＝20mm。 　3/4チーズの場合，「継手中心から管端までの距離」Aは，32mmと同じなので「継手の抜き寸法」Zは20mm。よって「切断寸法」Lは， 　300mm －（20mm ＋ 20mm）＝260mm 　慣れるまでは，必ず片側ずつ「継手の抜き寸法」片側で計算する。	図2　管加工図の寸法取りの呼び方
3	切断寸法の求め方（応用）	●異径継手の組み合わせ（図4） 　管が15A（3/4），継手が3/4×1/2異径チーズ，1/2エルボの場合 　切断寸法 ＝ 300 － (27 － 11) － (30 － 11) 　　　　　 ＝ 300 － 16 － 19 　　　　　 ＝ 265（mm）	図4　異径継手の組み合わせの場合

同径サイズの場合

$$切断寸法 L = \boxed{\begin{array}{c}中心間寸法\\ l\end{array}} - \left(\boxed{\begin{array}{c}継手中心から管端\\までの距離　A\end{array}} - \boxed{\begin{array}{c}標準ねじ込み量\\ N\end{array}}\right) \times 2$$

$$切断寸法 L = \boxed{\begin{array}{c}中心間寸法\\ l\end{array}} - \boxed{\begin{array}{c}継手の抜き寸法\\ Z\end{array}} \times 2$$

A：継手中心から管端までの距離
N：標準ねじ込み量（適正締込み位置）
Z：継手の抜き寸法
l：中心間寸法（心-心寸法）
L：切断寸法

図3　同径継手の組み合わせ
　　切断寸法の出し方（基本）
　　（例：20A（3/4）の場合）

番号	No. 4. 9−2

作業名	ねじ接合の仕方（2）	主眼点	継手間の切断寸法の出し方

1. 異径継手の組合わせの場合，片側ずつ「継手の抜き寸法」片側で計算する考え方をマスターすれば，メーカの
   カタログなどからの抜き寸法を計算しやすくなる（「No. 4. 8−1」図1参照）。
2. ねじ込み式管継手の種類
   排水管は，流体を自然流下させるために，勾配を設ける必要がある。そのため，継手にもあらかじめ勾配が設
   けられている（参考表1）。

参考表1　排水管継手勾配の目安

距離[mm]	角　　度	
	0°35′	1°10′
継手	90°エルボ	90°大曲りY
1 000	10.18 [mm]	20.36 [mm]
1 100	11.20	22.40
1 200	12.22	24.44
1 300	13.24	26.47
1 400	14.25	28.51
1 500	15.27	30.55
1 600	16.29	32.58
1 700	17.31	34.62
1 800	18.33	36.66
1 900	19.34	38.69
2 000	20.36	40.73

※90°エルボは両口とも0°35′の勾配がある。
・勾配1/100（0°35′）とは，1 000mmで10mmの勾配
　がつくことである。
・勾配1/50（1°10′）とは，1 000mmで20mmの勾配が
　つくことである。

（a）エルボ

（b）チーズ

（c）組フランジ

（d）合フランジ

（e）90°エルボ

（f）90°大曲りY

参考図1　管継手の部品

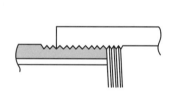

参考図2　ねじ込み式可鍛鋳鉄製管継手

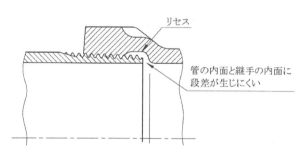

参考図3　排水用ねじ込み式鋳鉄製管継手の接合部の構造

出所：（参考図3）JPF DF 001：2010「排水用ねじ込み式鋳鉄製管継手」p.21，解説図1
参考規格：JIS B 2301：2013「ねじ込み式可鍛鋳鉄製管継手」
　　　　　JPF DF 001：2010「排水用ねじ込み式鋳鉄製管継手」

備

考

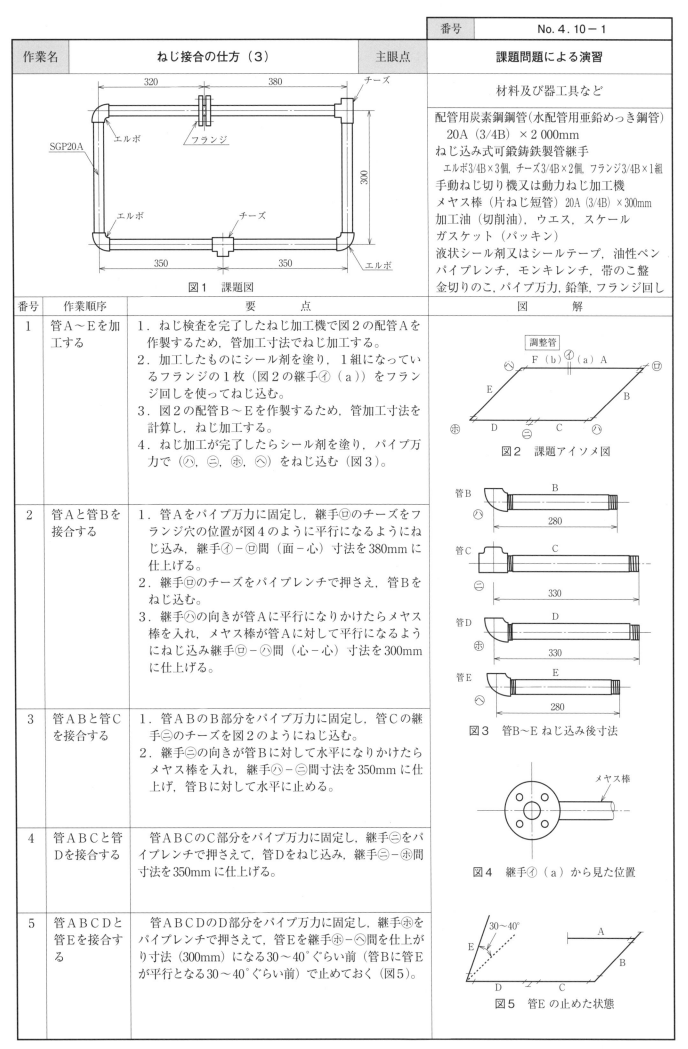

番号		No. 4. 10－1

作業名	ねじ接合の仕方（3）	主眼点	課題問題による演習

材料及び器工具など

配管用炭素鋼鋼管（水配管用亜鉛めっき鋼管）
　20A（3/4B）×2 000mm
ねじ込み式可鍛鋳鉄製管継手
　エルボ3/4B×3個，チーズ3/4B×2個，フランジ3/4B×1組
手動ねじ切り機又は動力ねじ加工機
メヤス棒（片ねじ短管）20A（3/4B）×300mm
加工油（切削油），ウエス，スケール
ガスケット（パッキン）
液状シール剤又はシールテープ，油性ペン
パイプレンチ，モンキレンチ，帯のこ盤
金切りのこ，パイプ万力，鉛筆，フランジ回し

図1　課題図

番号	作業順序	要　　点	図　解
1	管A〜Eを加工する	1．ねじ検査を完了したねじ加工機で図2の配管Aを作製するため，管加工寸法でねじ加工する。 2．加工したものにシール剤を塗り，1組になっているフランジの1枚（図2の継手④（a））をフランジ回しを使ってねじ込む。 3．図2の配管B〜Eを作製するため，管加工寸法を計算し，ねじ加工する。 4．ねじ加工が完了したらシール剤を塗り，パイプ万力で（ハ，ニ，ホ，ヘ）をねじ込む（図3）。	調整管 図2　課題アイソメ図 管B　B　280 管C　C　330 管D　D　330 管E　E　280 図3　管B〜Eねじ込み後寸法
2	管Aと管Bを接合する	1．管Aをパイプ万力に固定し，継手ロのチーズをフランジ穴の位置が図4のように平行になるようにねじ込み，継手④－ロ間（面－心）寸法を380mmに仕上げる。 2．継手ロのチーズをパイプレンチで押さえ，管Bをねじ込む。 3．継手ハの向きが管Aに平行になりかけたらメヤス棒を入れ，メヤス棒が管Aに対して平行になるようにねじ込み継手ロ－ハ間（心－心）寸法を300mmに仕上げる。	
3	管ABと管Cを接合する	1．管ABのB部分をパイプ万力に固定し，管Cの継手ニのチーズを図2のようにねじ込む。 2．継手ニの向きが管Bに対して水平になりかけたらメヤス棒を入れ，継手ハ－ニ間寸法を350mmに仕上げ，管Bに対して水平に止める。	メヤス棒 図4　継手④（a）から見た位置
4	管ABCと管Dを接合する	管ABCのC部分をパイプ万力に固定し，継手ニをパイプレンチで押さえて，管Dをねじ込み，継手ニ－ホ間寸法を350mmに仕上げる。	
5	管ABCDと管Eを接合する	管ABCDのD部分をパイプ万力に固定し，継手ホをパイプレンチで押さえて，管Eを継手ホ－ヘ間を仕上がり寸法（300mm）になる30〜40°ぐらい前（管Bに管Eが平行となる30〜40°ぐらい前）で止めておく（図5）。	30〜40° A E B D　C 図5　管Eの止めた状態

作業名	ねじ接合の仕方（3）	主眼点	課題問題による演習

番号	作業順序	要　　点	図　　解
6	管A（調整管）を加工する	1．継手ヘ－イ（a）間の寸法を測り，ねじ加工する。 　　加工する際，継手の抜き寸法以外にパッキンの厚み分2～3mmを引く。 2．加工したものにシール剤を塗り，残りのフランジ（継手イ（b））をフランジ回しを使ってねじ込む（図6）。	管F（調整管） 298～297 図6　管F ねじ込み後寸法
7	管ABCDEに管Fを接合する	作業順序5の状態で継手ヘをパイプレンチで押さえて，管Fをねじ込み，フランジの穴の位置が管Eと平行になるように仕上げる（図7）。	E F A E B D　C 図7　継手イ（b）から見た位置
8	継手ホに戻る	1．継手ホをパイプレンチで押さえて，管Aと管Fの軸芯を合わせ，フランジの穴が一致するように管Dと管Fを平行に継手ヘ－イ（b）間（心－面）寸法を318～317mmに仕上げる。 　　継手ヘ－イ（a）間（心－面）寸法320mmより，2～3mm短いのは，パッキン分。 2．フランジの穴が少しずれているようなら，継手ヘをパイプレンチで押さえて，微調整する。	
9	フランジを締め付ける	1．フランジ下側の二つの穴へ，ボルト・ナットを取り付ける。 2．ガスケット（パッキン）を入れる。 3．フランジ上側の二つの穴へ，ボルト・ナットを取り付ける。 4．ボルト・ナットを対称的にモンキレンチなどで平均に締め付ける。	4　1 2　3 図8　フランジのボルト・ナットの締付け順序

備 考	1．作業順序8の1．のようにフランジを合わせる際，参考図1（a），（b）のようになってはならない。 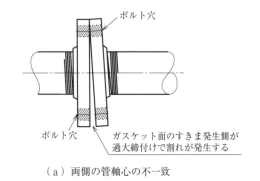 ボルト穴 ボルト穴　ガスケット面のすきま発生側が過大締付けで割れが発生する （a）両側の管軸心の不一致 ボルト穴 ボルト穴 すきま解消のため過大締付けされて割れが発生する （b）長さ寸法不足 参考図1 2．作業順序1の4．のようにねじ込み加工する場合は，パイプレンチは1丁でよいが，作業現場の基本としては，2丁使用しなくてはならない。 3．メヤス棒を活用してねじ込む方法もあるが，配管技能士試験などは，正しい工具の使用方法も採点されるので，工具を正しく使用するように心掛ける。 4．フランジは，特にJIS公差内でメーカにより差異（緩い場合と硬い場合）があるので，ねじ検査で合格したねじで確認する。 5．一度締め付けたねじは，戻締めはしない（漏水の原因）。 6．液状シール剤を使用する場合は，接合箇所で外部にはみ出しているシール剤を，必ずウエスなどで拭き取る。 　　拭き取らないとシール剤の硬化時間が長くなり，水圧試験時に未硬化部からシール剤が抜け出し，水路を形成して漏水する。 7．液状シール剤だけの水圧試験は，ねじ接合後，5～7日経過してから実施する。

作業名	ライニング鋼管の種類と管端防食管継手の取扱い方	主眼点	管端部の腐食防止方法

図1　帯のこ盤

図2　自動丸のこ盤

材料及び器工具など

水道用硬質塩化ビニルライニング鋼管
水道用ポリエチレン粉体ライニング鋼管
水道用耐熱性硬質塩化ビニルライニング鋼管
水道用ライニング鋼管用ねじ込み式管端防
　食管継手
耐熱性硬質塩化ビニルライニング鋼管用ね
　じ込み式管端防食管継手
上水用（給水・給油）防食シール剤
自動定寸装置付きねじ加工機
スクレーパ，ねじリングゲージ，帯のこ盤
自動丸のこ盤，補修剤（防錆剤），ウエス

番号	作業順序	要　　点	図　　解
1	切断する	帯のこ盤又は，自動丸のこ盤により切断する（図1，図2）。	
2	面取りをする	スクレーパで内面の被覆層を軽く面取りする（ねじ加工機のリーマでは削りすぎるため，防食効果が得られない）（図3，図4）。	
3	ねじを加工する	自動定寸装置付きねじ加工機を使い，ねじを加工する（加工後，必ずねじリングゲージで確認する）。 　手動ねじ加工では，常に一定の寸法でねじ加工ができない。	
4	接合する	1．防食シール剤をおねじ部と切断面・面取り部に全周むらなく塗布する（図5）。 　注意 　防食シール剤を使用する際は，厚生労働省VOC（揮発性有機化合物）のガイドラインに属さないものを使用すること。 　継手のめねじ側には塗布する必要はない。 　継手（給水用）には， 　①A形管端防食管継手（一体型）（図6） 　②B形管端防食管継手（組込型） 　③C形管端防食管継手（可動型） 　④外面樹脂被覆管端防食管継手 などの仕様があり，各メーカの施工要領書に従う。 ※上記継手の種類については，日本金属継手協会の資料（『管端防食継手を使用する方々へ─ライニング鋼管用ねじ込み式管継手─』）を参照しており，A形，B形，C形は正式な呼称ではない。 2．シールテープを使用する場合は，切断面・面取り部に防食シール剤を塗布する。 3．適正ねじ込み量，締付けトルクで接合する（「No.4.8－2」表1参照）。	
5	継手の補修	ねじ込み後，パイプレンチの傷跡及び残りねじ部に補修剤（防錆剤）や防食シール剤を塗布する。	

図3　スクレーパで面取り

塩ビライニング鋼管・耐熱性ライニング鋼管
ポリ粉体ライニング鋼管
糸面取り
（鋼管に当たらない程度に糸状に面を取る）

図4　面取り量

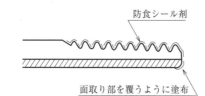

防食シール剤
面取り部を覆うように塗布

図5　防食シール剤の塗布量
（管端防食管継手の場合）

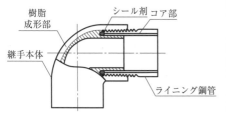

樹脂成形部　シール剤　コア部
継手本体　ライニング鋼管

図6　A形管端防食管継手（一体型）

作業名	ライニング鋼管の種類と管端防食管継手の取扱い方	主眼点	管端部の腐食防止方法

1. ライニング鋼管には，日本水道協会規格（JWWA）として，参考表1のような種類がある。
2. 給湯用管端防食管継手は，A形で内蔵コアやシール手段を耐熱仕様にしたものである。
3. 銅合金製の給水栓やバルブなどの器具との接続に使用するもので，器具接続用管端防食管継手がある（参考図1，参考図2）。
4. 外面樹脂被覆管端防食管継手は，専用のチャックつめ，チェーザ，パイプレンチ，パイプ万力などを使用する。

備

考

参考表1　ライニング鋼管の種類

水道用硬質塩化ビニルライニング鋼管

記号−製法	構　成	原　管	外面処理
SGP−VA	外面処理 原管 硬質ポリ塩化ビニル	JIS G 3452 の黒管	一次防錆塗装
SGP−VB		JIS G 3442	亜鉛めっき
SGP−VD		JIS G 3452 の黒管	硬質ポリ塩化ビニル被覆

水道用耐熱性硬質塩化ビニルライニング鋼管

記号−製法	構　成	原　管	外面処理
SGP−HVA	一次防錆塗装 原管 耐熱性硬質ポリ塩化ビニル	JIS G 3452 の黒管	一次防錆塗装

水道用ポリエチレン粉体ライニング鋼管

記号−製法	構　成	原　管	外面処理
SGP−PA	外面処理 原管 ポリエチレン	JIS G 3452 の黒管	一次防錆塗装
SGP−PB			亜鉛めっき
SGP−PD			ポリエチレン被覆（1層）

管の表示例

認証マーク又は
日本水道協会
検査証印　製造者マーク　呼び径
水の記号　種類の記号　製造年月

)|(● SGP-VB 20A 15-08

炭素鋼鋼管

内面処理
　V：硬質ポリ塩化ビニル
　HV：耐熱性硬質ポリ塩化ビニル
　P：ポリエチレン

外面処理
　A：一次防錆塗装
　B：亜鉛めっき
　D：硬質ポリ塩化ビニル

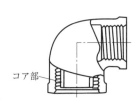

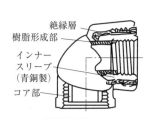

（a）継手本体（青銅製）に片側コア内蔵の一般形　（b）管端防食構造（ライニング鋼管接続側）　（c）異種金属接触防止形　（d）管端防食構造（ライニング鋼管接続側）

絶縁層
樹脂形成部
インナースリーブ（青銅製）
コア部
コア部

参考図1　器具接続用管端防食管継手の種類

| 作業名 | ライニング鋼管の種類と管端防食管継手の取扱い方 | 主眼点 | 管端部の腐食防止方法 |

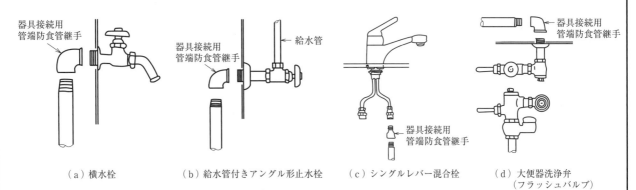

（a）横水栓　　　　（b）給水管付きアングル形止水栓　　（c）シングルレバー混合栓　　（d）大便器洗浄弁
（フラッシュバルブ）

参考図２　器具接続用管端防食管継手の使用箇所

備

考

出所：（図５）『管端防食継手を使用する方々へ─ライニング鋼管用ねじ込み式管継手─』日本金属継手協会，2010年，p.19，図12
　　　（図６）JPF MP 003：2015「水道用ライニング鋼管用ねじ込み式管端防食管継手」p.40，解説図１，a）
　　参考規格：JIS G 3442：2015（追補１：2016）「水配管用亜鉛めっき鋼管」
　　　　　　JIS G 3452：2019「配管用炭素鋼鋼管」
　　　　　　JPF MP003：2015「水道用ライニング鋼管用ねじ込み式管端防食管継手」
　　　　　　JPF MP005：2007「耐熱性硬質塩化ビニルライニング鋼管用ねじ込み式管端防食管継手
　　　　　　JWWA K116：2015「水道用硬質塩化ビニルライニング鋼管」
　　　　　　JWWA K132：2015「水道用ポリエチレン粉体ライニング鋼管」
　　　　　　JWWA K140：2015「水道用耐熱性硬質塩化ビニルライニング鋼管」

| 作業名 | ステンレス鋼鋼管の取扱い方（1） | 主眼点 | メカニカル形管継手の種類 |

1．メカニカル形管継手の種類

メカニカル形管継手は，SAS 322：2016「一般配管用ステンレス鋼鋼管の管継手性能基準」を満足するものとする。

※使用するには，必ず各社メーカが主催する施工講習を受講した者が行う。

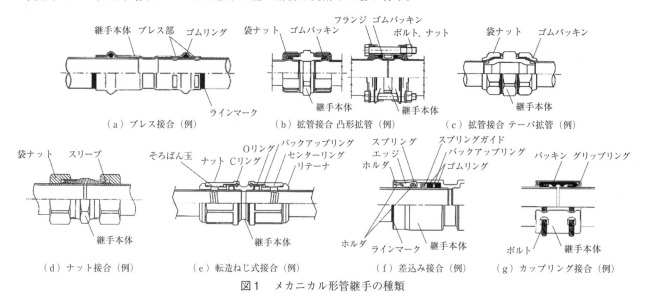

図1　メカニカル形管継手の種類

表1　メカニカル形管継手の種類

呼び圧力	接合方式	接合の説明	呼び方（Su）
10K及び20K	プレス式	面取りなど所定の加工を行った管を管継手に挿入したのち，専用締付け工具を用いて管継手をプレスすることによって接合する方式。	呼び圧力10K 8～300
	拡管式	面取り，拡管など所定の加工を行った管を，ナット又はフランジによって管継手本体に接合する方式。	
	ナット式	面取りなど所定の加工を行った管を管継手に挿入したのち，ナットを締め付けることによって接合する方式。	
	転造ねじ式	面取りなど所定の加工を行った管を管継手に挿入したのち，転造ねじを形成するナットを締め付けることによって接合する方式。	呼び圧力20K 8～100
	差込み式	面取り，溝付けなど所定の加工を行った管を，管継手に差し込むことによって管継手本体に接合する方式。	
	カップリング式	面取りなど所定の加工を行った管を管継手に挿入したのち，ボルトを締め付けることによって接合する方式。	

表2　各方式の接合方法の詳細

接合方式	呼び方（Su）	ゴムの略号	ゴムの種類（詳細）呼称	耐熱温度[℃]	用途 給水給湯	用途 冷温水冷却水	用途 高温水[注2]	用途 蒸気還管[注2]
プレス式	13～60	IIR	ブチルゴム	0～80	○	○	－	－
	13～60	CIIR	塩素化ブチルゴム	0～80	○	○	－	－
	13～60	EPDM	エチレンプロピレンゴム[注1]	0～80	○	○	－	－
拡管式	13～60	IIR	ブチルゴム	0～80	○	○	－	－
	13～60	FKM	フッ素ゴム	0～100	○	○	○	－
	13～100		特殊フッ素ゴム	0～130	○	○	○	○
	13～100	HNBR	水素化ニトリルゴム	－15～100	○	○	○	－
	13～60	EPDM	エチレンプロピレンゴム[注1]	0～80	○	○	－	－
ナット式	13～25	メタルシール	メタルシール	0～100	○	○	－	－
転造ねじ式	13～60	FKM	フッ素ゴム	0～95	○	○	－	－
差込み式	13～50	EPDM	エチレンプロピレンゴム[注1]	0～80	○	○	－	－
カップリング式	40～80	EPDM	エチレンプロピレンゴム[注1]	0～80	○	○	－	－

注1．エチレンプロピレンゴムは耐塩素系材質とする。
注2．高温水及び蒸気還管の性能及び試験方法は，製造業者による。［出典：ステンレス協会資料］

出所：（図1）（一社）公共建築協会著『機械設備工事監理指針 平成28年版』（一財）地域開発研究所，2016年，p.244，図2.5.25
　　（表1）（図1に同じ）p.243，表2.5.9／（表2）（図1に同じ）p.243，表2.5.10
参考規格：SAS 322：2016「一般配管用ステンレス鋼鋼管の管継手性能基準」

作業名	ステンレス鋼鋼管の取扱い方（2）	主眼点	拡管式管継手による接合

継手端面と袋ナットのつばが密着し，
それ以上締まらなくなるまで締め込む
→皿ワッシャの色が見えなくなる

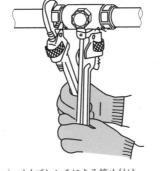

本締め　　手締め
（a）接合後　（b）接合前　　（c）パイプレンチによる締め付け
図1　拡管式管継手

材料及び器工具など

ステンレス鋼鋼管 JIS G 3448
拡管式管継手
帯のこ盤（バンドソー）
メタルソー切断機
半丸やすり又はステンレス鋼管用面取り器
拡管機一式
限界ゲージ
油性ペン
ウエス，スケール
パイプレンチ

番号	作業順序	要　点	図　解
1	鋼管を切断する	鋼管を帯のこ盤（バンドソー），メタルソー切断機などを使用し，管軸に対して直角に切断する。	内・外面のバリ取り 図2　管の返り取り
2	切断面の処理	切断面にできた内外面のバリを，半丸やすり又は面取り器（リーマ）などのバリ取り工具を使って取り除く（図2）。	
3	拡管機をセットアップする	管径に合った拡管アタッチメントを拡管機にセットする（図3）。 ※拡管機のセットアップはメーカにより異なるので，必ず取扱説明書を確認する。	手締めだけでは不十分なので工具で確実に締め付ける 片スパナ ハンドル 拡管機 バックアップリング 拡管ゴム 図3　拡管機のセットアップ
4	鋼管と継手をセットする	1．継手から袋ナット部を外し，拡管アタッチメントの袋ナット取付け部に手締めにより取り付ける。 2．鋼管をガイドロッドに挿入し，袋ナット取付け部にある確認穴で拡管アタッチメントと密着したことを確認する（図4）。	目 ステンレス鋼鋼管 袋ナット取付け部 ガイドロッド 袋ナット 図4　拡管アタッチメントの装着
5	拡管作業する	1．拡管機のスイッチを指で押す。 2．ブザー及びランプが点灯（加工完了）したらスイッチから指を離す（図5）。	目 耳 赤ランプ ブザーの音 図5　加工完了の確認の仕方

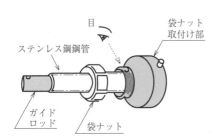

作業名	ステンレス鋼鋼管の取扱い方（2）	主眼点	拡管式管継手による接合

番号	作業順序	要　　点	図　　解
6	拡管部の検査	1．袋ナットを袋ナット取付け部から取り外し，管をガイドロッドから取り外す（図6）。 2．限界ゲージを使って，拡管の頂点が「限界ゲージの止まり位置」にて合否を判定する（図7）。 　　止まり位置にて止まる　　→　合　格 　　止まり位置にて止まらない→　不合格 3．不合格の場合，拡管ゴムの交換・拡管アタッチメントなどを点検し，加工をやり直す。	拡管の頂点 図6　拡管加工完了 限界ゲージ 止まり位置 拡管の頂点 図7　限界ゲージによる合否
7	管を接合する	1．継手本体にゴムパッキンが装着されていることを確認する（図8）。 2．管に切粉や汚れなどの異物がないことを確認する。 3．管を継手本体と軸芯を真っすぐに合わせて，継手本体に差し込み，手締めする（図1（b））。 4．パイプレンチなどを使い，皿ワッシャの色が見えなくなる（締付け完了）まで締め付ける（図1（a），（c））。	○＝継手本体へセット ゴムパッキン 継手側　パイプ側 ×＝逆にセット→漏れの原因 パイプにセットして入れたらかみ込み→漏れる 図8　ゴムパッキンの装着状態

備考	1．限界ゲージ確認は，アタッチメント交換時又は拡管50回毎に1回程度実施する（拡管機の不具合による施工不良防止のため）。 2．配管の一部又は，全体の施工が完了したら防露・保温施工前・内装前に漏れ検査を必ず行う。 3．作業する場合は，必ずメーカが主催する施工講習を受講した者が行う。 4．管外面に傷が付いていたり，変形している部分があったら，切り捨てる（漏水の原因）。 5．内面のバリ取りが不十分な場合，拡管機のガイドロッドに管が挿入できなかったり，拡管ゴムを傷め，寿命を著しく低下させる。また，外面のバリ取りが不十分な場合，継手を挿入する際にゴムパッキンを傷め，漏水の原因になるので注意する。 6．継手は各社メーカにより異なるため，同じ形状だからといって継手の混合はしてはならない。 7．拡管機は，継手メーカが認定したものを使用する（他社のメーカのものを使用すると不具合による施工不良になる場合がある）。 8．管の切断にパイプカッタは使用しない（管内返りのため，管内径が小さくなりガイドロッドに管が挿入できない）。

参考規格：JIS G 3448：2016「ステンレス鋼鋼管」

作業名	ステンレス鋼鋼管の取扱い方（3）	主眼点	プレス式管継手による接合

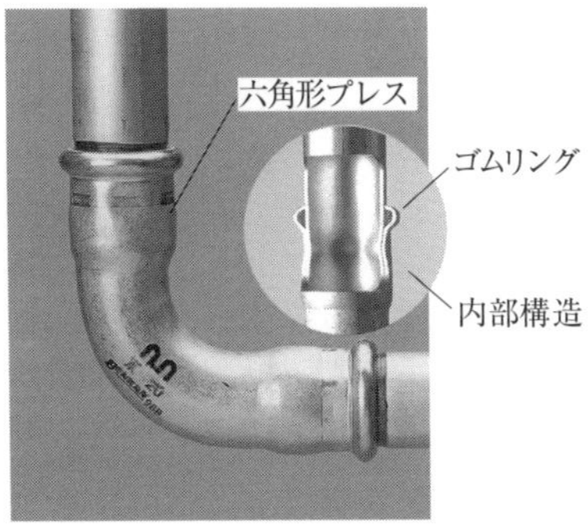

（a）加工された状態　　　　　　（b）施工状況

図1　プレス式管継手

材料及び器工具など

ステンレス鋼鋼管 JIS G 3448
プレス式管継手
ステンレス鋼管用パイプカッタ
やすり又はステンレス鋼管用面取り器
マーキング治具，専用プレス工具一式
確認ゲージ，油性ペン
ウエス，スケール

図　　解

番号	作業順序	要　　点
1	鋼管を切断する	鋼管をパイプカッタなどを使用し，管軸に対して直角に切断する（図2）。
2	切断面の処理	ゴムリングに傷が付かないよう，切断面のバリをやすり又は，面取り器などのバリ取り工具を使って取り除く（図3）。
3	マーキングする	鋼管をマーキング治具に挿入し，差込み長さをマーキングする（図4）。 マーキング治具のサイズ表示を確認する。 13～25Su…小径用 30～60Su…大径用 ※マーキングがない場合，漏水する恐れがある。
4	鋼管に継手をセットする	1．鋼管に切粉や汚れなどの異物がないことを確認する。 2．マーキングの位置まで，真っすぐ管を挿入する。 3．マーキングの位置が継手端面より3mm以内であることを確認する（図5）。
5	締付け作業（プレス接合）	1．専用プレス工具のダイスの凹部に継手の凸部が入っていることを確認する（必ず継手のゴムリングが装着されていることを確認してから締付け作業を行う）。 2．専用プレス工具のスイッチを入れる（図6）。 3．締付け完了まで，専用プレス工具のスイッチから指を離さない（締付け不足は，漏れの原因）。
6	ゲージ検査をする	締付けが完了後，正しく加工されているか，確認ゲージを使って加工後の寸法を確認する（図7）。 締付け不足を発見した場合は管を切断し，作業をやり直す。

図2　管の切断

図3　面取りをする

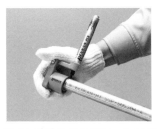

図4　差込み長さのマーキング

図5　差込み長さの確認

図6　プレス工具による締め付け

図7　確認ゲージによる検査

| 作業名 | ステンレス鋼鋼管の取扱い方（3） | 主眼点 | プレス式管継手による接合 |

1．ゲージ確認は一日3回，プレス作業ごとに必ず実施する（専用プレス工具の不具合による施工不良防止のため）。

2．配管の一部又は，全体の施工が完了したら防露・保温施工前・内装前に漏れ検査を必ず行う。

3．プレス式管継手は，一般に戸建て住宅向けである（現場の施工要領書を必ず確認のこと）。

4．作業する場合は，必ずメーカが主催する施工講習を受講した者が行う。

5．管外面に傷が付いていたり，変形している部分があったら，切り捨てる（漏水の原因）。

6．バリ取りが不十分な場合，挿入する際にゴムリングを傷め，漏水の原因になるので注意する。

7．継手は各メーカによって異なるため，同じ形状だからといって継手の混合はしてはならない。

8．ステンレス鋼管と異種金属管を接合する場合，相手金属によっては，異種金属接触腐食（ガルバニック腐食）を生じることがあるので，電気的に絶縁処理が必要である（参考図1）。

9．専用プレス工具は，継手メーカが認定したものを使用する（他メーカのものを使用すると不具合による施工不良になる」場合がある）。

備　考

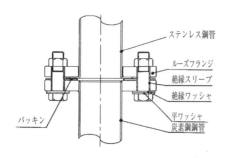

（注）絶縁スリーブ・ワッシャ体型も市販されている。
（a）絶縁スリーブ・ワッシャによるフランジ接合

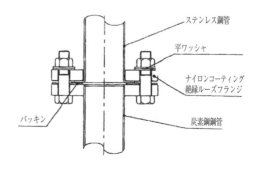

（b）絶縁コートフランジによる接合

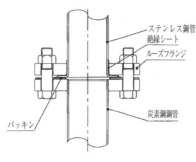

（c）絶縁シートによるフランジ接合

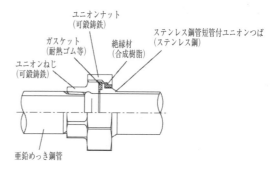

（d）絶縁ユニオンによる接合

参考図1　ライニング鋼管及び配管用炭素鋼鋼管との接合方法

出所：（図2，図7）『モルコジョイント　カタログ』（株）ベンカン
　　　（図3～図6）『モルコジョイント　施工マニュアル』（株）ベンカン
　　　（参考図1）『ステンレス鋼管と異種金属とを接続する場合の絶縁施工について（建築設備配管編）』ステンレス協会，2015年，pp.3～4，
　　　　　　　図-2～図-5
参考規格：JIS G 3448：2016「一般配管用ステンレス鋼鋼管」

作業名	ハウジング形管継手接合	主眼点	グルーブ形（転造溝加工）

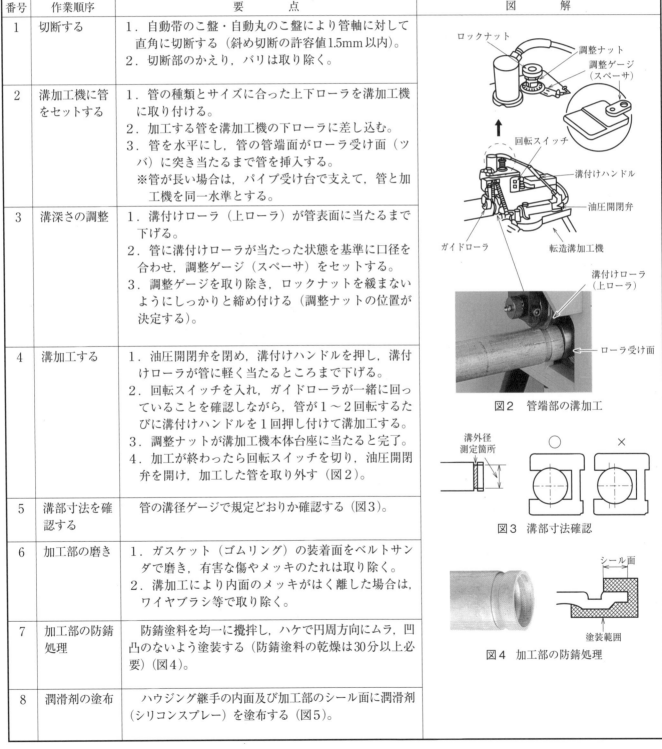

図1　ハウジング形管継手

材料及び器工具など

配管用炭素鋼鋼管 JIS G 3452
ハウジング形管継手 JPF MP006
転造溝（ロールドグルーブ）加工機
管の溝径ゲージ
防錆塗料
潤滑剤（シリコンスプレー）
スパナ又はラチェットレンチ
トルクレンチ
平やすり
ウエス，油性ペン

番号	作業順序	要　　点	図　　解
1	切断する	1．自動帯のこ盤・自動丸のこ盤により管軸に対して直角に切断する（斜め切断の許容値1.5mm以内）。 2．切断部のかえり，バリは取り除く。	
2	溝加工機に管をセットする	1．管の種類とサイズに合った上下ローラを溝加工機に取り付ける。 2．加工する管を溝加工機の下ローラに差し込む。 3．管を水平にし，管の管端面がローラ受け面（ツバ）に突き当たるまで管を挿入する。 ※管が長い場合は，パイプ受け台で支えて，管と加工機を同一水準とする。	
3	溝深さの調整	1．溝付けローラ（上ローラ）が管表面に当たるまで下げる。 2．管に溝付けローラが当たった状態を基準に口径を合わせ，調整ゲージ（スペーサ）をセットする。 3．調整ゲージを取り除き，ロックナットを緩まないようにしっかりと締め付ける（調整ナットの位置が決定する）。	
4	溝加工する	1．油圧開閉弁を閉め，溝付けハンドルを押し，溝付けローラが管に軽く当たるところまで下げる。 2．回転スイッチを入れ，ガイドローラが一緒に回っていることを確認しながら，管が1〜2回転するたびに溝付けハンドルを1回押し付けて溝加工する。 3．調整ナットが溝加工機本体台座に当たると完了。 4．加工が終わったら回転スイッチを切り，油圧開閉弁を開け，加工した管を取り外す（図2）。	
5	溝部寸法を確認する	管の溝径ゲージで規定どおりか確認する（図3）。	
6	加工部の磨き	1．ガスケット（ゴムリング）の装着面をベルトサンダで磨き，有害な傷やメッキのたれは取り除く。 2．溝加工により内面のメッキがはく離した場合は，ワイヤブラシ等で取り除く。	
7	加工部の防錆処理	防錆塗料を均一に攪拌し，ハケで円周方向にムラ，凹凸のないよう塗装する（防錆塗料の乾燥は30分以上必要）（図4）。	
8	潤滑剤の塗布	ハウジング継手の内面及び加工部のシール面に潤滑剤（シリコンスプレー）を塗布する（図5）。	

図2　管端部の溝加工

図3　溝部寸法確認

図4　加工部の防錆処理

作業名	ハウジング形管継手接合	主眼点	グルーブ形（転造溝加工）

番号	作業順序	要　　点	図　　解
9	ガスケットの装着	1. ガスケットを一方の加工部にセットする（図6）。 2. 接続するもう一方の加工部の中心を合わせて，突き当たるまで挿入する。 3. ガスケットをずらし，両方の加工部に均等にまたがるようにセットする（図7）。	 図5　潤滑剤の塗布
10	ハウジング継手の取付け	ハウジング継手をガスケットの上下にセットする（継手の掛かり止めが溝に入っているか確認する）（図7）。	 ガスケット 図6　ガスケットの装着
11	ボルトナットの締付け	1. ボルト穴にボルトナットを手締めで取り付ける。 2. ナットをトルクレンチなどで左右均等にハウジング継手の合わせ面が密着するまで締め付ける（図8，表1）。 3. 締付け完了後，ボルトナットに確認の印を付ける（図9）。	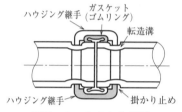 ハウジング継手　ガスケット（ゴムリング）　転造溝 ハウジング継手　掛かり止め 図7　セットされた状態

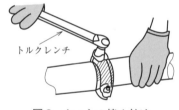

図8　ナットの締め付け

表1　締付け適正トルク（参考）

呼び径（A）	締付けトルク値
25〜65	40〜50N・m
80〜100	70〜100N・m
125〜150	120〜150N・m

図9　締付け完了後のマーキング

備考

1. ゲージ確認は一日3回，作業開始時・中間時・作業終了時に必ず実施する（溝加工機の不具合による施工不良防止のため）。
2. 溝加工機の取り扱いについては，各社メーカの施工要領書に従う。
3. 加工部の防錆処理方法は，設計・施工会社等により異なるので確認して行う。
4. ガスケットのゴムを劣化させるので，潤滑剤として鉱物油（マシン油・切削油），合成洗剤は絶対に使用しないこと。
5. ハウジング形管継手は，国土交通省『機械設備工事共通仕様書 平成9年版』より規定されている（最新は『公共建築工事標準仕様書 機械設備工事編 平成31年版』）。
6. 認定書の設置条件が湿式配管に限られているため，乾式配管部には使用できないので注意が必要である（例：連結送水配管）。

参考図1　標準型転造溝加工機

参考図2　ねじ切り機搭載型転造溝加工器

出所：（図2図）『ハウジング形管継手を使用する方々へ（施工マニュアル）』日本金属継手協会，2017年，pp.6〜7
　　　（参考図1，参考図2）レッキス工業（株）
参考規格：JIS G 3452：2019「配管用炭素鋼鋼管」／JPF MP 006：2011「ハウジング形管継手」

作業名	配水管のサドル付分水栓作業	主眼点	手動式せん孔機によるせん孔及びコア挿入

図1　サドル付分水栓

図2　手動式せん孔機

材料及び器工具など

鋳鉄管（DIP, CIP）
硬質ポリ塩化ビニル管（VP）
鋼管（SP）
ポリエチレン管（PE）
配水管用ポリエチレン管（HPPE）
サドル付分水栓（管の用途に合ったもの）
手動式せん孔機一式（弁・ホース付き）
防食コア挿入機一式，防食コア（銅製）
水道用トルクレンチ，モータレンチ
ウエス

番号	作業順序	要　　点	図　　解
1	サドル付分水栓を取り付ける	1．配水管種，呼び径，給水分岐口径に適したサドル付分水栓を準備する（図1）。 ※サドル付分水栓にガスケット，絶縁体等がきちんと組み付けられていることを確認する。 2．管に付着している泥や錆を，ウエスで十分に清掃する。 3．上部サドル（本体）を配水管のせん孔する部分の管軸頂部に垂直に据え付ける。 4．上部サドル（本体）の位置が決定したら，下部サドル（カバー）を組ませ，異物をサドル内面にかませないように締付けボルトを通し，ナットを取り付ける。 5．ボルト・ナットは対角線上交互に，全体的に均一になるよう適正トルクで締め付ける（図3）。 6．サドル付分水栓の頂部のキャップを取り外し，排水金具（弁・ホース付き）を取り付ける（図4）。 7．サドル付分水栓の弁が確実に作動するか確認し，弁を全開にする。	 図3　サドル付分水栓の締め付け  図4　せん孔機がセットされた状態
2	せん孔機を取り付ける	1．せん孔機に，管種分岐口径に応じたドリルを取り付ける。 2．せん孔機（本体）の上部を持って，下部を右に回して，ドリルをせん孔機内に引き上げる。 3．サドル付分水栓頂部ねじにアダプタを取り付けた後，せん孔機を取り付け，モータレンチなどにより確実に固定する。	
3	せん孔する	1．送りハンドルを左回転させながら，管に当たるまでドリルを下げる。 2．せん孔にラチェットハンドルを取り付け，ドリルを右回転させながら送りハンドルを操作し，センタもみを行う。 3．送りハンドルを少しずつ送りながら，本格的なせん孔を行う（送りハンドルの送りが速いとドリルが食い込み，破損などを招くので注意する）。 4．ドリルが貫通すると送りハンドルの手ごたえが軽くなる。 5．せん孔が完全に終了したら，送りハンドルを逆回転させ，ドリルをいっぱいに引き上げる（この間に排水ホースより十分排水して切粉を外部に排出し，サドル付分水栓の弁を閉じる）（図5）。 6．せん孔機を取り外す。	 図5　サドル付分水栓の弁を閉じる

作業名	配水管のサドル付分水栓作業	主眼点	手動式せん孔機によるせん孔及びコア挿入

番号	作業順序	要　点	図　解
4	せん孔後の管内面の防食施工	1. 防食コア挿入機に管開孔部（せん孔穴）に応じた挿入棒を取り付け，先端に防食コア（銅製）をセットする（図6）。 2. 防食コア挿入機に送りハンドルを取り付け，左回転させ，挿入棒を防食コア挿入機本体内に引き上げる。 3. サドル付分水栓頂部ねじに，呼び径別アダプタを取り付け，その上に防食コア挿入機を，工具を用いてしっかりと取り付ける。この時，給水取出し口にはキャップをし，閉止しておく。 4. サドル付分水栓の弁を全開にする。 5. 送りハンドルを右回転させ，防食コアをせん孔穴に挿入する。防食コアがせん孔穴の縁に引っ掛かると，手応えが硬くなる（図7（a））。 6. さらに送りハンドルを回転させると，防食コアの先端が押し広げられ，管内で広がり，抜けなくなる（図7（b））。 7. 送りハンドルを左回転させ，挿入棒をいっぱいに引き上げ，サドル付分水栓を閉じる。 8. 防食コア挿入機を取り外し，サドル付分水栓頂部ねじにキャップを取り付ける。 　防食コア（銅コア）をせん孔穴に設置することで，錆が成長し，せん孔穴が錆で閉塞するのを抑止する（図7（c））。 ※現在は，より防食性のすぐれた密着系防食コアもある。	 図6　防食コア挿入機 取付け方法 （a） 取付け完了 （b） （c） 図7　管内面の防食施工

備考	1. ナットの締付けトルクはM16で60 N・m，M20で75 N・m（塩ビの場合は40 N・m），目安としては，柄の長さが300mm程度の工具を片手で力いっぱい締め上げる程度である。 2. サドル付分水栓（本体）を取り付けた後，無理に動かすとパッキンがずれるため，絶対行わない。 3. 電動式せん孔機，手動式せん孔機，防食コア挿入機は各社メーカにより仕様が異なるので，取扱説明書を確認する。 4. サドル付分水栓は，配水管の管種・口径・分岐口径により仕様が異なるので，各社メーカの取扱説明書を確認する。 5. 配水管のせん孔作業（給水装置工事）は，給水装置工事主任技術者の立会いのもとで行う。

出所：（図1，図2）（株）日邦バルブ
　　　（図3）『サドル付分水栓の施工について』（株）日邦バルブ，p.2
　　　（図4）（図3に同じ）p.4
　　　（図5）（図3に同じ）p.17
　　　（図7）『改訂　給水装置工事技術指針　本編』（公財）給水工事技術振興財団，2013年，p.140，図4-8（a）（一部改変）

5. 鋼管以外の加工及び接合方法

作業名	銅管の軟ろう接合（はんだ接合）作業	主眼点	給湯銅管のはんだによる差し込み

（a）切　断　　　　　（b）面取り

（c）磨　き　　　　　（d）接　合

図1　軟ろう接合の作業手順

材料及び器工具など

硬質銅管 JIS H 3300（K）
被覆銅管（軟質）JIS H 3300（M）
銅管継手ソケット JIS H 3401
銅管用パイプカッタ
銅管用面取り器
サイジングツール
フラックス，はんだ（軟ろう）
ナイロンたわし又はサンドペーパ
ガストーチ，水バケツ，霧吹き
ウエス，軍手，油性ペン，スケール

番号	作業順序	要　　点	図　　解
1	寸法を取る	1．銅管を継手ソケットの止めまで差し込む。 2．必要寸法をマーキングする。 3．継手より銅管を抜く。	
2	切断する	1．銅管用パイプカッタで寸法長さを管軸に対して直角に切断する（図1）。 2．銅管内に入った切粉は取り除く。	
3	面取りする	切断面にできたまくれ，バリを銅管用面取り器で除去する（図1（b））。	
4	管を矯正する	管端が変形したら，真円になるようサイジングツールで矯正する（図2）。	
5	接合部を清掃する	銅管の外面・継手の内面を一緒に，ナイロンたわし又はサンドペーパなどで磨く（図1（c））。	
6	フラックスを塗る	銅管に図3のようにフラックスを薄く塗る（継手内部は塗らない。腐食・漏水の原因になる）。	
7	管を差し込む	1．管端を継続ソケット部の止めまで十分に差し込む。 2．フラックスがなじむように軽く回す。	
8	ガストーチで加熱する	ガストーチで接合部が紫色になる程度まで，広く均一に加熱する（図1（d））。	
9	はんだを差し込む	1．炎が緑色になり，フラックス塗布部に光沢が出たら，炎を加熱部から外して，表1に適合した量のはんだを接合部に差し込む。 2．はんだが適量回り，接合部の周りにすみ肉（フィレット）が見られるのを確認する（図4）。	
10	冷却する	1．しばらく自然に冷やす（はんだの光沢がなくなるのが目安）。 2．ぬれたウエス又は霧吹きで冷やし，同時に管，継手に付いた余分なフラックスを拭き取る。	

図解欄：

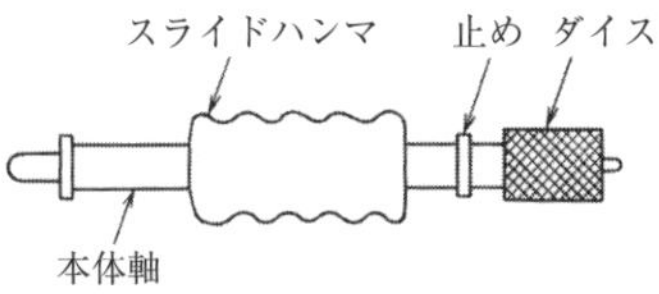

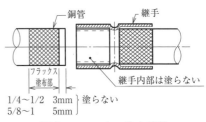

図2　サイジングツールによる管の矯正

銅管　　　　継手

フラックス塗布部
継手内部は塗らない

1/4～1/2	3mm	塗らない
5/8～1	5mm	

図3　フラックス塗布状態

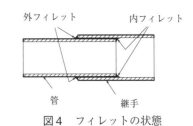

外フィレット　　　内フィレット

管　　　継手

図4　フィレットの状態

表1　各接合部当たりの必要なはんだ量
（はんだ径がϕ2mmの場合の長さ）

単位［mm］

呼び径	(A)	8A	10A	15A	-	20A	25A
	(B)	1/4	3/8	1/2	5/8	3/4	1
標準量		6	8	13	22	30	60
最大量		8	12	19	32	42	82

備考	1．継手の各部寸法は製造メーカにより異なる場合があるので，仕様，実測により確認する。 2．スチールウールで磨くと，鉄粉が管内に付着して腐食の原因となるので，好ましくない。 3．フラックスは加熱すると流動性が増すので，塗りすぎると管内まで流れ込み，腐食の原因となる。 4．過熱はフラックスの劣化を招き，効果がなくなる。また，銅の強度低下をもたらす。 5．フラックスは劇物に該当するので，取り扱いや保管方法に十分注意する。

参考規格：JIS H 3300：2012「銅及び銅合金の継目無管」／JIS H 3401：2001「銅及び銅合金の管継手」

作業名	銅管のフレア接合作業	主眼点	銅管フレア継手による接合

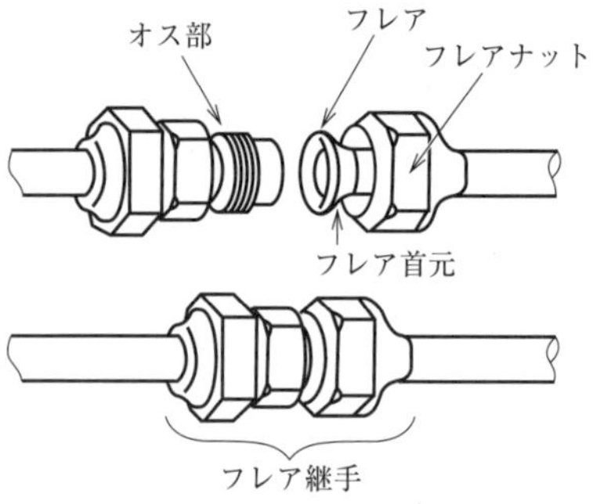

図1

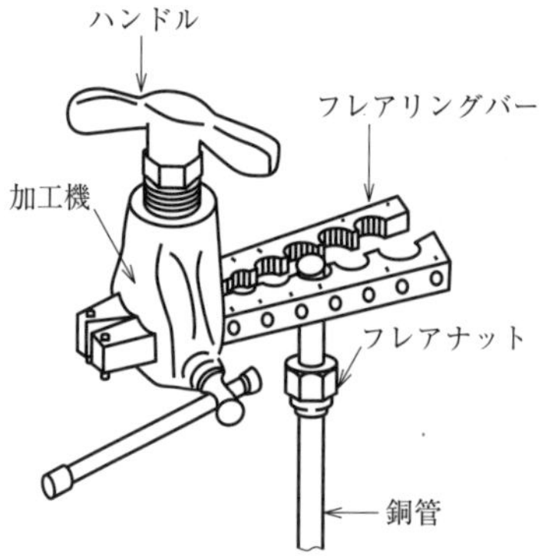

図2 フレアツール

材料及び器工具など

冷媒銅管〔(軟質) 20mm 以下〕
フレア継手 JIS H 3300 (C1220)
冷凍機油〔R22・R407C (鉱物油),
　R410A・R32 (合成油)〕
フレアツール (第1種・第2種銅管用)
銅管用パイプカッタ
固定式トルクレンチ
モンキレンチ
銅管用面取り器

番号	作業順序	要　点	図　解
1	切断する	銅管用パイプカッタでゆっくり管軸に直角に切る。	図3 面取り
2	管の内面の面取りをする	1. 切粉が銅管内に混入しないように銅管は下向きにし, 銅管用面取り器で内面の返りをていねいに取る (図3)。 2. 管内の切粉をよく拭き取る (冷媒配管内に切粉が入ると故障の原因となる)。	
3	フレアナットを管に差し込む	フレアナットの向きを確認して銅管に差し込む (図2)。	図4 フレアしろの突出し長さ
4	管を固定金具に取り付ける	1. 管に合ったサイズ穴を選ぶ (図2)。 2. 管先端をフレアリングバーの端よりフレアしろ (A寸法) を突き出す (図4, 表1)。 3. フレアリングバーと加工器を設定ラインに一致させ, クランプネジを回し, しっかりと締め付ける。	
5	管端を広げる	1. コーンの先端に少量の冷凍機油※をつける。 ※フレア加工する際の塗布液は, 指定された冷凍機油を使用する。 2. ハンドルを手回しして, ゆっくりと回す。 3. クラッチの動きによりフレア加工が完了するとハンドルが空転するので, 確認後, 完了する。(図5)	
6	管を取り外し検査する	1. 管端のフレアに割れ, ひび, 傷などが生じていないか調べる。 2. フレア管端部の肉厚, 幅 (B寸法) が平均に広がっているか調べる (不良品の場合, 必ず漏れの原因になるので再加工する) (図6, 表2)。	

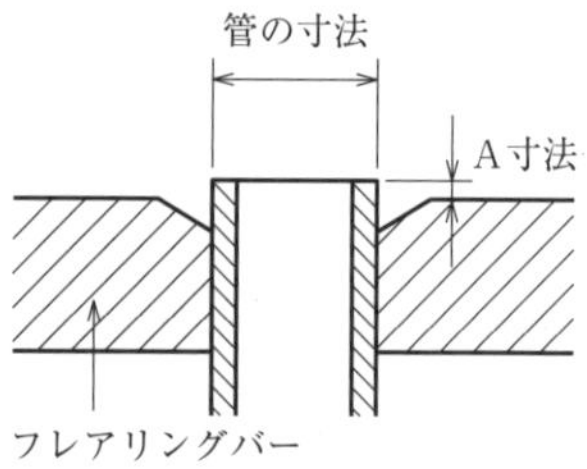

表1 フレアしろ寸法

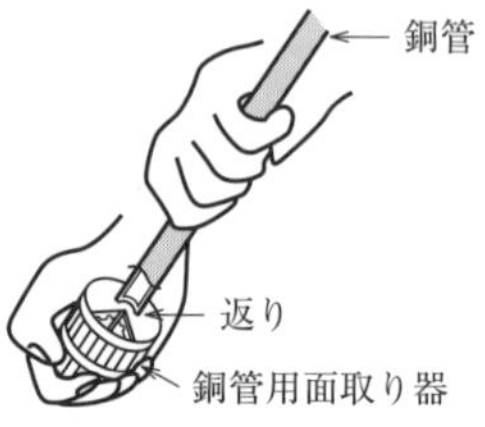

外径 [mm]	呼び径 B	クラッチ式	A寸法
		R22・R407C	R410A・R32
6.35	1/4	0.5mm	0.5mm
9.52	3/8	0.5mm	0.5mm
12.70	1/2	0.5mm	0.5mm
15.88	5/8	0.5mm	0.5mm

| 7 | 継手に接続する | 1. フレア管端面の油, ごみをよく拭き取る。
2. フレア管端面とフレア管継手 (オス) 端面を正しく合わせる。
3. フレア管端面, フレア管継手 (オス) 端面, フレア首元にそれぞれ冷凍機油を薄く塗布する。
4. 手締め後, フレア管継手側はスパナやレンチ等で押さえ, フレアナットを固定式トルクレンチで適正に締め付ける (図7, 参考表1)。 | 図5 フレア加工の様子 |

| 作業名 | 銅管のフレア接合作業 | 主眼点 | 銅管フレア継手による接合 |

図　解

表2　フレア管端部の幅寸法

外径 [mm]	呼び径 B	B寸法 [mm]	
		R22・R407C	R410A・R32
6.35	1/4	9.0	9.1
9.52	3/8	13.0	13.2
12.70	1/2	16.2	16.6
15.88	5/8	19.4	19.7

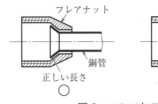

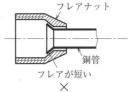

図6　フレア加工の合否

正しい長さ　○　　フレアが短い　×

図7　フレアナットの締め付け

《固定式トルクレンチ》

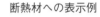

1サイズ1機種対応のトルクレンチで，規定締付け
トルクになると首が折れるようになっている。

備

考

●新冷媒について
　国際条約（モントリオール議定書）に基づく国内法（特定物質の規制等によるオゾン層の保護に関する法律）の主旨に従い，オゾン層を破壊しない冷媒に早期に切り替えていくため，施工関連仕様（各社の施工要領書）の確認が必要である。

種　　類	
ルームエアコン　　（住宅用）	R410A・R32
パッケージエアコン（業務・事務所用）	R407C・R32

☞ 一応分類は左記のとおりだが，一部メーカが
R410Aをパッケージエアコンにも使用している。

1．冷媒配管材料の見分け方
　※冷媒配管材として，JIS H 3300：2012「銅及び銅合金の継目無管」のC1220タイプの銅管を使用する。

配管部材の表示例
　新冷媒対応の配管部材は断熱材表面に「銅管肉厚」「対応冷媒」の記号が表示されている。

銅管肉厚の表示

肉厚[mm]	表示記号
0.8	08
1.0	10

対応冷媒の表示

	対応冷媒	最高使用圧力	表示記号
1種	R22・R407C	3.45MPa	①
2種	R410A・R32	4.15MPa	②

断熱材への表示例

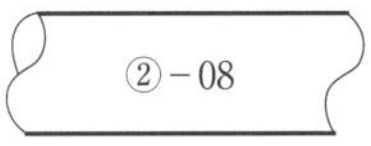

②−08

1m間隔で表示

2．フレアツールの種類（図1，図5）
　第1種銅管用（R22・R407C）
　　R22のものでR407Cと銅管の肉厚的・寸法の規格は，従来どおり加工できる。
　　（※R410Aも1.0mmすきまゲージを使用すると可能だが，薦めない）
　第2種銅管用（R410A・R32）
　　R410A・R32用に開発された専用ツール（R22・R407Cには，使用できない）。

3．フレア接続について
　フレアナットの締付け不足による冷媒漏れ，締め付けすぎによる銅管フレア部の破損を防止するため，トルクレンチを使用して，適正なトルクで締め付ける。

参考表1　「フレアナットサイズ」と「トルクレンチ」による適正な締付け力

外径 [mm]	呼び径 B	C寸法 [mm]		締付けレンチ [N・m]
		R22・R407C	R410A・R32	JIS B 8607 推奨値
6.35	1/4	17	17	14～18
9.52	3/8	22	22	34～42
12.70	1/2	24	26	49～61
15.88	5/8	27	29	68～82

C寸法

　※R410A・R32用の銅管フレア加工寸法規格は，他の冷媒と比べて圧力が約1.6倍高く，漏えいする危険性が高いので強度を増している。
　※R32等のフレア部の塗布液は，指定された冷凍機油（エステル油，エーテル油，アルキルベンゼン油等）を使用する（R22で使用した鉱物油がR32等に混入すると故障の原因になるため）。
　　詳しくは「No.6.7　エアコンの取付け作業（1）」「No.6.8　エアコンの取付け作業（2）」を参照。

参考規格：JIS H 3300：2012「銅及び銅合金の継目無管」

作業名	銅管の硬ろう付け接合作業	主眼点	番号	No.5.3−1

番号	No.5.3−1

作業名 銅管の硬ろう付け接合作業　　**主眼点** 銅管のソケットろう付け接合

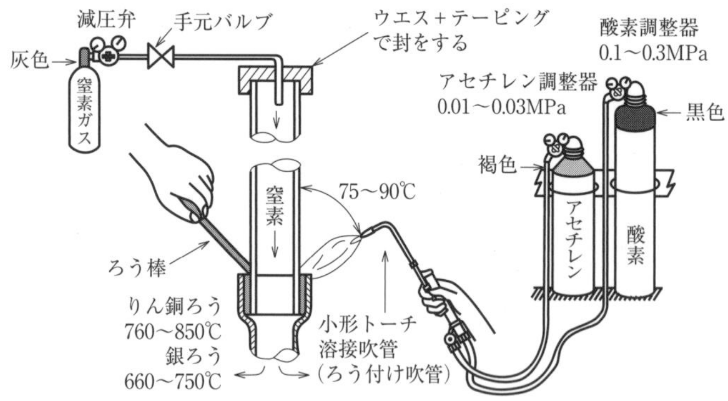

図1　硬ろう付け接合のできる状態

材料及び器工具など

銅管（軟質）JIS H 3300（M）
銅管ソケット又は銅管拡管ソケット
銀ろう棒又はりん銅ろう棒
フラックス
ナイロンたわし又はサンドペーパ
酸素アセチレン溶接装置一式
水バケツ
ウエス
エキスパンダ（銅管拡管加工器）

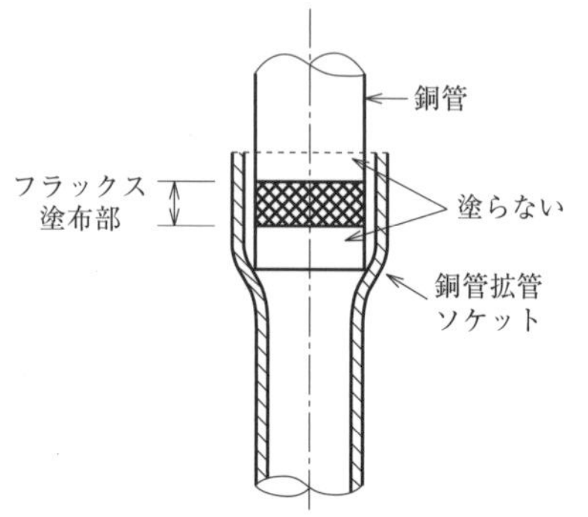

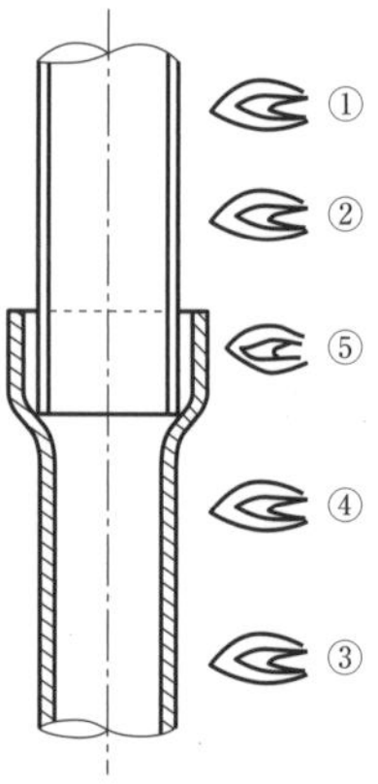

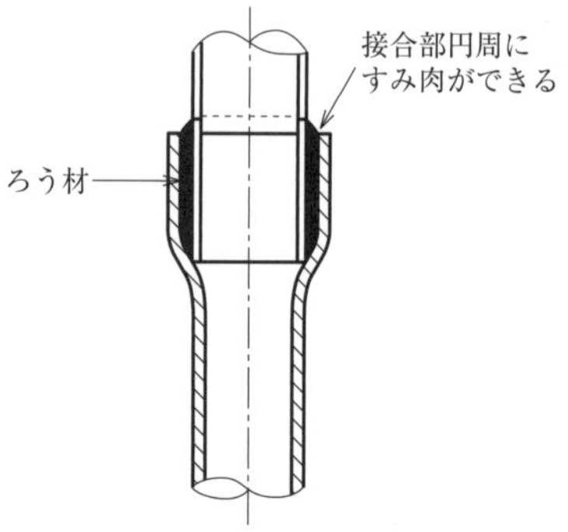

番号	作業順序	要　点	図　解
1	準備する	1．銅管接合部の油脂，汚れをウエスで拭き取る。 2．銅管及び継手の接合部を金属光沢が出るまでナイロンたわしでよく磨く（継手の内面は，汚れたり黒く酸化していない限り，特に磨く必要はない）。	 （継手内部は塗らない。腐食・故障の原因になる） 図2　フラックスの塗布
2	フラックスを塗る	1．銀ろうの場合 　フラックスは銅管接合部中央約1/3に適量塗る（図2）。 2．りん銅ろうの場合 　フラックスは塗布しない。ろう棒はJIS Z 3264：1998で規定されているものを使用する（銅管継手以外の銅合金管継手の場合は必要である）。	
3	管を差し込む	挿入後，フラックスが継手になじむように軽く回す。	
4	窒素置換する	図5のように窒素置換を開始する。	
5	加熱する	1．酸素アセチレン炎の標準炎（中性炎）で加熱する（図6）。 2．母材から約80mm離し，母材を溶かさないように図のように接合部から30〜60mm離れた所から順次継手側へ吹管で加熱していき，⑤の段階で接合部が暗赤色まで加熱する（図3）。	図3　加熱順序
6	ろう棒を差し込む	1．酸素アセチレン炎を還元炎（酸素過少）に調節し，吹管と接合部の間隔を2〜5mmに保つ（図6）。 2．加熱部が桃色になったら炎を当てた反対側から，接合部にろう棒を当て，ろうの流れ具合を確かめる。 3．炎を加熱部から少し離して，ろう棒を接合部に差し込む（図1）。 4．毛細管現象で管と継手の間へ入っていき，すきまにすみ肉（フィレット）ができる（図4）。	
7	冷却する	1．しばらく自然に冷やし，管内ブローを止める。 2．接合部の周囲から接合部に向かって，ぬれたウエスで冷却し，よく拭き取り，フラックスなどの不純物を除去する。	図4　ろう付け状態

| 作業名 | 銅管の硬ろう付け接合作業 | 主眼点 | 銅管のソケットろう付け接合 |

図　　解

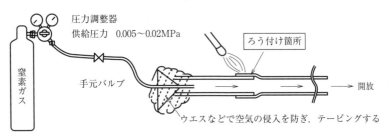

図5　窒素置換（チッソブロー）の内容

炎の種類	還元炎（炭化炎）	中性炎（標準炎）

用途	銀ろう，りん銅ろう，アルミろう付け	軟鋼のガス溶接，ろう付け
特徴	アセチレンに対し，酸素が不足している状態	炎中には余剰な炭素がなく，ろう付けに適している

図6　酸素アセチレン炎の様子

備考

1．窒素置換（チッソブロー）する理由は，ろう付け酸化防止のためである。銅管のろう付け時に700～900℃の高温にさらされる管内には「はく離性の酸化皮膜」が発生する。この酸化皮膜は冷凍用配管内のモニタ計器類・電磁弁・キャピラリチューブ等に詰まり，正常な運転が妨げられる原因となるため大切な作業である（参考図1）。

（a）窒素置換をした場合
（酸化皮膜がない）

（b）窒素置換をしなかった場合
（酸化皮膜がある）

参考図1　ろう付け後の銅管内の様子

2．硬ろう付けに使うフラックスは，専用のものを使用する。
3．ろう付け酸化防止方法としては窒素置換方法（チッソブロー）以外に，ろう付け酸化抑制スプレーがある。
4．ろう付けは1カ所ずつ挿入，加熱，ろう付けを繰り返すより，何カ所かを一度に挿入まで行い，配管組立てがある程度完了してから連続して加熱，ろう付けを行うほうが効率的である。
5．酸素溶解アセチレン溶接装置を取り扱う場合は，ガス溶接技能講習を修了した者が行う。
6．エキスパンダ工法（省力化継手加工工具工法）と呼ばれるものもある（参考図2，参考図3）。

銅管外径D		最小接合深さC	すきま (A-D)×1/2
外径(mm)	呼び径B		
6.35	1/4	6mm	0.05～0.1mm
9.52	3/8	7mm	0.05～0.1mm
12.70	1/2	8mm	0.05～0.1mm
15.88	5/8	8mm	0.05～0.2mm
19.05	3/4	10mm	0.05～0.2mm
25.40	1	12mm	0.05～0.2mm

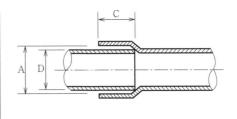

参考図2　エキスパンダ（銅管拡管加工器）の目安

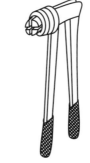

参考図3　エキスパンダ

出所：（参考図1）「チッソブローの必要性」『総合カタログ2019-2020』（株）イチネンTASCO，p.244
参考規格：JIS H 3300：2012「銅及び銅合金の継目無管」／JIS Z 3264：1998「りん銅ろう」

作業名	ベンダによる銅管の曲げ作業	主眼点	手動式パイプベンダによる銅管曲げ

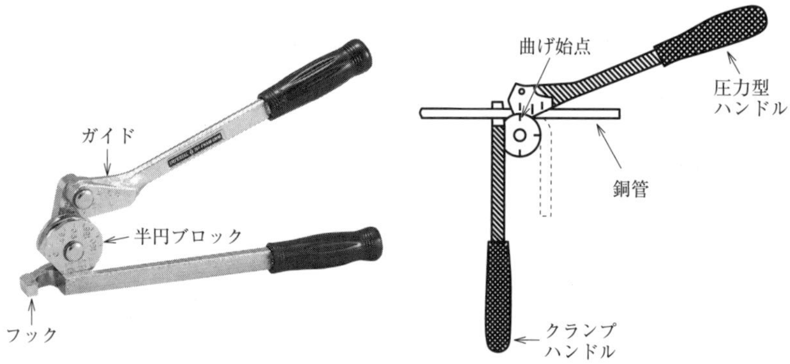

図1　手動式パイプベンダと各部の名称

ガイド
半円ブロック
フック
曲げ始点
圧力型ハンドル
銅管
クランプハンドル

材料及び器工具など

手動式パイプベンダ 5/8（15.88）用
給湯銅管 JIS H 3300（M）〔（軟質）1/2 × 400mm〕
潤滑油

番号	作業順序	要　　点
1	準備する	1．銅管の仕上げ寸法を決める（図2）。 2．銅管に曲げ始点の標線をマーキングする（図3）。 3．ガイドの「0」目盛と，曲げ始点「0」を合わせる（図4）。
2	曲げる	1．クランプハンドルを倒して，銅管を固定する。 2．圧力型内面に管との摩擦をやわらげるために，潤滑油を薄く付ける。 3．圧力型ハンドルを回して，銅管を曲げる。 　（1）右側仕上げ（加工寸法）の場合，標線を「R」に合わせる。 　（2）左側仕上げ（加工寸法）の場合，標線を「L」に合わせる。 4．所定角度で止める（90°曲げの時）（図4）。
3	取り外す	1．クランプを戻し，圧力型ハンドルを緩める。 2．取り外す。
4	検査する	1．曲げ角度は，正確か目視（外観）検査する。 2．銅管につぶれはないか目視（外観）検査する。 　※曲げ内側にしわが現れる場合，曲げ半径は過小か，管肉厚が薄く適正ではないので，使用しない。 　※外径Dの2/3D以下にならないようにする。 3．銅管外面にしわはないか目視（外観）検査する（図5）。

図　　解

表1　パイプベンダ曲げ半径

工具サイズ		パイプベンダ曲げ半径〔mm〕
外径〔mm〕	呼び径 B	
6.35	1/4	14.3
9.52	3/8	23.8
12.70	1/2	38.0
15.88	5/8	57.2
19.05	3/4	76.2
22.22	7/8	76.2

加工寸法の求め方は，管の中心線で計算する。

$$加工寸法＝仕上げ寸法＋\frac{パイプベンダ曲げ半径}{2}$$

図2　仕上げ寸法

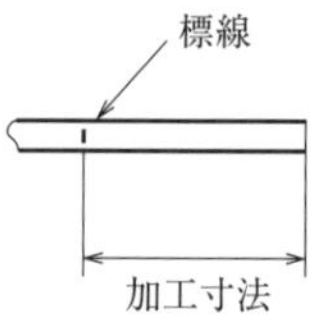

仕上げ寸法

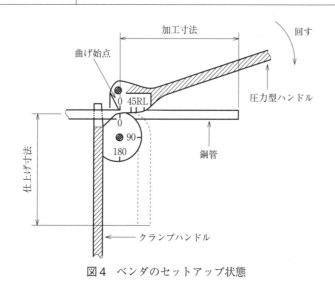

図4　ベンダのセットアップ状態

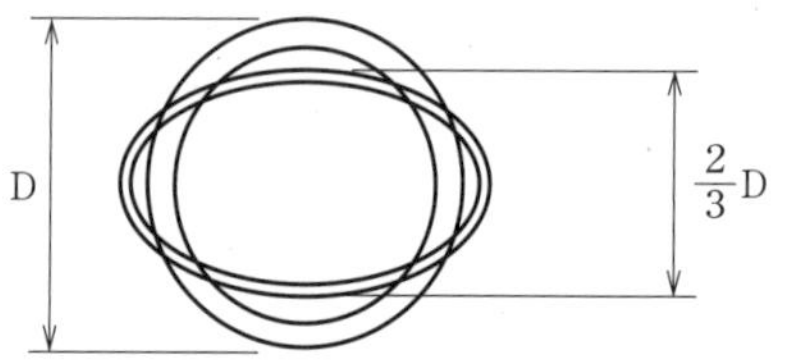

加工寸法
曲げ始点
回す
圧力型ハンドル
銅管
仕上げ寸法
クランプハンドル
45RL
0
90
180

標線
加工寸法

図3　標線のマーキング

図5　径の良否の目安

D
$\frac{2}{3}$D
D：外径

作業名	ベンダによる銅管の曲げ作業	主眼点	手動式パイプベンダによる銅管曲げ

1．ベンダは，銅管外径，曲げ半径が規定のものを使用する（管外径の合わないものを使用すると，つぶれの原因となる）。

2．銅管は，軟質管を使用する。硬質管を使用する時は，焼なまし後，砂詰めして曲げる。

3．曲げ作業では，スプリングバックが発生する。曲げ角度は，これを見込んで決める。

4．銅管は，肉薄であるから，傷を付けないよう取り扱うこと。

5．建築用銅管と冷凍用銅管は同じサイズの銅管を異なる呼び径で表している。そのため，混合による間違いが生じやすいので，すべてミリ（mm）による実径で表示するようになりつつある（参考表1）。

6．建築用銅管継手の規格JIS H 3401：2001と冷凍用銅管継手の規格JIS B 8607：2008両方の兼用型もあるが，必ず使用目的を確認して使う。

7．曲がり部分の先にフレアを作る時の注意点は，曲がりの終わりからフレア予定部の先まで加工する場合，「フレアリングバーの厚み＋フレアナットの厚み＋10mm」以上の余裕が必要である。

8．ベンダは，各社メーカにより仕様が異なるので，取扱説明書を確認する。

備

考

最小曲げ半径の目安

外径 [mm]	呼び径 B	最小曲げ半径 [mm]
6.35	1/4	30～40
9.52	3/8	30～40
12.70	1/2	40～60
15.88	5/8	40～60

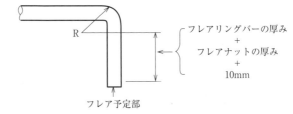

参考図1　曲がり部分の先にフレアを作る時の注意点

参考表1　銅管工具サイズの見分け方

外径 [mm]	配管用銅管 （建築設備用） 呼び径 A	 B	冷媒配管用 銅管 呼び径 A	 B	工具サイズ 外径 [mm]	 呼び径 B
6.00			6		6.00	—
6.35				1/4	6.35	1/4
8.00			8		8.00	—
9.52	8	1/4		3/8	9.52	3/8
10.00			10		10.00	—
12.70	10	3/8		1/2	12.70	1/2
15.88	15	1/2		5/8	15.88	5/8
19.05		5/8		3/4	19.05	3/4
22.22	20	3/4		7/8	22.22	7/8
25.40					25.40	1
28.58	25	1			28.58	$1\frac{1}{8}$
31.75					31.75	$1\frac{1}{4}$
34.92	32	$1\frac{1}{4}$			34.92	$1\frac{3}{8}$
38.10					38.10	$1\frac{1}{2}$
41.28	40	$1\frac{1}{2}$			41.28	$1\frac{5}{8}$
44.45					44.45	—
50.80					50.80	2
53.98	50	2			53.98	$2\frac{1}{8}$

外径で呼ぶ

◇冷媒配管用銅管の呼称は，外径を基準とするため
　冷媒配管用銅管　　呼称＝工具サイズ

◇配管用銅管の呼称は，内径を基準とするため
　配管用銅管　　　　呼称＋1/8＝工具サイズ

参考規格：JIS B 8607：2008「冷媒用フレア及びろう付け管継手」
　　　　　JIS H 3300：2012「銅及び銅合金の継目無管」
　　　　　JIS H 3401：2001「銅及び銅合金の管継手」

| 作業名 | 合成樹脂管の施工作業 | 主眼点 | 種　類 |

1．合成樹脂管の規格・基準について

　　合成樹脂管の規格・基準は，一般的には『公共建築工事標準仕様書（機械設備工事編）』（以下，共通仕様書）だが，新技術・新材料・新工法や関係法令への対応のため，共通仕様書と基本的な内容を合わせたうえで，1982年（昭和57年）から公共住宅用の『公共住宅建設工事共通仕様書』がある。下記に用途別に抜粋したものを示す（表1，表2，表3）。

　　なお，『公共住宅建設工事共通仕様書』は平成28年度版が最新版である。

表1　給水，給湯，消火管及び住戸内暖房（樹脂管関連を抜粋）

呼　称	規　格				用　途
	番　号	名　称	備　考	主な接合方法	
ビニル管	JIS K 6742	水道用硬質ポリ塩化ビニル管	VP又はHIVP	接着（TS）接合	給水
	JWWA K 129	水道用ゴム輪形硬質ポリ塩化ビニル管	HIVP（Ⅰ形又はⅡ形）VP（Ⅰ形又はⅡ形）	ゴム輪（RR）接合	
	JIS K 6776	耐熱性硬質ポリ塩化ビニル管	HTVP	接着（HT）接合	給湯
ポリエチレン管	JIS K 6762	水道用ポリエチレン二層管	PE	電気融着接合メカニカル接合	給水
	JWWA K 144	水道配水用ポリエチレン管			
	PTC K 03	水道配水用ポリエチレン管			
	PWA 001	水道配水用ポリエチレン管	材質はPE100	電気融着接合	
	PWA 005	給水用高密度ポリエチレン管			
架橋ポリエチレン管	JIS K 6769	架橋ポリエチレン管	PEX	メカニカル接合電気融着接合	給水，給湯，暖房
	JIS K 6787	水道用架橋ポリエチレン管			給水，給湯
	JXPA 401	暖房用架橋ポリエチレン管			暖房
ポリブテン管	JIS K 6778	ポリブテン管	PB	電気融着接合メカニカル接合	給水，給湯，暖房
	JIS K 6792	水道用ポリブテン管			給水，給湯
合成樹脂管	－	合成樹脂管		電気融着接合	消火

表2　排水及び通気管（樹脂管関連を抜粋）

呼　称	規　格				用　途
	番　号	名　称	備　考	主な接合方法	
ビニル管	JIS K 6741	硬質ポリ塩化ビニル管	VP・VU	接着（TS）接合	汚水，雑排水，雨水，通気
	AS 58	排水用リサイクル硬質ポリ塩化ビニル管	REP-VU		
	JIS K 9798	リサイクル硬質ポリ塩化ビニル発泡三層管	RF-VP		
	JIS K 9797	リサイクル硬質ポリ塩化ビニル三層管	RS-VU		
	JIS K 6776	耐熱性硬質ポリ塩化ビニル管	（HTVP）屋内用		雑排水（温水）
	JSWAS K-1	下水道用硬質塩化ビニル管	屋外埋設用		汚水
	AS 62	下水道用リサイクル三層硬質塩化ビニル管（RS）			雑排水
耐火二層管	－	排水・通気用耐火二層管 JIS K 6741（硬質ポリ塩化ビニル管（VP））又は JIS K 9798（リサイクル硬質ポリ塩化ビニル発泡三層管（RF-VP））規格品に繊維モルタルで被覆したもので国土交通大臣認定のもの		接着接合	汚水，雑排水，雨水，通気

表3　冷温水及び冷却水管（樹脂管関連を抜粋）

呼　称	規　格				用　途
	番　号	名　称	備　考	主な接合方法	
架橋ポリエチレン管	JIS K 6769	架橋ポリエチレン管	PEX	メカニカル接合電気融着接合	冷温水
ポリブテン管	JIS K 6778	ポリブテン管	PB	メカニカル接合電気融着接合	冷温水

2．建築設備用合成樹脂管の採用への留意点と最近の動向

　　建築設備工事への要求は年々増加しており，これに対応するために，特に合成樹脂管においては，PE100（高性能ポリエチレン）や耐火DV継手遮音システムなどが開発されている。こうした動向を注視し，合成樹脂管の採用にあたって留意しなければならない。

出所：（表1）公共住宅事業者等連絡協議会編『公共住宅建設工事共通仕様書　平成28年度版』（株）創樹社，2017年，pp.592～593，表2.2.6
　　　　（抜粋，一部追記）
　　　（表2）（表1に同じ）p.596，表2.2.8（抜粋，一部追記）／（表3）（表1に同じ）p.588，表2.2.1（抜粋，一部追記）

| 作業名 | 硬質ポリ塩化ビニル管の冷間接合 | 主眼点 | 給水用接着（TS）接合 |

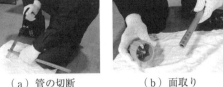

（a）管の切断　　　　（b）面取り　　　　（c）標線の記入

（d）受け口・差し口の清掃　（e）接着剤の塗布　　（f）管の挿入

図1　給水用接着（TS）接合の作業手順

材料及び器工具など

水道用硬質ポリ塩化ビニル管（VP）JIS K 6742
水道用硬質ポリ塩化ビニル管継手(TS)JIS K 6742
塩ビ管用のこ，面取り器，スケール
接着剤，ウエス，油性ペン
保護手袋（軍手，革手袋等）

図　　解

番号	作業順序	要　　点
1	切断する	1．切断線を記入し，塩ビ管用のこにより，管軸に対して直角に切断する（図1（a））。 2．切断で生じたバリや返りを取り除くため，面取り器で面取りをする（図1（b），表1）。
2	接合準備する	1．乾いたきれいなウエス等で管挿し口外面とTS継手受け口内面の汚れ（砂・土・水分等），切粉を拭き取る（図1（d））。 2．TS継手の受け口長さを測り，油性ペンなどで標線を管の管挿し口にマーキングする（図1（c），図2，表2）。
3	接着剤を塗布する	1．管材に適した接着剤を選択しているか，塗布前に確認する。 2．TS継手受け口の内面，管挿し口の順に薄く塗りむらや塗りもらしがないように，円周方向に均一に塗布する（図1（e））。
4	接合・保持する	1．接着剤を塗り終わったら，直ちに管をTS継手受け口内面に捻らず一気に挿入して，抜け出さないように保持する（図1（f），図3，表3） 2．30秒間以上保持した後，はみ出した接着剤は直ちにウエス等で拭き取り，接合部に無理な力を加えないようにする。 3．接合後，通風などにより内面の接着剤の溶剤蒸気を排除する。

表1　面取りしろ（目安）

呼び径[mm]	13～30	40～50
面取りしろ	1mm	2mm

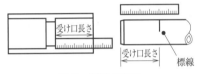

図2　標線の記入

表2　TS継手の受け口標準長さ

呼び径	13	16	20	25	30	40	50
受け口長さℓ[mm]	26	30	35	40	44	55	63
$\ell \times \frac{1}{3}$	-	-	-	-	-	-	21

※ゼロポイント
（接着剤を塗布せずにTS継手受け口に管を挿入し，TS継手受け口内面に挿し口管端が当たって止まる位置）

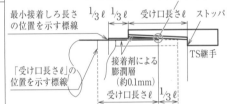

図3　ゼロポイントの位置と接着長さの関係

表3　接合後の保持時間

時間 呼び径[mm]	夏　場	冬　場
13～50	30秒以上	60秒以上
65～100	60秒以上	120秒以上

| 備考 | 1．従来，現場においては塩ビ管用パイプカッタを使用していたが，メーカ推奨の塩ビ管用のこを使用すること。
2．各社メーカにより仕様が異なるので，管と継手は必ず同じメーカの製品を使用し，施工要領書に基づき施工する。
3．呼び径40以下は，必ず奥まで挿入し，呼び径50はゼロポイントから受け口長さ1/3から奥まで挿入する（表2より21mm以上）。
4．管径75mm以上は挿入機を用いて挿入する。管径50mm以下は手で挿入が可能である。継手の破損，漏水の原因になるので，たたき込みは厳禁である。
5．接着剤の乾燥等により入らない場合は，接合部を切断し，新しい継手を使用して再度接合し直す。
6．塩ビ管用接着剤には，一般材質用，耐衝撃性用，耐熱性用があり，管材に適した接着剤を使い分ける。
　　なお，塗布状況が確認しやすいように色付きのものやブラックライトで照らすと発光する接着剤があるので，現場の施工要領書に基づき作業する。
7．管・継手を屋外で保管する場合は，管の反りや変形（紫外線劣化）等を招かないように直射日光を避ける。対策としては簡単な屋根を設けるか，熱気のこもらない方法で不透明シート掛けなどをする。
8．油性ペンには塩ビ管に影響を与える有機溶剤が含まれているが，マーキング程度の場合は微量であるため，使用しても問題はない。
9．従来の接着剤による通水洗浄は，接着接合終了後，2時間程度経過してから行い，通水加圧試験は，接着接合終了後，少なくとも24時間以上経過してから行う。ただし，改修工事や災害復旧工事用などの，2時間養生で通水加圧試験が可能な接着剤を使用した場合は，施工要領書に基づき行う。 |

| 作業名 | 硬質ポリ塩化ビニル管の冷間接合 | 主眼点 | 給水用接着（TS）接合 |

【参　考】

1．ソルベルト・クラッキング

　　ソルベルト（溶剤）が加わった時，管材に生ずるクラック（小き裂）現象である。次の要因が加わった時に，特に発生する可能性が高くなり，それらの要因すべてが相乗すると，さらに発生しやすくなる。

（1）5℃以下の低温。

（2）熱応力，曲げ応力などの応力。

（3）溶剤の存在（特に接着剤の塗りすぎによる管内面へのはみ出し，悪影響を及ぼす防腐剤等の薬品の付着など）。

（4）接着接合後の管路密封（管路の末端部は密封せずに開放し，通風などにより接着剤の蒸気を排除しなかった場合など）。

2．使用目的により，管は「圧力管（給水用VP管）」「無圧管（排水用VP管・VU管)」に分類される。

（1）圧力管（給水用VP管）

	水道用硬質ポリ塩化ビニル管 （VP）JIS K 6742：2016	耐衝撃性硬質ポリ塩化ビニル管 （HIVP）JIS K 6742：2016	耐熱性硬質ポリ塩化ビニル管 （HTVP）JIS K 6776：2016
用　途	外的要因の少ない給水系統に使用（露出の場合はHIVP）。	耐衝撃性を求められる所に使用。	貯湯式給湯機の給湯管に使用(直圧式給湯機，瞬間湯沸器には使用できない)。
特　長	・軽量，安価，耐食性に優れている。 ・内面が非常に滑らかで，摩擦抵抗が小さいため，スケールの発生や付着が少ない。	・一般の塩ビ管の2倍程度の耐衝撃性能を有する。 ・その他特長は，水道用硬質ポリ塩化ビニル管と同様。	・一般の塩ビ管の特性に耐熱性をプラス。 ・最高使用温度90℃以下（メーカにより異なるので，施工要領書を確認する）。 ・水圧0.2MPa以下（水圧は使用温度により異なるので，施工要領書を確認する）。

（2）無圧管（排水用VP管・VU管）

	硬質ポリ塩化ビニル管（一般管） （VP）JIS K 6741：2016	硬質ポリ塩化ビニル管（薄肉管） （VU）JIS K 6741：2016
用　途	主に集合住宅，非住宅現場の排水系統に使用。	主に一戸建住宅用の排水系統に使用。 地中埋設用排水管として使用されることも多い。
特　長	・軽量，安価，耐食性にすぐれている。 ・内面が非常に滑らかで，摩擦抵抗が小さいため，スケールの発生や付着が少ない。	

3．使用目的により継手は「TS継手」「DV継手」「VU継手」に分類される。

　　TS継手　　：水道用硬質ポリ塩化ビニル管継手（JIS K 6743）
　　HITS継手　：耐衝撃性硬質ポリ塩化ビニル管継手（JIS K 6743）
　　HTTS継手　：耐熱性硬質ポリ塩化ビニル管継手（JIS K 6777）
　　DV継手　　：排水用硬質ポリ塩化ビニル管継手（JIS K 6739）
　　HTDV継手　：メーカ規格品（業務用厨房排水には使用できない）
　　VU継手　　：屋外排水設備用硬質ポリ塩化ビニル管継手（AS 38）

継　手　の　種　類		使用場所	特　　長
VP管・HIVP管・HTVP管 TS継手 HITS継手 HTTS継手 （圧力管用）		給水管 （VP管・HIVP管） 給湯管 （HTVP管）	・肉厚 ・受け口内面のテーパにより高い水密性をもたらすよう設計されている。
VP管 DV継手 HTDV継手 （無圧管用）		汚水管 雑排水管 通気管 雨水管	・TS継手より肉厚が薄く，受け口寸法も短く，テーパも緩く設計されている。 ・継手内ストッパの高さが，「VP管」の肉厚に対応している。
VU管 VU継手 （無圧管用）		汚水管 雑排水管	・TS継手より肉厚が薄く，受け口寸法も短く，テーパも緩く設計されている。 ・継手内ストッパの高さが，「VU管」の肉厚に対応している。

※各社メーカにより仕様が異なるので，施工要領書に基づき施工する。

作業名	硬質ポリ塩化ビニル管の冷間接合	主眼点	給水用接着（TS）接合

4．内面が硬質ポリ塩化ビニル管で，接合手順が同じものに無圧管（耐火二層管用VU管・VP管）がある。

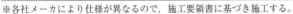

	排水・通気用耐火二層管 （耐火二層管協会規格2010）
用　途	民間のマンションや店舗などの排水系統に使用 （排水用塩ビライニング鋼管等と併用できる）。
特　長	・排水用VP管・VU管に繊維モルタルで保護した 　耐火仕様管。 ・建物すべての排水管を一体とした時のみ耐火仕 　様と認められる（すきまの目地施工あり）。

※各社メーカにより仕様が異なるので，施工要領書に基づき施工する。

備

考

参考規格：AS 38：2018「屋外排水設備用硬質ポリ塩化ビニル管継手（VU継手）」
　　　　　JIS K 6739：2016「排水用硬質ポリ塩化ビニル管継手」
　　　　　JIS K 6741：2016「硬質ポリ塩化ビニル管」
　　　　　JIS K 6742：2016「水道用硬質ポリ塩化ビニル管」
　　　　　JIS K 6743：2016「水道用硬質ポリ塩化ビニル管継手」
　　　　　JIS K 6776：2016「耐熱性硬質ポリ塩化ビニル管」
　　　　　JIS K 6777：2016「耐熱性硬質ポリ塩化ビニル管継手」

作業名	給水，給湯のヘッダ・さや管工法（1）	主眼点	さや管の敷設（コンクリート内埋設）

図1　スラブ配管(コンクリート打設前) 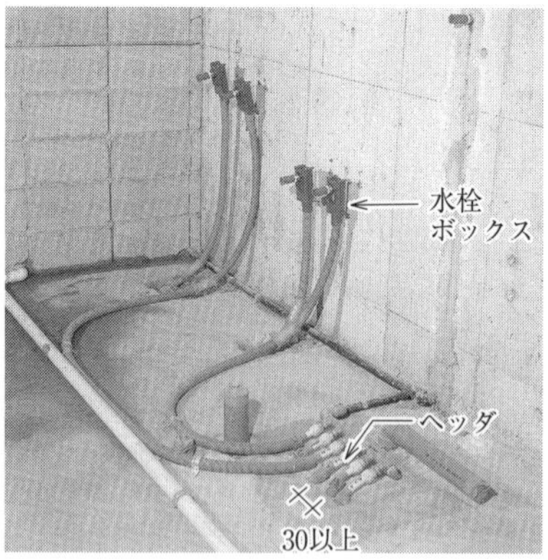　図2　スラブ及び壁配管(コンクリート打設後)

材料及び器工具など

さや管（28mm）
結束線（0.9～1.2mm バインド線）
調整サポート（立上がり用）
端末キャップ
養生テープ
保護チューブ（20A用）
鉄筋（9mm）

番号	作業順序	要　点	図　解
1	配管経路を選定する	1．ヘッダから各水栓の最短経路を選び，さや管同士が交差しないようにする（図1）。 2．ヘッダ回りなどの管相互間を30mm以上離し，コンクリートの空洞（ジャンカ）を防ぎ，スラブの強度を落とさないようにする（図2）。	
2	さや管を結束する	さや管は上筋と下筋の間を通し，下筋上部又は上筋下部に，直線部分500mm以内，曲がり部分300mm以内に1カ所の割合で結束する（図3）。	
3	さや管の立上がり部の処理をする（調整サポート利用）	1．さや管を調整サポート（立上がり用）に通し，さや管入管部，及び出管部を養生テープ巻きする。 2．調整サポート下部のサポート固定用穴に9mm鉄筋を差し込み，下筋に結束する（図4）。	
	（調整サポートなし）	1．さや管立上がり部に保温チューブ（20A）を巻く。 2．9mm鉄筋をL字形に加工し，さや管が倒れないように補強する（図5）。	
4	さや管の端末処理をする	さや管端末は，コンクリート・鉄筋くず・雨水などが入らないように端末キャップをはめ，養生テープで固定する。又は，直接ビニルテープで養生する（図4，図5）。	

断面図

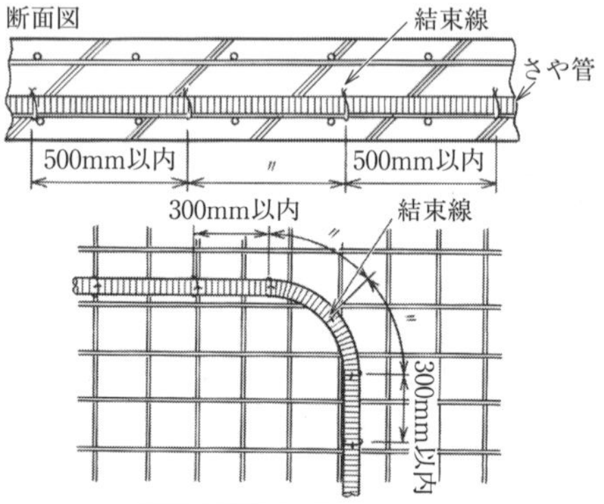

結束位置	結束間隔
直　線　部	500mm以下
曲 が り 部	300mm以下

図3　さや管の固定

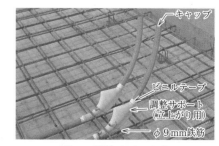

図4　調整サポート部

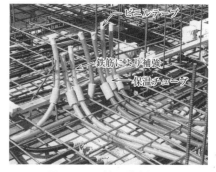

図5　さや管の端末処理

備考	1．スラブ内埋設，二重床，天井，戸建住宅床下等，施工中のさや管のつぶれ，横ぶれ，浮上，異物混入，くぎの打抜きが予想されるので，配筋用スペーサ，保護鉄板等を考慮する。 2．各社メーカにより仕様が異なるので，施工要領書に基づき施工する。

| 作業名 | 給水，給湯のヘッダ・さや管工法（2） | 主眼点 | 樹脂管の通管 |

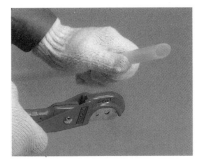

図1　樹脂管先端部

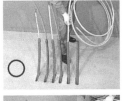

図2　さや管への通管

材料及び器工具など

パイプスポンジャ
スチール線
樹脂管（ポリブテンパイプ又は架橋ポリエ
　　チレンパイプ）
パイプカッタ
シールキャップ
養生テープ

番号	作業順序	要　　　点	図　　解
1	内部清掃する	パイプスポンジャをスチール線の先端に取り付け，さや管に通管させ，管内に入ったごみを取り除く（さや管（CD）管は，端部をキャップ，テープなどでふさいでおくので，この作業を省くことが多い）。	図3　シールキャップ
2	通管方向を決定する	作業スペースなどを考慮して通管方向を選ぶ。原則としてヘッダ取付け部より通管する。	
3	管端の斜めカットをする	通管時の抵抗を少なくするため，樹脂管管端を塩ビカッタなどで斜め切断する（図1）。	養生テープ　シールキャップ　モルタル補修　図4　通管完了
4	押込み通管をする	1．スラブ上に出ているさや管に対して，同一線上から樹脂管のさや管に近い部分を持ち，押し込む（図2）。 2．シールキャップを差し込む（図3）。 3．樹脂管の管端部に養生テープを巻き養生する（図4）。	
5	ヘッダ・水栓ボックスの接続をする	1．水栓ボックス側より樹脂管を引き出し，パイプカッタで斜めになっている切り口を直角に切断する。 2．樹脂管と水栓エルボを接続後，水栓ボックス内に押し入れる。 3．ヘッダに合わせ樹脂管を切断し接続する（図5）。	図5　ヘッダ接続

| 備考 | 1．戸建住宅では，保温材付き架橋ポリエチレン管による分岐工法もあり，継手部の漏水，保温材の取り付け等に注意する。
2．各社メーカにより仕様が異なるので，施工要領書に基づき施工する。 |

作業名	給水，給湯のヘッダ・さや管工法（3）	主眼点	水栓の取付け作業

図1　水栓エルボの取り付け

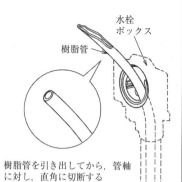

樹脂管を引き出してから，管軸に対し，直角に切断する

図2　樹脂管の通管

材料及び器工具など

パイプカッタ
水栓レンチ
スパナ
樹脂管（ポリブテン管又は架橋ポリエチレン管）
水栓エルボ
固定レンチ
固定リング
水栓スパナ

番号	作業順序	要　　点	図　　解
1	樹脂管の通管をする	1．通管時の抵抗を少なくするため，樹脂管管端をパイプカッタで斜め切断する（図2）。 2．ヘッダ側からさや管の内部に樹脂管を通す。	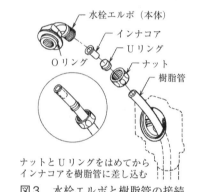 ナットとUリングをはめてからインナコアを樹脂管に差し込む 図3　水栓エルボと樹脂管の接続
2	水栓エルボを接続する	1．水栓ボックスより樹脂管を引き出し，管軸に対して直角にパイプカッタで切断する。 2．樹脂管にナット，リングを通し，インナコアを差し込み，スパナで樹脂管と水栓エルボを固定する（図3，図4）。 3．水栓レンチに固定リングを通し，水栓エルボにねじ込む（図3，図4）。 4．水栓エルボを水栓ボックスに押し入れる。 5．固定リングを手締めし，水栓レンチを取り外す。 6．水栓レンチを逆に持ち，固定リングを増締めする（図5）。	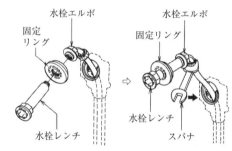 図4　水栓エルボの固定1
3	水栓を取り付ける	1．水栓に化粧カップと付属のロックナットをはめ，シールテープを巻き，水栓エルボにねじ込む。 2．固定レンチでロックナットを締め付け，水栓と水栓エルボを固定し，化粧カップをかぶせる（図6）。	

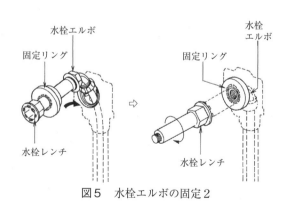

図5　水栓エルボの固定2

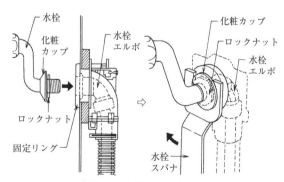

図6　水栓の取り付け

備考	1．各社メーカにより仕様が異なるので，施工要領書に基づき施工する。

作業名	給水，給湯のヘッダ・さや管工法（4）	主眼点	樹脂管の熱融着工法

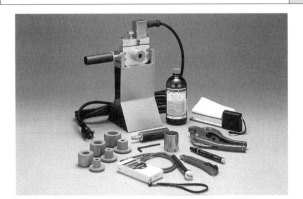

図1　熱融着器工具

材料及び器工具など

樹脂管（ポリブテン管又は架橋ポリエチレン管）
パイプカッタ
面取り器
アルコール
デプスゲージ
油性マジック
融着ヒータ，ヒータフェイス
表面温度計，継手，ウエス

番号	作業順序	要　点	図　解
1	切断する	パイプカッタを用いて，管軸に対し直角に切断面の食違いが生じないように，また偏平にならないように，ていねいに切断する。	
2	面取りをする	面取り器を用いて，直角に切断した管端部の内外面を，糸面程度面取りする（図2）。	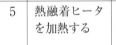　図2　面取り
3	接合部を清掃する	樹脂管端部と継手受け口を，乾いたウエスを用いてアルコールできれいに清掃する。また熱融着ヒータ表面も清掃する（図3）。	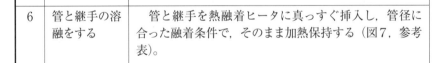
4	溶融長さを記入する	デプスゲージで管径に合った溶融長さを油性マジックで印を付け，この印に合わせてコールドリングを装着する（図4）。	図3　樹脂管端部の清掃
5	熱融着ヒータを加熱する	1．管径に合った大きさのヒータフェイスを選び，融着ヒータ本体にセットし，加熱する。 2．溶融作業を行うたびに，表面温度計を使ってヒータフェイス表面温度が270±10℃になっていることを確認する（図5，参考表）。	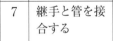　図4　デプスゲージによる印付け
6	管と継手の溶融をする	管と継手を熱融着ヒータに真っすぐ挿入し，管径に合った融着条件で，そのまま加熱保持する（図7，参考表）。	
7	継手と管を接合する	1．加熱保持時間経過後，5秒以内に熱融着ヒータから管及び継手を外して，管を継手に手で圧入する。そのまま30秒以上圧着保持する（図8）。 2．その後，水を含んだウエスで3分以上冷却する。	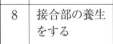
8	接合部の養生をする	接合部の冷却後20〜30分間は，ねじれや曲げなどの力が加わらないようにする。	図5　融着ヒータの準備

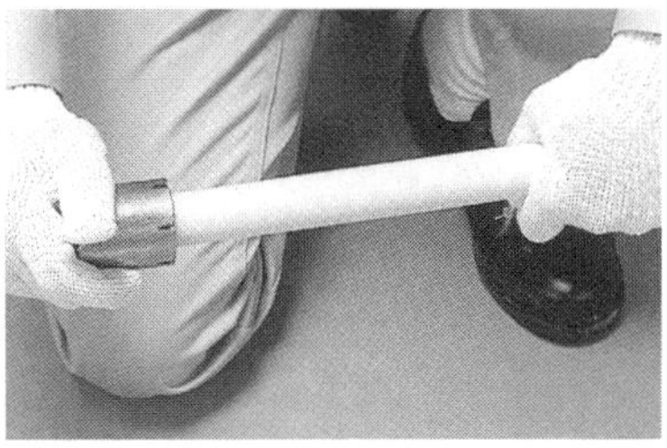

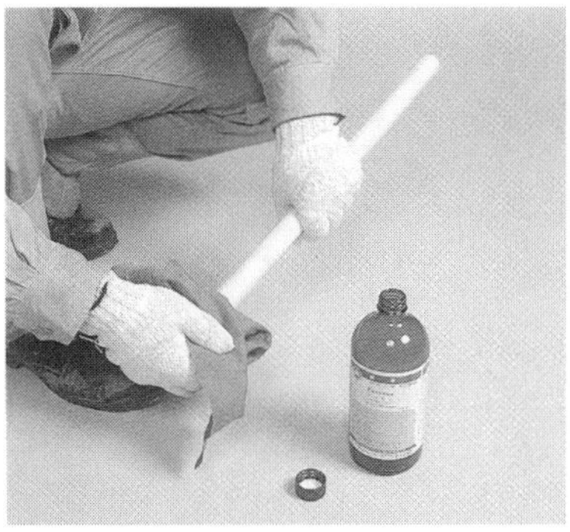

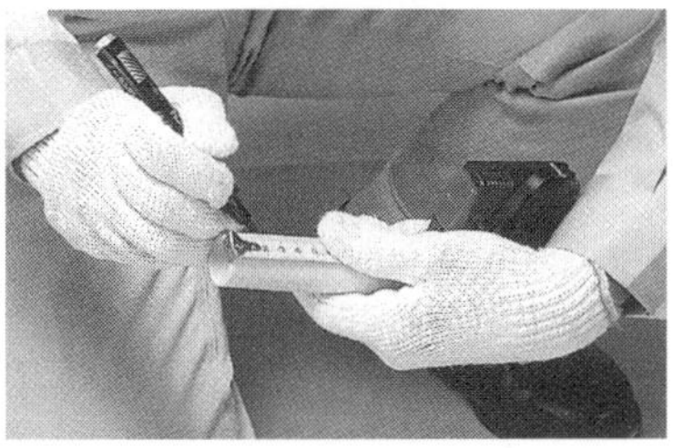

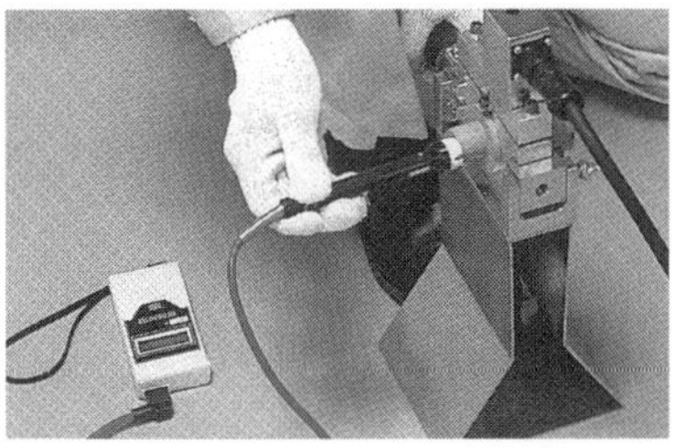

作業名	給水，給湯のヘッダ・さや管工法（4）	主眼点	樹脂管の熱融着工法

図　解

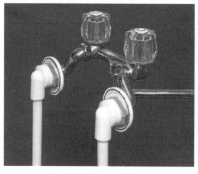
（a）給水栓との接続

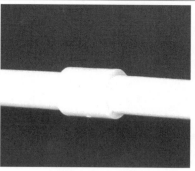
（b）融着によるソケット接続

（c）バルブと接続

図6　接続例

図7　溶融中

図8　手による圧入作業

参考表1　ポリブテンパイプの融着条件

呼 び 径	13	16	20	25	30	40	50
ヒータ温度	270±10℃	270±10℃	270±10℃	270±10℃	270±10℃	270±10℃	270±10℃
溶融長さ	14mm	15mm	16mm	17mm	19mm	20mm	22mm
加熱保持時間	3～5秒	4～7秒	7～9秒	8～10秒	10～12秒	12～15秒	12～15秒
ヒータ除去時間	5秒以内	5秒以内	5秒以内	5秒以内	5秒以内	5秒以内	5秒以内
圧着時間	30秒以内	30秒以内	30秒以内	30秒以内	30秒以内	30秒以内	30秒以内
冷却時間	180秒以上	180秒以上	180秒以上	180秒以上	180秒以上	180秒以上	180秒以上

融着工法には，継手に電熱線を内蔵し，通電により融着するエレクトロフュージョン（EF）工法がある（参考図1）。

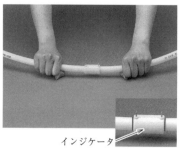
インジケータ

インジケータ

参考図1　エレクトロフュージョン（EF）工法

①専用スクレーパで管端部外周を削り，長さ確認の標線を引く。
②ほこり，油等が付かないように，標線まで確実に管を継手に差し込む。

③専用のコントローラのスイッチを押して通電を開始し，ブザーが鳴ると融着が終了する。
④終了後，インジケータが継手表面より隆起していることを確認する。

⑤融着継手部分には，力が加わらないよう5～30分養生する。
⑥養生後，ニッパ等で継手のターミナルピンを切断する。

番号	No. 5. 11

作業名	給水，給湯のヘッダ・さや管工法（5）	主眼点	樹脂管のメカニカル接合法

材料及び器工具など

樹脂管（ポリブテン管又は架橋ポリエチレン管）
パイプカッタ
面取り器
スパナ
メカニカル継手

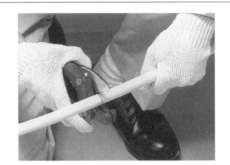

図1　ヘッダ接続（メカニカル接合）

番号	作業順序	要　　点	図　　解
1	切断する	パイプカッタを用いて，管軸に対し直角に切断面の食違いが生じないように，また偏平にならないように，ていねいに切断する（図2）。	
2	面取りをする	面取り器を用いて，直角に切断した管端部の内外面を，糸面程度面取りする（図3）。	
3	接合部を清掃する	樹脂管端部と継手受け口を，乾いたウエスを用いて清掃する。	
4	管継手に挿入する	1．リングの溝が手前にきているか確認する。 2．袋ナット及びリングを組んだ継手に，管を確実に挿入し，差込み確認穴で，差し込みしろを確認する（図4）。	
5	袋ナットを締め付ける	継手本体を固定し，袋ナットをスパナで締め付ける（ストッパ機能により締めすぎない作業が可能）（図5）。	

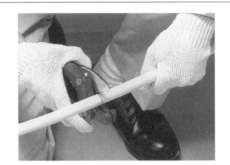

図2　切　断

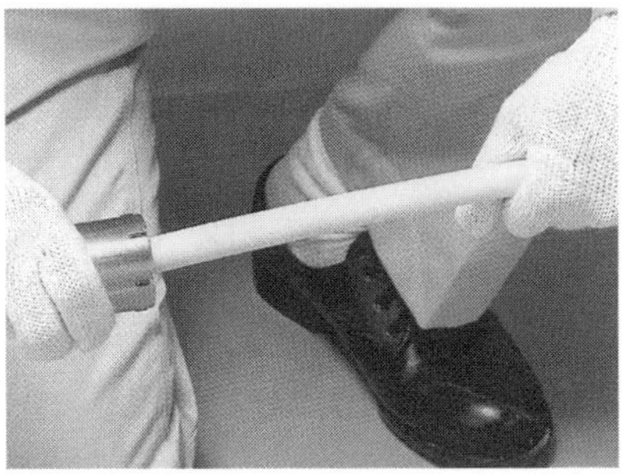

図3　面取り

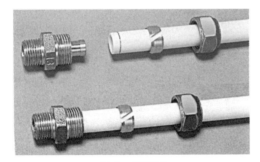

図4　継手部

図5　袋ナットの締め付け

備考	1．差し込むタイプ（メカニカル継手）のものが主流となっており，各社メーカにより仕様が異なるので，施工要領書に基づき施工する。

6．機器・器具類の設置据付け工事

| | | 番号 | No. 6. 1 － 1 |

| 作業名 | 大便器の取付け作業 | 主眼点 | タンク式床置床排水大便器の施工 |

図1　タンク式床置床排水大便器の例

材料及び器工具など

床置床排水大便器一式
ロータンク（密結形）一式
排水ソケット一式，止水栓
振動ドリル一式，インパクトドライバー式
ドライバ（No. 2，No. 3）
モンキレンチ，シールテープ，ウエス
給水塩ビ管用接着剤，塩ビ用のこ
鉛筆，スケール，養生テープ
清掃用ブラシ

番号	作業順序	要　　点	図　　解
1	準備する	給水管，排水管を指定された範囲内（図2）に配管し，給水管にはプラグ，排水管には養生テープ等で管内にごみが入らないようにふさいでおく。	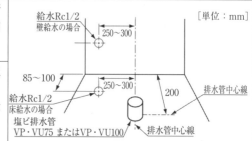 図2　一般的な給排水管の位置と寸法
2	止水栓の取り付け	止水栓ねじ部にシールテープを巻き，適切な向きに取り付ける。 　給水フレキホースが無理なく取り付くように，止水栓の接続口の向きに注意する。 　※機種により方向が異なるので確認すること。	
3	排水ソケット，固定用部材の取り付け	1．排水管の部材（VP，VU等）を確認の上，指定された取出し高さにて排水管を切断する。高さが不足する場合などは，各メーカ専用のソケットを使用して調整する。 2．排水ソケット，固定用部材の取付け位置を確認する 　※機種によっては，事前に位置決めシート（型紙）で位置の墨出しが必要なものもあるので注意すること。 3．排水管と排水ソケットの密着部を清掃の上，両方に接着剤を塗り，床面につくまで押し込み接着する。 4．排水ソケットの取付け穴に木ねじを入れ，確実に締め付ける（図3）。 　また，下地がRCの場合は振動ドリル，木の場合はインパクトドライバ等で下穴をあけておくと作業が容易になる。 5．固定用部材を指定の位置に取り付ける（図3）。	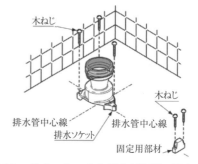 図3　排水ソケットと固定用部材の取り付け 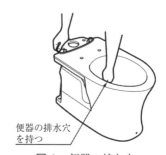 図4　便器の持ち方
4	便器の固定	1．便器排水口及び排水ソケットの接続部周辺のごみや汚れを取り除き，真上から便器本体を排水ソケットに差し込む。便器は陶器製で重量物なので慎重に作業を行うこと（図4）。 2．便器後側の取付け穴に，木ねじ等を使用して便器を固定する。この時，過剰な力で締め付けを行うと便器が割れてしまうおそれがあるので注意する（図5）。 　また，下地がRCの場合は振動ドリル，木の場合はインパクトドライバ等で下穴をあけておくと作業が容易になる。 3．便器の前方に取付け穴があるものについても，同様に固定する（図5）。 4．便器を軽くゆすり，固定されていることを確認する。 5．固定部材に化粧キャップが取り付けられていることを確認する。	 図5　便器の固定

作業名	大便器の取付け作業	主眼点	タンク式床置床排水大便器の施工

番号	作業順序	要　　点	図　　解
5	ロータンクの取り付け	1．ロータンクの下面の接続部材を確認し，取り付ける（接続部のパッキンや取付け用ボルト等）。 2．便器本体のロータンク接続部に，ごみなどがついていないか確認した後，ロータンクを上から真っ直ぐ下ろすようにして確実に取り付ける。 3．接続部材が確実に取り付けられているかを確認する。 4．取付け用ボルトを左右均等に締め付けて，ロータンクを固定する（図6）。 ※取付け用ボルトについては，手締めのものと専用工具を使用するものがあるので，機種ごとに確認すること。	タンク接続パッキン タンク取付け用ボルト タンク取付け用ナット ロータンク　真っすぐ下ろす　便器　斜めに下ろす　パッキン 図6　ロータンクの取り付け
6	給水ホースの接続	1．止水栓がしっかりと閉じていることを確認する。 2．給水ホースと止水栓に，ごみや汚れがないか確認する。 3．給水ホースに，ねじれや折れがないかを確認の上，止水栓とロータンクを給水ホースで確実に接続する。 （1）フレキタイプのものは，パッキンの紛失や袋ナットの締め過ぎに注意する（図7）。 （2）クリップタイプのものは，Oリングやクリップの破損に注意する（図8）。 ※温水洗浄便座を取り付ける場合は，施工説明書に従って，分岐金具を取り付けること。	給水フレキホース パッキン 図7　給水ホースと止水栓の取り付け （フレキタイプ）
7	ロータンクの調整	1．ロータンクのふたを外す。 2．手洗接続管等からの水の飛び出しに注意しながら，止水栓を開ける。 3．止水栓流水量，止水位などを施工説明書に従って調整する。 4．ふたを取り付ける。	ソケット　Oリング 給水ホース
8	取り付け完了後の確認	1．洗浄ハンドルを操作して便器洗浄を数回行い，各接続部に漏水がないかどうかを確認する。 2．ボールタップやフロート弁の開閉，洗浄ハンドルの動きなどに不具合がないことを確認する。 3．溜水面（水たまり面）の水位が低い場合は，十分に洗浄性能を得られないので調整する（図9）。 4．便器の洗浄性能は，約760mmの長さのトイレットペーパーを丸めたもの7個が，1回の「大」洗浄で排出できるか確認する。	クリップ（グレー） 図8　給水ホースと止水栓の取り付け （クリップタイプ）
9	ストレーナの清掃	水の出方が悪い場合は，ストレーナ（フィルタ）を確認，清掃する（図10）。 1．止水栓を全閉にする。 2．止水栓周りを水受け（洗面器）等で養生し，床面を濡らさないように注意する。 3．給水ホースを外して，ストレーナを取り出し，ブラシ等で洗浄する。 ※ストレーナの位置は，施工説明書等で確認すること。 4．逆の手順でストレーナを元に戻す。 5．止水栓を開けて，水漏れがないかを確認する。 　必要に応じて流水量を確認する。	溜水面が低下しない場合 溜水面が低下する場合 図9　溜水面の水位の確認

作業名	大便器の取付け作業	主眼点	タンク式床置床排水大便器の施工

番号	作業順序	要　　　点	図　　　解
9		※フレキタイプの場合も同様にストレーナの確認，清掃作業を行うこと。	止水栓　外す　ストレーナ　ソケット　ソケット 図10　ストレーナの取り出し（クリップタイプ）

備

1．衛生陶器は，割れ物である。施工や運搬，清掃時に金属類（工具等）が接触して傷ついたり，破損したりするおそれがあるので，取り扱いには十分に注意する。

2．衛生器具の取り付けが不十分な場合は，漏水等で家財などがぬれて損害が発生するおそれがある。そのことを自覚し，慎重に作業を行う。

3．取り付ける前にドアの開閉に支障がないことなど，周辺環境を十分に確認する。

4．作業に当たり，床や壁，便器など損傷させるおそれのある箇所には養生をする。

5．上記の施工要領は一例であるため，実際の施工に際しては，各器具に付属している施工説明書に従って作業する。

6．使用する部品は，必ず付属部品及び指定部品を使用する。

考

出所：（図1）TOTO（株）　COM-ET，入手先＜http://www.com-et.com/＞床置床排水大便器ピュアレストQR（入手2019-11-28）
　　　（図2～図5）『床排水便器　施工説明書　H0B179S』TOTO（株），2018年8月（一部改変）
　　　（図6上）『エディ848密結形ロータンク　施工説明書　15-06T』アサヒ衛陶（株）（一部改変）
　　　（図6下）『密結形ロータンク＜一般地用＞　施工説明書　H0B323R』TOTO（株），2019年8月，p. 7
　　　（図7）（図6下に同じ）p. 9
　　　（図8～図10）『防露式密結ロータンク　施工説明書　PAW-1147M（19044）』（株）LIXIL

作業名	水栓器具の取付け作業	主眼点	横水栓

材料及び器工具など

横水栓
水栓レンチ
シールテープ
ウエス

（a）自在水栓　　　　　（b）万能ホーム水栓

図1　主な横水栓器具の例

番号	作業順序	要　　　点	図　　解
1	準備する	1．取付け口にごみや汚れがないかを確認し，汚れがある場合は，ウエスで拭き取る（図2）。 2．シールテープを巻いていない状態で，横水栓器具が入らなくなるまでねじ込み，何回転するか回数を数える。	 図2　取付け口の確認
2	シールテープを巻く	シールテープを管端面からはみ出さないように軽く引っ張りながら時計廻りに6〜7回転巻く（図3）。 ※メーカにより巻き数は異なる。	 図3　シールテープを巻く
3	横水栓器具を取り付ける	1．〈作業順序1〉の2で確認した回転数より，1回転少ない数で横水栓器具を取り付ける（図4）。 　　例えば，6回転なら1回転少ない5回転で止める（図5）。 2．手で回らない時は水栓レンチを使って廻す。 3．水栓レンチを使用する場合は60°以内で手締め作業を終える（図5）。 　　廻し過ぎた場合は，逆回転に戻すと水漏れの原因になるので，一度取り外す。シールテープの厚みが不足しているので，初めのシールテープの巻数より1〜2回転分多く巻く。	 図4　横水栓器具を取り付ける
4	通水・確認	1．取付け完了後は水道の元栓を開き（図6），締付け部からの水漏れがないことを確認して，配管内のごみを取り除く操作（フラッシング）を約30〜60秒行う。 2．壁面から漏れがないかを確認する（図7）。	

図5　向きを調整し，締め付ける

図6　水道の元栓を開く

図7　漏れの確認

備考	1．一般的な水栓器具を掲載したが，各社メーカにより仕様が異なるので，施工要領書に基づき施工する。

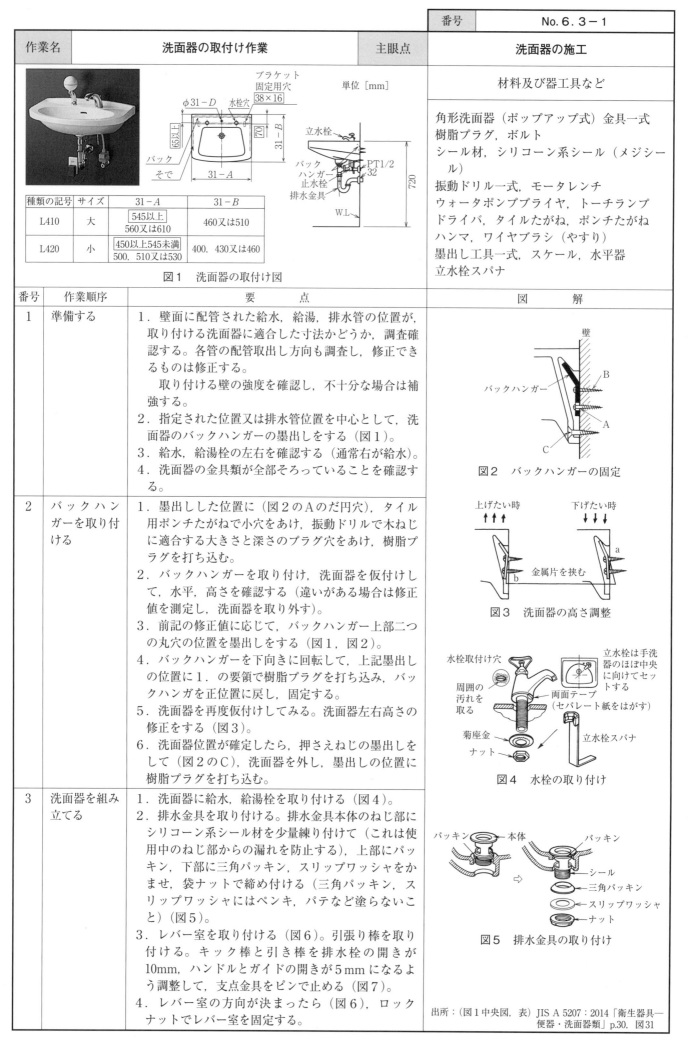

作業名	洗面器の取付け作業	主眼点	洗面器の施工

材料及び器工具など

角形洗面器（ポップアップ式）金具一式
樹脂プラグ，ボルト
シール材，シリコーン系シール（メジシール）
振動ドリル一式，モータレンチ
ウォータポンププライヤ，トーチランプ
ドライバ，タイルたがね，ポンチたがね
ハンマ，ワイヤブラシ（やすり）
墨出し工具一式，スケール，水平器
立水栓スパナ

種類の記号

種類の記号	サイズ	31－A	31－B
L410	大	545以上 560又は610	460又は510
L420	小	450以上545未満 500，510又は530	400，430又は460

図1　洗面器の取付け図

番号	作業順序	要　点	図　解
1	準備する	1．壁面に配管された給水，給湯，排水管の位置が，取り付ける洗面器に適合した寸法かどうか，調査確認する。各管の配管取出し方向も調査し，修正できるものは修正する。 　　取り付ける壁の強度を確認し，不十分な場合は補強する。 2．指定された位置又は排水管位置を中心として，洗面器のバックハンガーの墨出しをする（図1）。 3．給水，給湯栓の左右を確認する（通常右が給水）。 4．洗面器の金具類が全部そろっていることを確認する。	図2　バックハンガーの固定
2	バックハンガーを取り付ける	1．墨出しした位置に（図2のAのだ円穴），タイル用ポンチたがねで小穴をあけ，振動ドリルで木ねじに適合する大きさと深さのプラグ穴をあけ，樹脂プラグを打ち込む。 2．バックハンガーを取り付け，洗面器を仮付けして，水平，高さを確認する（違いがある場合は修正値を測定し，洗面器を取り外す）。 3．前記の修正値に応じて，バックハンガー上部二つの丸穴の位置を墨出しをする（図1，図2）。 4．バックハンガーを下向きに回転して，上記墨出しの位置に1．の要領で樹脂プラグを打ち込み，バックハンガを正位置に戻し，固定する。 5．洗面器を再度仮付けしてみる。洗面器左右高さの修正をする（図3）。 6．洗面器位置が確定したら，押さえねじの墨出しをして（図2のC），洗面器を外し，墨出しの位置に樹脂プラグを打ち込む。	図3　洗面器の高さ調整 図4　水栓の取り付け
3	洗面器を組み立てる	1．洗面器に給水，給湯栓を取り付ける（図4）。 2．排水金具を取り付ける。排水金具本体のねじ部にシリコーン系シール材を少量練り付けて（これは使用中のねじ部からの漏れを防止する），上部にパッキン，下部に三角パッキン，スリップワッシャをかませ，袋ナットで締め付ける（三角パッキン，スリップワッシャにはペンキ，パテなど塗らないこと）（図5）。 3．レバー室を取り付ける（図6）。引張り棒を取り付ける。キック棒と引き棒を排水栓の開きが10mm，ハンドルとガイドの開きが5mmになるよう調整して，支点金具をピンで止める（図7）。 4．レバー室の方向が決まったら（図6），ロックナットでレバー室を固定する。	図5　排水金具の取り付け

出所：（図1中央図，表）JIS A 5207：2014「衛生器具—便器・洗面器類」p.30，図31

作業名	洗面器の取付け作業	主眼点	洗面器の施工

番号	作業順序	要　　　点	図　　　解
4	アングル止水栓を取り付ける	1．アングル止水栓は，洗面器組立て前に取り付けても差し支えない。 2．給水，給湯別に，アングル止水栓を水栓取付け要領により弁の給水方向を上方にして，取り付ける。	
5	洗面器を取り付ける	1．洗面器をバックハンガーに掛ける。 2．図２Ｃの押さえねじ部を木ねじで固定する。 3．アングル止水栓と立水栓を連結管で接続する。この場合，アングル止水栓の袋ナットパッキン位置が合致しないことがあるが，連結管を曲げ，修正して接続する。立水栓袋ナットは最後に締め付ける（図8）。	
6	排水管Ｐトラップを取り付ける	1．壁面のＰトラップ管の接合受け口にゴムジョイントを挿入する（参考図1）。 2．レバー室排水下端にＰトラップを差し込み，排水金具先端よりわん座を入れた後，Ｐトラップ２カ所の袋ナットを締め，Ｐトラップを固定してから，ゴムジョイントとＰトラップを接合する。 3．はんだ接合部にわん座を移動し接合部を覆う。はんだ接合部はなるべく壁面に近くする（図9）。	
7	メジシールを塗布する	1．洗面器と壁のすきま周囲の汚れを取り，テープをはる。 2．シリコーン系シールを塗り，水にぬらしたヘラでならす（図10）。 3．数分後テープをはがす。	

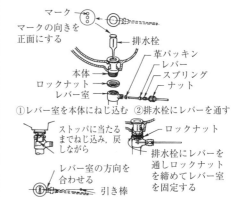

図6　レバー室の取り付け

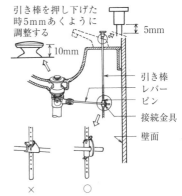

図7　引棒の取り付け及び調整

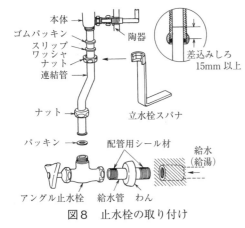

図8　止水栓の取り付け

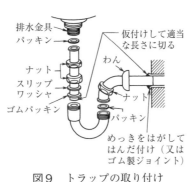

図9　トラップの取り付け

図10　シリコーン系シール塗布

1．金具類の締付け時に傷を付けないようにする。
2．排水管Ｐ（Ｓ）トラップと塩ビ管の接続は，壁面（床面）で塩ビ管を切断し，手洗・洗面器用ゴムジョイントを挿入し，Ｐ（Ｓ）トラップを差し込むものがある。
3．各社メーカにより仕様が異なるので，施工要領書に基づき施工する。

備考

参考図1　ゴムジョイントの挿入

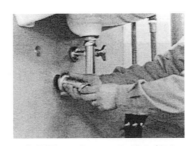

参考図2　トラップの取り付け

参考図3　トラップの完成

| 作業名 | 器具の取付け作業 | 主眼点 | 温水便座（水道直結給水式）の施工 |

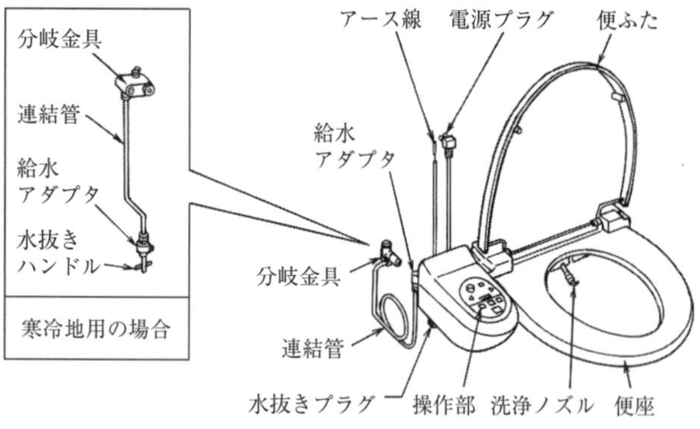

材料及び器工具など

温水便座（水道直結給水式）
モンキレンチ
パイプカッタ（弓のこ）
ドライバ

図1　温水便座（水道直結給水式）と各部の名称

番号	作業順序	要　点	図　解
1	準備する	1．電源容量を確認する（標準的なものでは100V，1 200Wである）。 2．コンセントの位置は，本体コード取出し位置より0.6 m以内の壁面に設ける。 3．アース工事をする。 　※アース工事は「電気設備に関する技術基準を定める省令」に従って，第二種電気工事士の資格者が行う。 4．給水圧力は0.05〜0.35MPaとする。 5．給水取出し位置を，給水アダプタから0.7 m以内とする。 6．フラッシュバルブセットの大便器はアダプタを必要とする。	 図2　取付けボルトの差し込み
2	便器への取付けをする	1．本体底面の取付け穴に取付けボルトを差し込み，下にずらす（図2）。 2．便器の便座取付け穴に取付けボルトを差し込み，便器の下側から取付けボルトに三角パッキン，スリップワッシャを入れナットで仮止めする（図3）。 3．本体を前後左右に動かし，中央になるように調整してからナットで確実に締め付ける。	 図3　便座の取り付け
3	分岐金具の接続（ロータンク止水部から）をする	1．ロータンク止水栓を閉じ，給水管を取り外す。 2．分岐金具を止水栓に取り付け，15mm程度差込みしろがとれる寸法にパイプカッタ等で給水管を切り落とす（傷を付けないように）（図4）。	 図4　給水管の接続
	（ワンピース便器から）	1．ロータンク止水栓に温水便座接続用止水栓が付いている場合は，ロータンク止水栓を閉じ，ふさぎふた，ゴムパッキンを外す（図5）。 2．分岐金具を止水部に取り付けてから，ふさぎふた及びゴムパッキンを分岐金具のねじ部にねじ込む。 　寒冷地用は水抜きできるよう，給水アダプタより高い位置に分岐金具を付ける（図6）。	

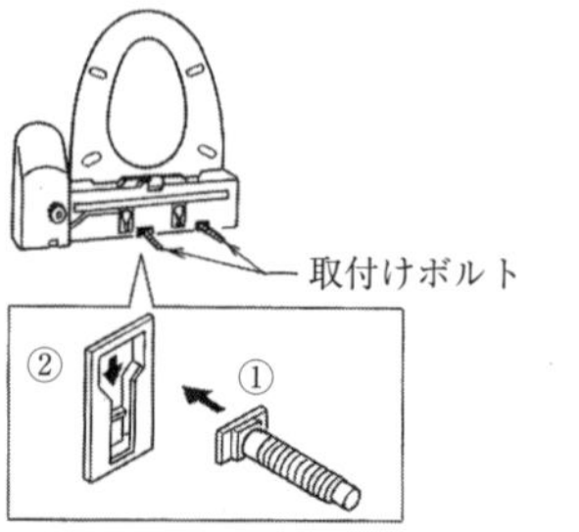

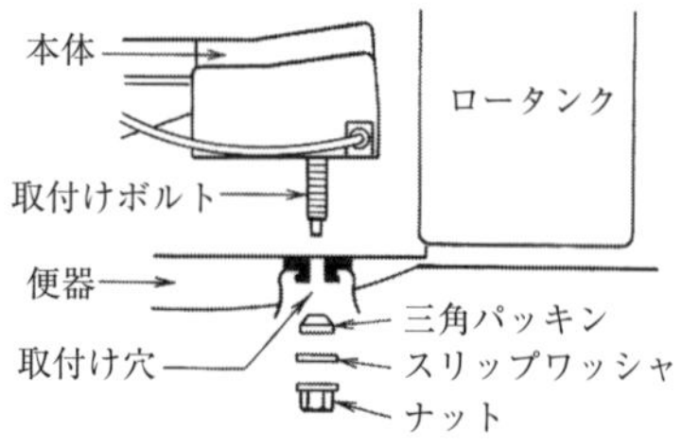

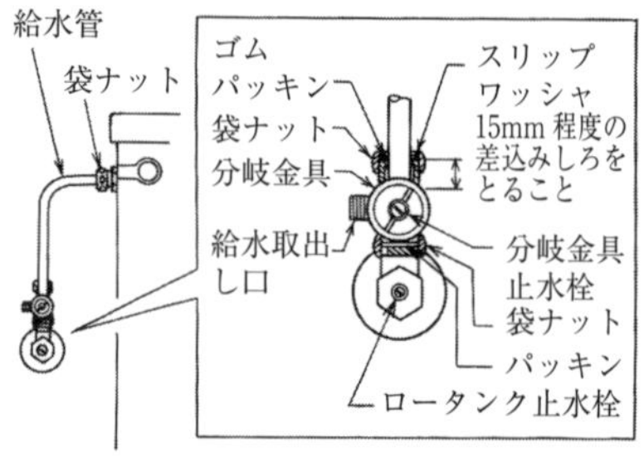

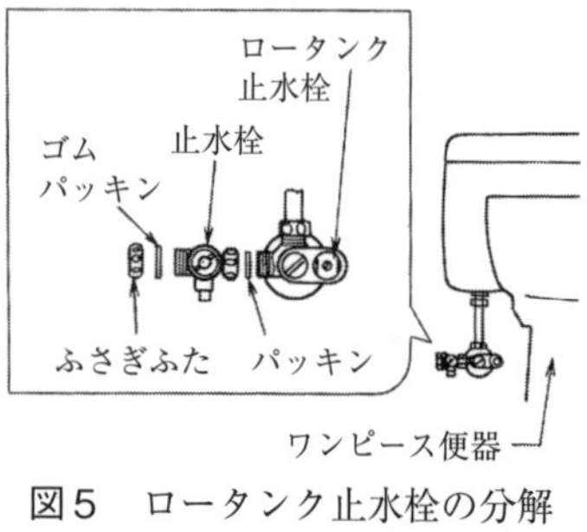

図5　ロータンク止水栓の分解

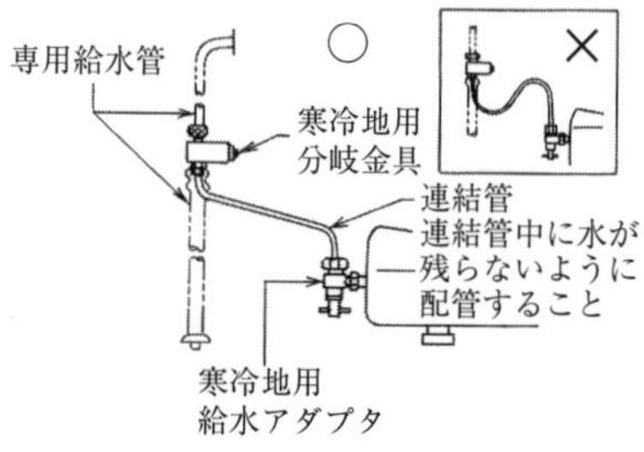

図6　連結管の接続（寒冷地用）

作業名		器具の取付け作業	主眼点	温水便座（水道直結給水式）の施工

番号	作業順序	要　　点	図　　解
4	連結管を接続する	1．分岐金具と給水アダプタ間で，連結管が長すぎる場合は，あらかじめ針金などで確認し，連結管をつぶさないようにまとめる（図7）。 2．給水アダプタに歯付き座金のつめが正しい方向になっていることを確認する。 3．連結管にスリップワッシャ，パッキンを通す。 4．連結管を給水アダプタに，強くいっぱいまで差し込む（図8）。 5．袋ナットを締め付け，連結管が抜けないことを確認する。	 図7　連結管の接続
5	連結管を切断する	1．連結管を切断する場合は，給水アダプタ側（つばの付いていないほう）を切断し，分岐金具側（つばの付いているほう）は切らない（図9）。 2．給水アダプタに歯付き座金が正しい方向になっていることを確認する（図8，図9）。 3．連結管に袋ナット，スリップワッシャ，パッキンの順に通してから，給水アダプタに強くいっぱいまで（20mm以上）差し込む（図10）。 4．袋ナットを手締めした状態で，連結管を引っ張って抜けないことを確認してから本締めする。	 図8　連結管の差込み方法
6	試運転する	1．分岐金具止水栓を開き，水漏れの有無を確認する。 2．洗浄機能，乾燥機能が正常に動くことを確認する。	
7	ストレーナの掃除をする	通水後，分岐金具を閉め，ふたを外し，ストレーナを掃除する。	

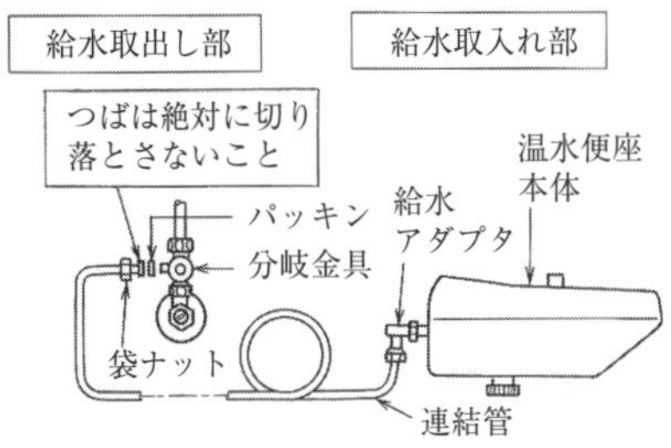

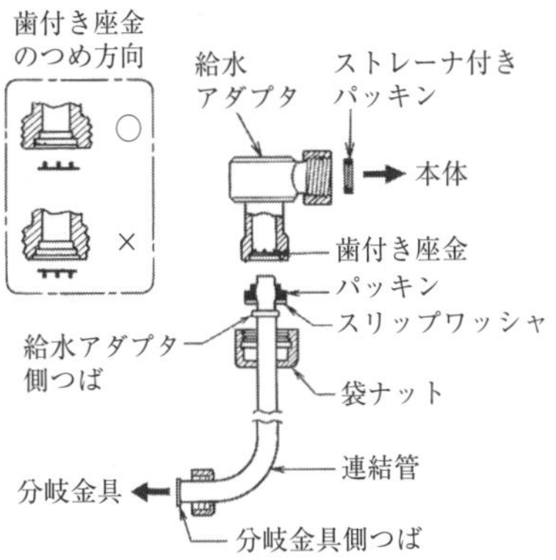

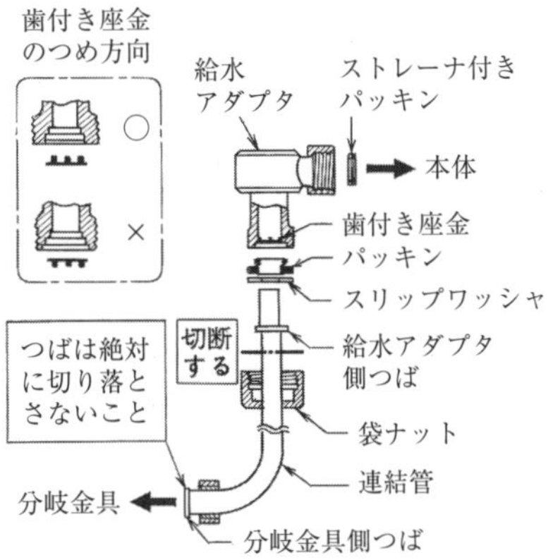

図9　連結管の切断方法

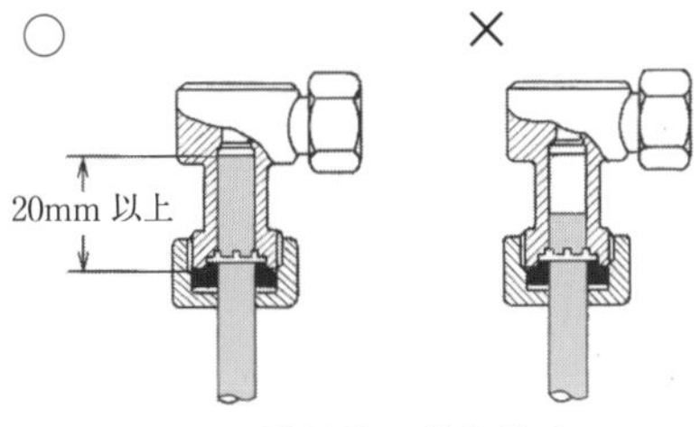

図10　連結管の差し込み

備考	1．各社メーカにより仕様が異なるので，施工要領書に基づき施工する。

			番号	No. 6. 5 - 1

作業名	小便器の取付け作業	主眼点	洗浄弁式壁掛小便器の施工

図1　洗浄弁式壁掛小便器の例

材料及び器工具など

洗浄弁式壁掛小便器一式
排水ソケット一式, 止水栓
自動洗浄バルブ
振動ドリル一式, ドライバ (No. 2, No. 3)
モンキレンチ, シールテープ, ウエス
排水塩ビ管用接着剤, 塩ビ用のこ
鉛筆, スケール, 養生テープ
水準器

番号	作業順序	要　　点	図　　解
1	準備する	1. 給水管, 排水管を指定された範囲内に配管し, 給水管にはプラグ, 排水管には養生テープ等で管内にごみが入らないようにふさいでおく。 2. 洗浄弁にＡＣ100Ｖ電源が必要な場合は, 取出し位置に電源が配線されていることを確認する。 　なお, 漏電のおそれがあるため, 給水管と接触しないように注意すること。 3. バックハンガーの取付け位置を事前に打ち合わせの上, 必要に応じて下地の補強を行う。	 図2　止水栓の取り付け
2	止水栓の取り付け	1. 止水栓を取り付ける前に, 必ず通水を行い, 給水管内の異物を除去した後で, 作業を行う。 2. 止水栓ねじ部にシールテープを巻き, 所定の向きになるように取り付ける (図2)。 　バルブ本体差込口を工具等で傷つけないように, 丁寧に作業を行う。	
3	排水ソケットの取り付け	1. 排水管の部材 (塩ビ管等) を確認して, 壁面から指定された長さに切断する。 2. 排水管切断面のバリなどを除去する。 3. 排水ソケットに固定用ボルトが取り付けられていることを確認する (図3)。 4. 排水フランジを排水管に仮付けし, ガタつきがないことを確認する。また, この時に取付け穴を墨出ししておくとよい。 5. 排水ソケットと排水管の接続部に, 塩ビ管用接着剤を塗り, 排水ソケットの水平レベルを確認しながら, 裏面が壁面に当たるまで押し込む。 6. 指定されたビスで排水ソケットを固定する (図4)。 ※排水ソケットは, メーカや機種により異なるので注意すること。	 図3　固定ボルトの取り付け 図4　排水ソケットの取り付け
4	バックハンガーの取り付け	1. 取付け寸法図どおりにバックハンガーの位置を定め, 木ねじの位置に墨出しを行う。 ※この位置を誤ると, 小便器排水口と排水ソケットとが合わなくなるので注意すること。 2. バックハンガーの中心部の穴 (長穴) を木ねじで仮止めし, 水平等も調整する (図5, 図6)。 3. 一度, 小便器をバックハンガーに取り付け, 排水フランジが小便器本体に取り付くことを確認する。 　また, 小便器の上下位置や水平なども, 再度確認する (図6, 図7)。 4. 小便器本体が, 所定の位置に取り付けられていることを確認して, 一度小便器を取り外す。	 木ねじ 楕円穴に 仮止めする　　上下して 位置を決め 固定する　　左右木ねじ を締める 図5　バックハンガーの取り付け

| 作業名 | 小便器の取付け作業 | 主眼点 | 洗浄弁式壁掛小便器の施工 |

番号	作業順序	要　点	図　解
4		5．木ねじでバックハンガーを本固定する。この時，下穴をあけると作業が容易になる。	水準器 図6　バックハンガーの調整例
5	小便器本体の取り付け	1．小便器排水口周辺のごみや水分を取り除き，シール材を排水口に取り付ける。 2．小便器排水口と排水フランジの中心を合わせながら，小便器本体をバックハンガーに取り付ける。 3．排水ソケットの固定用ボルトに，ワッシャとナットで締め付けて，小便器の下部を固定する。この時，ナットを締め過ぎて小便器本体を割らないように注意する。	
6	止水栓とバルブの接続	止水栓にバルブ本体をまっすぐ差し込み，付属の固定用部材（主にクリップタイプ）で固定する（図8）。	図7　小便器本体の持ち方
7	電源の接続	1．電源線が必要な場合は，通電していないことを確認の上，端子に接続を行う。電源線が長すぎる場合は，切断する。 ※必ず有資格者が実施すること。 ※特に，止水栓上部に配線がかからないようにすること。 2．各種コネクターを接続する。	カバー クリップタイプ 固定用部材 バルブ本体 止水栓
8	試運転	1．止水栓をゆっくりと開ける。 2．漏水がないことを確認した後，電源を入れる。 3．洗浄弁のセンサーの起動を確認した後，センサー窓に手をかざし，洗浄を行う。 4．数回繰り返し，バルブ本体や排水ソケットに漏水がないことを確認する。 5．各種センサー，流量を調整する。 6．必要に応じてストレーナーの清掃を行う。 7．上ふたを閉じる。	図8　バルブ本体の取り付け

| 備考 | 1．衛生陶器は，割れ物である。施工や運搬，清掃時に金属類（工具等）が接触して傷ついたり，破損したりするおそれがあるので，取り扱いには十分に注意する。
2．衛生器具の取り付けが不十分な場合は，漏水等で家財などがぬれて損害が発生するおそれがある。そのことを自覚し，慎重に作業を行う。
3．作業に当たり，床や壁，便器など損傷させるおそれのある箇所には養生をする。
4．上記の施工要領は一例であるため，実際の施工に際しては，各器具に付属している施工説明書に従って作業する。
6．使用する部品は，必ず付属部品及び指定部品を使用する。
5．電気工事と水道工事は，十分に打ち合わせをしてから工事を行う。
7．ＡＣ100Ｖの電線接続は電気工事のため，電気工事士が行う。
8．発火やショートのおそれがあるので，電源線は破損しないこと。 |

出所：（図1）（株）LIXIL　いいナビ，入手先＜https://iinavi.inax.lixil.co.jp/＞センサー一体形ストール小便器（低リップタイプ）（入手2019-11-28）
　　　（図2，図8）『センサー一体形ストール小便器　施工説明書　PAW-1154（18043）』（株）LIXIL（一部改変）
　　　（図3，図4）『小便器用排水フランジ（壁掛用）HP900　HP900M　HP901M　施工説明書　H0B233』TOTO（株），2015年4月（一部改変）
　　　（図6，図7）『自動洗浄小便器（壁掛低リップタイプ）施工説明書　H0B232N』TOTO（株），2016年5月

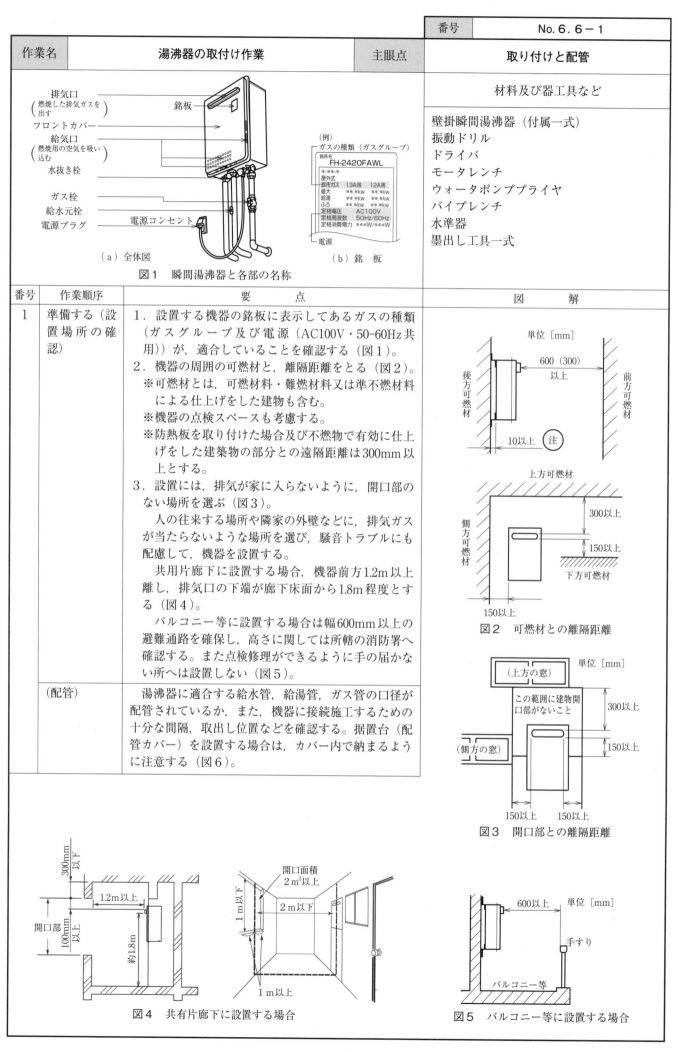

| 番号 | No. 6. 6 - 1 |

| 作業名 | 湯沸器の取付け作業 | 主眼点 | 取り付けと配管 |

材料及び器工具など

壁掛瞬間湯沸器（付属一式）
振動ドリル
ドライバ
モータレンチ
ウォータポンププライヤ
パイプレンチ
水準器
墨出し工具一式

排気口
（燃焼した排気ガスを出す）
銘板
フロントカバー
給気口
（燃焼用の空気を吸い込む）
水抜き栓

ガス栓
給水元栓
電源プラグ
電源コンセント

（a）全体図

（例）
ガスの種類（ガスグループ）
器具名
FH-2420FAWL
＊・＊＊・＊
屋外式
都市ガス　13A用　12A用
最大　　　＊＊.＊kW　＊＊.＊kW
給湯　　　＊＊.＊kW　＊＊.＊kW
ふろ　　　＊＊.＊kW　＊＊.＊kW
定格電圧　　AC100V
定格周波数　50Hz/60Hz
定格消費電力　＊＊＊W/＊＊＊W
電源

（b）銘板

図1　瞬間湯沸器と各部の名称

番号	作業順序	要 点	図 解
1	準備する（設置場所の確認）	1．設置する機器の銘板に表示してあるガスの種類（ガスグループ及び電源（AC100V・50-60Hz共用））が，適合していることを確認する（図1）。 2．機器の周囲の可燃材と，離隔距離をとる（図2）。 ※可燃材とは，可燃材料・難燃材料又は準不燃材料による仕上げをした建物も含む。 ※機器の点検スペースも考慮する。 ※防熱板を取り付けた場合及び不燃物で有効に仕上げをした建築物の部分との遠隔距離は300mm以上とする。 3．設置には，排気が家に入らないように，開口部のない場所を選ぶ（図3）。 人の往来する場所や隣家の外壁などに，排気ガスが当たらないような場所を選び，騒音トラブルにも配慮して，機器を設置する。 共用片廊下に設置する場合，機器前方1.2m以上離し，排気口の下端が廊下床面から1.8m程度とする（図4）。 バルコニー等に設置する場合は幅600mm以上の避難通路を確保し，高さに関しては所轄の消防署へ確認する。また点検修理ができるように手の届かない所へは設置しない（図5）。	単位［mm］ 600（300）以上 後方可燃材　前方可燃材 10以上　注 上方可燃材 300以上 側方可燃材 150以上 下方可燃材 150以上 図2　可燃材との離隔距離
	（配管）	湯沸器に適合する給水管，給湯管，ガス管の口径が配管されているか，また，機器に接続施工するための十分な間隔，取出し位置などを確認する。据置台（配管カバー）を設置する場合は，カバー内で納まるように注意する（図6）。	単位［mm］ （上方の窓） この範囲に建物開口部がないこと 300以上 （側方の窓） 150以上 150以上　150以上 図3　開口部との離隔距離

300mm以下
1.2m以上
開口部
100mm以上
約1.8m

図4　共有片廊下に設置する場合

開口面積2m²以上
1m以下
2m以下
1m以上

600以上　単位［mm］
手すり
バルコニー等

図5　バルコニー等に設置する場合

| 作業名 | 湯沸器の取付け作業 | 主眼点 | 取り付けと配管 |

番号	作業順序	要　点	図　解
2	湯沸器を取り付ける	1．機器取付け板上部中心穴にタッピンネジが仮止めできるよう墨出し，下穴をあけ，タッピンネジを壁面に仮止めする。機器の取付け板上部中心穴にタッピンネジを引っ掛けて機器の水平を確認し，その他のタッピンネジの墨出し下穴をあけ，ネジ止めして固定する（図7）。 2．「電気設備技術基準」より，メタルラス張り，ワイヤラス張り等の木造の造営物に電気機器を取り付ける際，機器と造営物とは，電気的に接触しないように施工する必要がある（図8）。	
3	給水配管を接続する	1．機器に接続する前に必ず水を流して管内の切粉，砂，ごみなどを排出する。 2．給水接続口付近に逆止め弁と給水元栓又は，逆止め弁付き給水元栓を取り付けるようにする。 3．給水圧力を確認する。0.1～0.5MPa程度の低い水圧だと快適に作動しない場合がある。その場合，加圧ポンプなどを設置する対策を講じる。	
4	給湯配管をする	1．給湯配管に給湯専用配管を使用する。 2．銅管と継手類の接続は銅管に適したロウ付けで行う。 3．配管途中に空気だまりのできるような配管は避ける。	
5	ガス配管をする	1．ガス栓の位置や寸法などが適切であることを確認する。 2．ガス接続配管は強化ガスホース又は金属配管とし，ゴム管は使用しない。	
6	コンセントの確認をする	1．コンセントは防雨型コンセントであること，位置は地上より300mm以上の高さであり，電源コードとガス管は接触していないことを確認する。 2．感電事故防止のため，電気工事士によるD種接地工事（接地抵抗100Ω以下）を行っていることを確認する（図9）。 3．水道・ガス配管には接地（アース）しない。また，電話・避雷針のアースにも接続しない。 4．漏電安全装置が設けてあることを確認する。	

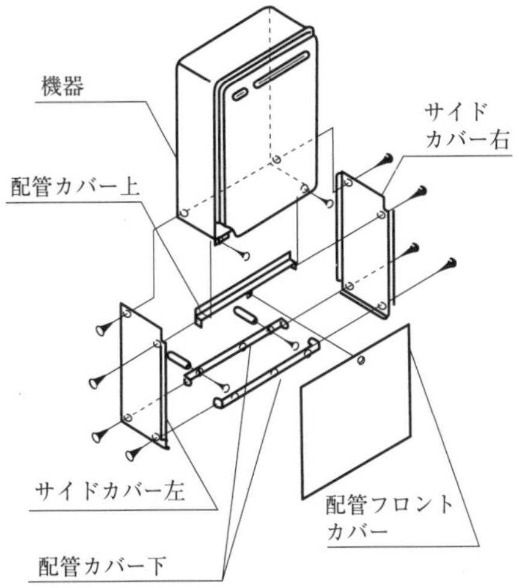

図6　配管カバーの取り付け

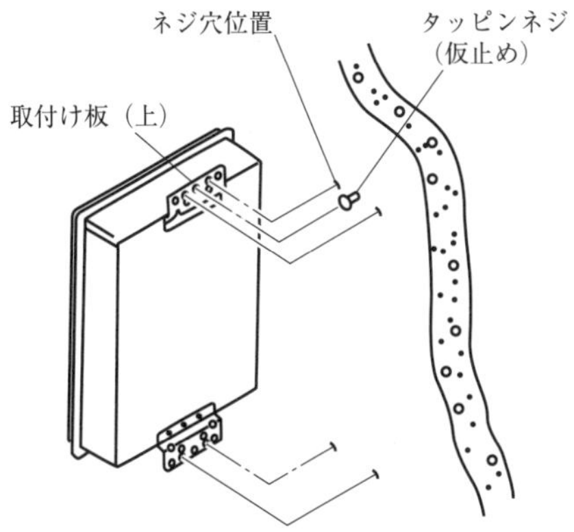

図7　機器の固定

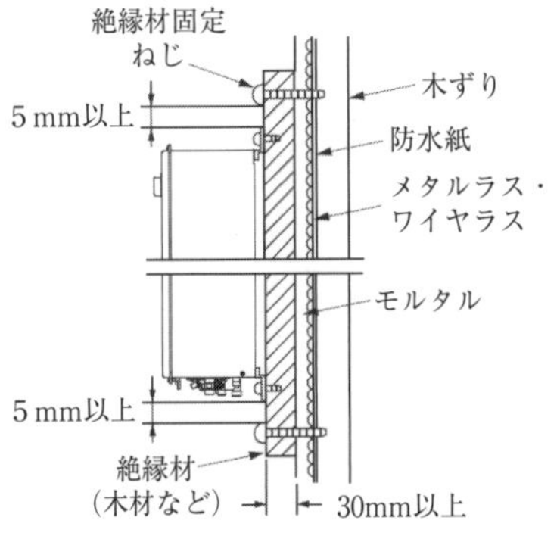

図8　絶縁物の施工

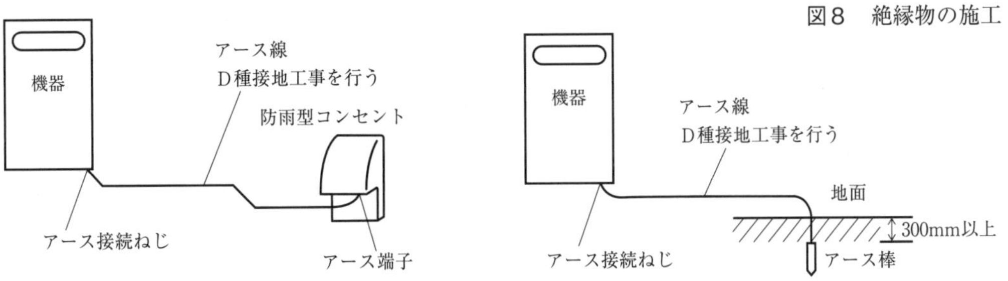

（a）JIS防雨型アース端子付きの場合　　（b）JIS防雨型アース端子付きでない場合

図9　接地工事

作業名	湯沸器の取付け作業	主眼点	番号	No. 6. 6－3
				取り付けと配管

備

1. 燃焼機器を設置する場所には, 建築基準法や電気設備技術基準, ガス事業法, 液化石油ガス法, 消防法に基づく火災予防条例に定める防火処置を施す必要があり, 当該地区の市・町・村火災予防条例に従い設置する。
2. 給水, 給湯配管は, 水道事業条例の規定に従う。
3. 平成23年3月11日に発生した東日本大震災では, 住宅に設置されていた電気給湯器がアンカーボルトにより緊結されていない等の原因で, 給湯設備の転倒・移動による被害が多数発生した。これら被害の再発防止等を図るため, 「建築設備の構造耐力上安全な構造方法を定める件」(平成12年建設省告示第1388号) の一部が改正され, 平成25年4月1日から施行された (平成24年12月12日国土交通省告示第1447号)。

考

出所: (図1 (b)) 『ガスふろ給湯器 設置工事説明書 30-20462』 (株) パロマ, p.3
(図4) (図1 (b) に同じ) p.6
(図8) (図1 (b) に同じ) p.11

作業名	エアコンの取付け作業（1）	主眼点	エアコンの設置

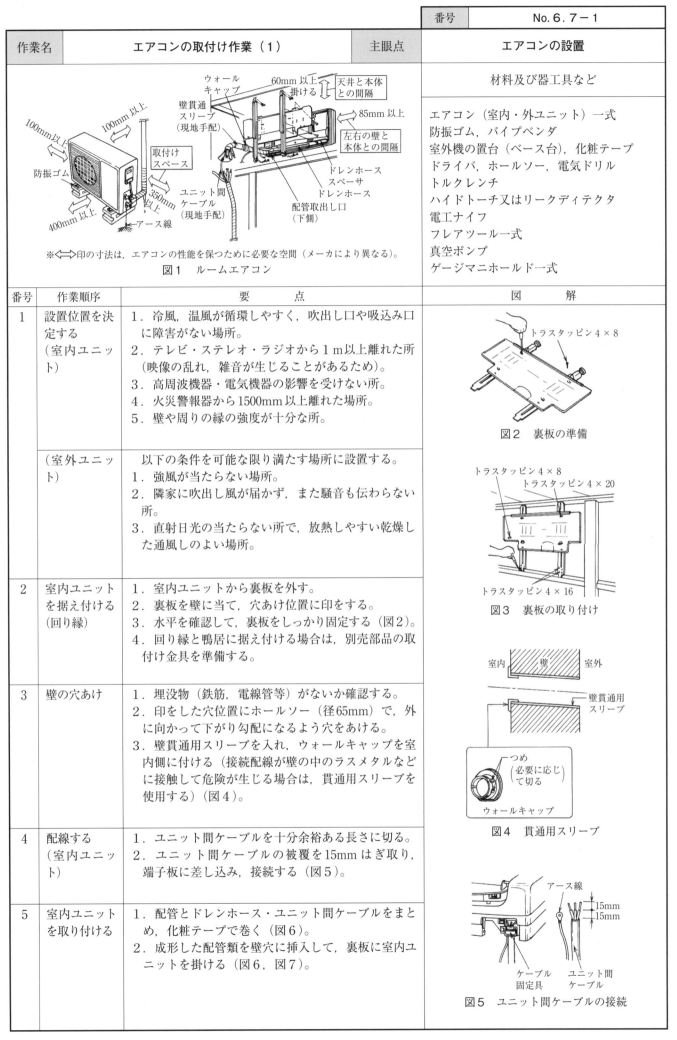

※ ⟺ 印の寸法は，エアコンの性能を保つために必要な空間（メーカにより異なる）。

図1　ルームエアコン

材料及び器工具など

エアコン（室内・外ユニット）一式
防振ゴム，パイプベンダ
室外機の置台（ベース台），化粧テープ
ドライバ，ホールソー，電気ドリル
トルクレンチ
ハイドトーチ又はリークディテクタ
電工ナイフ
フレアツール一式
真空ポンプ
ゲージマニホールド一式

番号	作業順序	要　　　点	図　　解
1	設置位置を決定する（室内ユニット）	1．冷風，温風が循環しやすく，吹出し口や吸込み口に障害がない場所。 2．テレビ・ステレオ・ラジオから1m以上離れた所（映像の乱れ，雑音が生じることがあるため）。 3．高周波機器・電気機器の影響を受けない所。 4．火災警報器から1500mm以上離れた場所。 5．壁や周りの縁の強度が十分な所。	図2　裏板の準備
	（室外ユニット）	以下の条件を可能な限り満たす場所に設置する。 1．強風が当たらない場所。 2．隣家に吹出し風が届かず，また騒音も伝わらない所。 3．直射日光の当たらない所で，放熱しやすい乾燥した通風しのよい場所。	図3　裏板の取り付け
2	室内ユニットを据え付ける（回り縁）	1．室内ユニットから裏板を外す。 2．裏板を壁に当て，穴あけ位置に印をする。 3．水平を確認して，裏板をしっかり固定する（図2）。 4．回り縁と鴨居に据え付ける場合は，別売部品の取付け金具を準備する。	
3	壁の穴あけ	1．埋没物（鉄筋，電線管等）がないか確認する。 2．印をした穴位置にホールソー（径65mm）で，外に向かって下がり勾配になるよう穴をあける。 3．壁貫通用スリーブを入れ，ウォールキャップを室内側に付ける（接続配線が壁の中のラスメタルなどに接触して危険が生じる場合は，貫通用スリーブを使用する）（図4）。	図4　貫通用スリーブ
4	配線する（室内ユニット）	1．ユニット間ケーブルを十分余裕ある長さに切る。 2．ユニット間ケーブルの被覆を15mmはぎ取り，端子板に差し込み，接続する（図5）。	
5	室内ユニットを取り付ける	1．配管とドレンホース・ユニット間ケーブルをまとめ，化粧テープで巻く（図6）。 2．成形した配管類を壁穴に挿入して，裏板に室内ユニットを掛ける（図6，図7）。	図5　ユニット間ケーブルの接続

作業名	エアコンの取付け作業（1）	主眼点	エアコンの設置

番号	作業順序	要　点	図　解
6	室外ユニットを据え付ける	1．雨水のはね返りがないように，室外機の置台（ベース台）などで地表面より高く上げ，防振ゴムを敷き，固定する。 （1）積雪地域や暖房運転をする機種は，屋根を取り付ける。 （2）高所に取り付ける場合は，しっかりした架台に取り付ける。	 図6　壁穴への挿入
7	配管加工する	1．室内ユニットと室外ユニット間経路の距離を測る。 2．冷媒配管をパイプカッタで約500mm の余裕長さをとり，切断する。 3．切粉が銅管内部に入らないように下向きにして，バリを取り，フレアナットを入れて，フレア加工する（「No. 6. 8」参照）。 ※室外ユニットが高い位置にある場合は，配管をU字形に加工して，水切りとする（図8）。	 図7　室内ユニットの設置
8	配管接続をする	1．ユニット側のキャップは，配管接続まで付けておき，水分，ごみなどが入らないようにする。 2．フレアナットを手で2～3回転ねじ込み，ねじ山が合っていることを確認し，トルクレンチを使ってフレア面に当たりをつけた後に，規定トルクで締め付ける（図9）。	
9	ドレン配管を施工する	1．ドレン配管を，下り勾配でトラップのできない配管とする（図10～図12）。 2．横引き管が長い場合は，硬質塩ビ管を使って500mm に1個の割合で，配管支持金具で支持する（図13）。 3．ドレン配管の先端は，排水溝水面より上に出す（図14）。	図8　水切り施工例

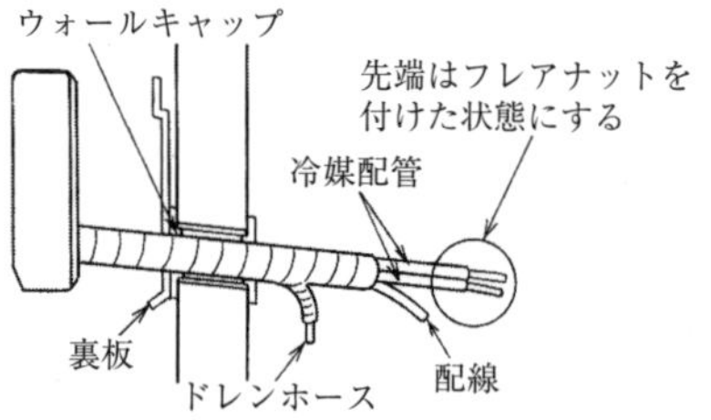

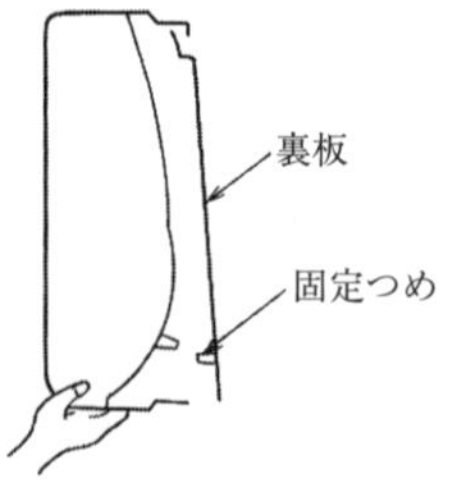

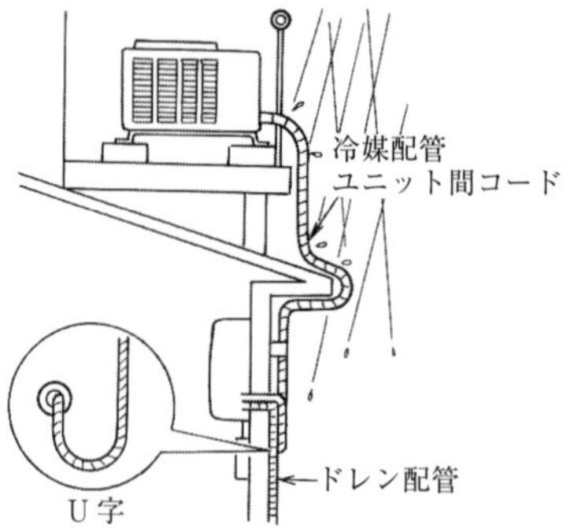

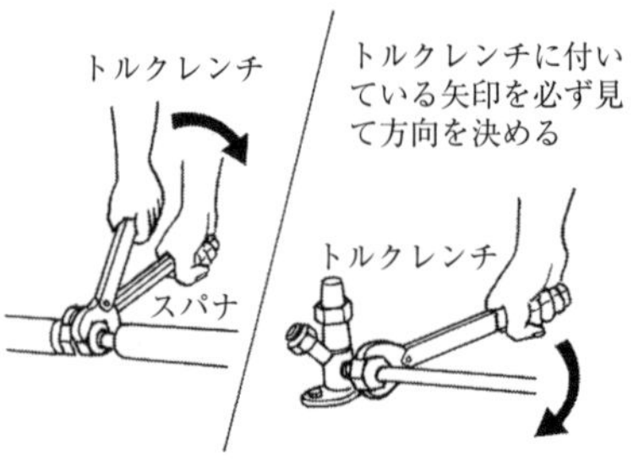

図9　フレアナットの接続

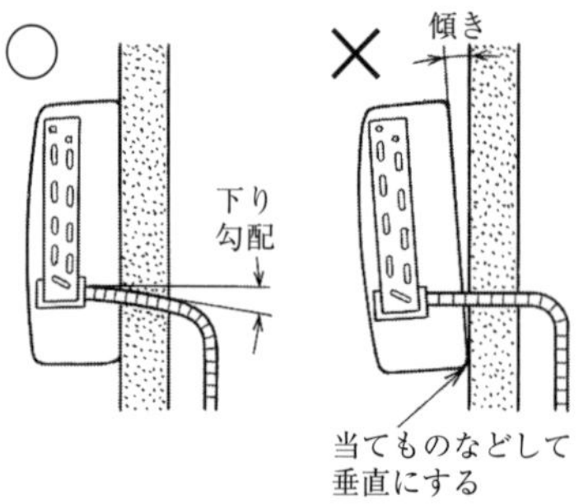

図10　室内機の設置

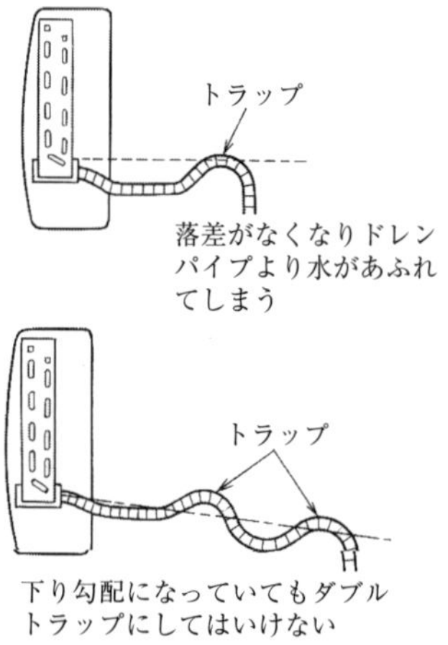

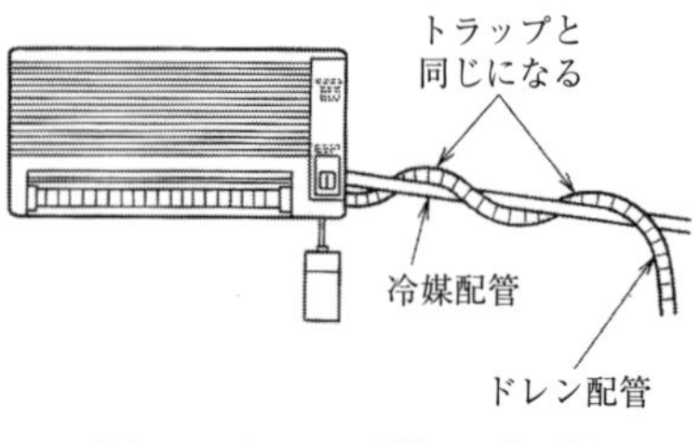

図11　ドレン配管の悪い例

図12　ドレン配管の悪い例

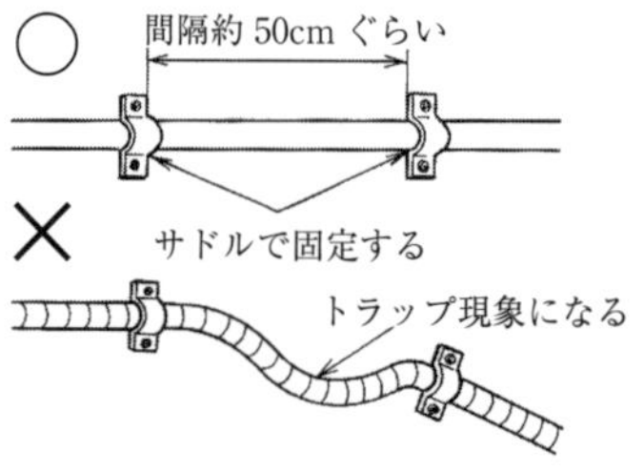

図13　ドレン配管の固定

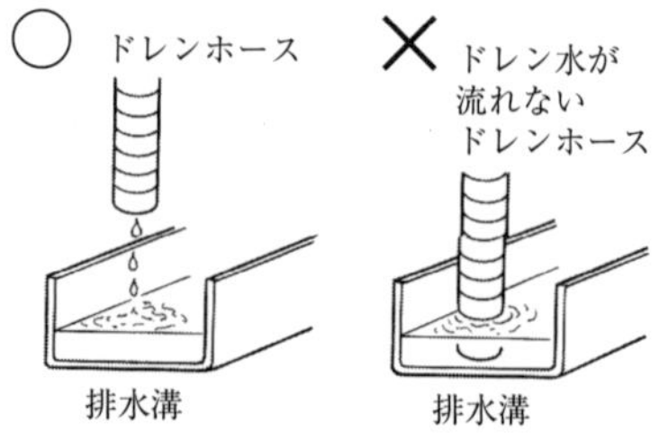

図14　ドレン配管の先端

作業名		エアコンの取付け作業（1）	主眼点	エアコンの設置

番号	作業順序	要　　　点	図　　解
10	エアパージする	1．エアパージを行う（「No. 6. 9」参照）。	 図15　冷媒配管の断熱
11	配線する	1．ユニット間ケーブルの色を合わせ，結線する。 2．電源は，専用回路とする。	
12	仕上げる	1．ガス管（太管）及び液管（細管）の接続部に断熱材を巻き，その上から化粧テープを下から上に向かって1／2重ねで巻いていく（図15〜図17）。 2．配管が動かないように配管支持金具で支持する。 3．壁貫通部は，雨水や風の侵入を防ぐためにパテを詰める（図17）。 4．据付け工事点検表によって最終チェックを行う。 5．室内外を掃除する。	図16　化粧テープの巻き方 ウォールキャップ パテ　　　　パテ 図17　壁貫通処理
13	試運転をする	試運転し，規定どおり動くことを確認する。	

備 考	1．各社メーカにより仕様が異なるので，施工要領書に基づき施工する。 （再掲） （a）置台（ベース台）　　　　　（b）設置例 参考図1　室外機の置台（ベース台） 参考図2　気圧ホイスト 出所：（参考図1）東洋ベース（株） 　　　（参考図2）（株）イチネンTASCO

（a）置台（ベース台）　　　　　（b）設置例
参考図1　室外機の置台（ベース台）

参考図2　気圧ホイスト

作業名	エアコンの取付け作業（2）	主眼点	冷媒配管作業

<table>
<tr><td colspan="2"></td><td>材料及び器工具など</td></tr>
</table>

材料及び器工具など

銅管，パイプカッタ，リーマ
スクレーパ，フレアツール，冷凍機油
トルクレンチ，モンキレンチ
ビニルテープ，窒素ボンベ一式
中性せっけん水
ガス漏れ検知スプレー
ガス漏れ検知器（リークディテクタ）

図1　銅管の切断

図2　リーマによるバリ取り

番号	作業順序	要　点	図　解
1	フレア作業	1．パイプカッタでゆっくり送り込み，銅管が変形しないように注意し，切断する（図1）。 2．銅管を下向きにし，切粉が管内に入らないようにリーマ（図2）やスクレーパ（図3）で，端面のバリを除去する。 　※パイプカッタ付帯の刃を使うと，たて傷が付き，フレアが割れることがあるので，使用してはいけない。 3．ウエス等を巻いて配管内を掃除する（図4）。 4．フレア工具のコーン部（図5）の清掃を行い，フレア加工を行う。加工は工具がカチッと音がしてさらに3〜4回空回りさせる（図6）とフレア面（図7）がきれいに仕上がる。 5．ナットの締付け前に，フレア内外面に機種に合った冷凍機油を塗布する（図8）。 　※フレア面への冷凍機油の塗布等は，メーカの施工要領書に従う。 　　トルクレンチを使用し，正確に締め付ける（図9）。 6．中性せっけん水又はガス漏れ検知スプレー，ガス漏れ検知器（リークディテクタ）等でガス漏れのチェックをする（図10）。	

図3　スクレーパによるバリ取り

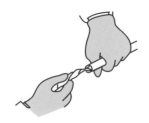
図4　銅管の内面の清掃

図5　フレア工具のコーン部

図6　フレア工具の加工

図7　フレア面の加工後

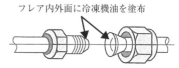
フレア内外面に冷凍機油を塗布

※フレアナットがゆるみやすくなるため，ねじ部分には塗布しない。
図8　冷凍機油の塗布

図9　フレアナットの締め付け

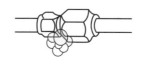
図10　ガス漏れのチェック

作業名	エアコンの取付け作業（2）	主眼点	冷媒配管作業

番号	作業順序	要　　点	図　　解
2	冷媒配管の養生	1．R410A・R32機種は，R22機種以上に配管内への異物（油分，水分等）の混入に注意する必要がある。 2．配管の保管時は，開口部をピンチ法（図11）やテーピング法（図12）等で確実に養生する。	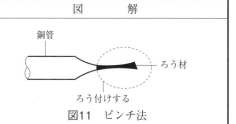 図11　ピンチ法 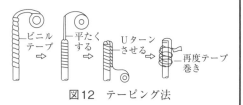 図12　テーピング法
3	冷媒配管のフラッシング	1．フラッシングとは配管内の異物等（酸化被膜，異物，水分など）を窒素ガス圧で除することである。 2．窒素ボンベに減圧弁をセットし，減圧弁から室外ユニット側液管に接続する（図13）。 3．室内ユニットA又はBのどちらかに仕切りプラグを取り付ける（図14）。 4．窒素ボンベの減圧弁を0.5MPaまで上げる（図15）。 5．仕切りプラグを取り付けなかったほうを手で押さえ，押さえきれなくなったら，一気に手を離す（1回目のフラッシング）（図16）。 6．数回フラッシングを行い，他の室内ユニット又はガス管側も実施する。	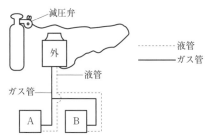 図13　フラッシングの準備

表1　フレアの出ししろ

単位〔mm〕

フレア工具種類	摘用銅管	φ6.35	φ9.52	φ12.70	φ15.88
クラッチ式 （R410A・R32対応品）	R410A・R32用	0～0.5	0～0.5	0～0.5	0～0.5
	R22・R407C用	0～0.5	0～0.5	0～0.5	0～0.5
クラッチ式 （従来式）	R410A・R32用	1.0	1.0	1.0	1.0
	R22・R407C用	0～0.5	0～0.5	0～0.5	0～0.5

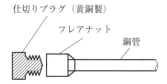

図14　仕切りプラグの取り付け

表2　フレア管及びフレアナットの形状・寸法

呼び	外径 [mm] ϕD	フレア管継手部		フレア管端部		フレアナット	
		―		A寸法 （ラッパ形状）		B寸法 （スパナ掛け寸法）	
		適用冷媒		適用冷媒		適用冷媒	
		R22 R407C	R410A R32	R22 R407C	R410A R32	R22 R407C	R410A R32
1/4	6.35	共　通		9.0	9.1	17	17
3/8	9.52	共　通		13.0	13.2	22	22
1/2	12.70	共　通		16.2	16.6	24	26
5/8	15.88	共　通		19.4	19.7	27	29

注．A寸法の公差：－0.4～＋0

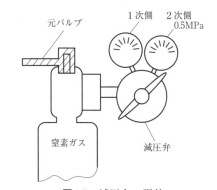

図15　減圧弁の調整

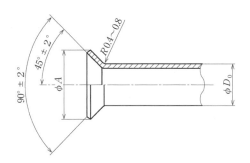

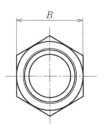

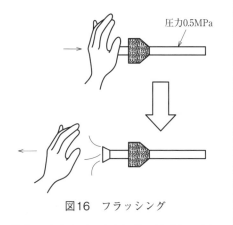

図16　フラッシング

作業名	エアコンの取付け作業（2）	主眼点	冷媒配管作業

表3　フレア締付けトルク

呼径	外径 [mm]	締付けトルク [N・m]		市販トルクレンチ 締付けトルク [N・m]
1/4	6.35	16 ± 2	14〜18	17，18
3/8	9.52	38 ± 4	34〜42	42
1/2	12.70	55 ± 6	49〜61	55
5/8	15.88	75 ± 7	68〜82	75

備考

　1．R410A・R32冷媒は，オゾン層を破壊しない特長を持っている。冷媒温度で蒸気圧力がR22に比べて約1.6倍と高くなるため，R410A又はR32機種の専用ツールが必要である。

出所：（図1〜図3，図5〜図7，図9）『3級技能検定の実技試験課題を用いた人材育成マニュアル　冷凍空気調和機器施工（冷凍空気調和機器施工作業）編』厚生労働省，2018年，pp.10〜12，p.15，p.17，p.19
　　　（図8）山村和司・佐藤英男共著『小型エアコンの取扱いと修理実用マニュアル』（株）オーム社，2014年，p.49，図4.19
　　　（表2：図）JIS B 8607：2008「冷媒用フレア及びろう付け管継手」p.3，表4，p.5，表6
参考規格：：JIS B 8607：2008「冷媒用フレア及びろう付け管継手」

作業名	エアコンの取付け作業（3）	主眼点	真空ポンプでのエアパージ

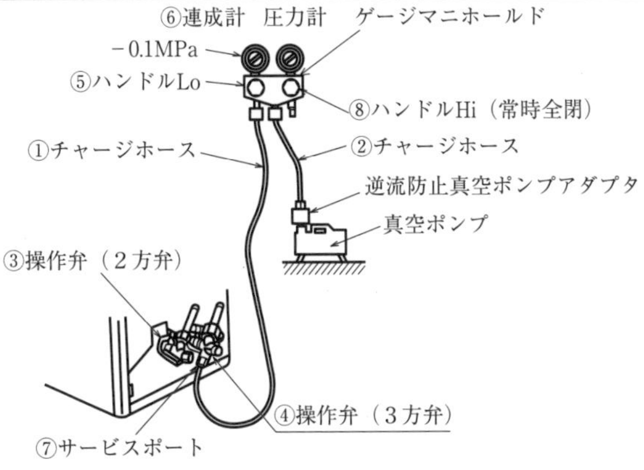

⑥連成計　圧力計　ゲージマニホールド
－0.1MPa
⑤ハンドルLo
⑧ハンドルHi（常時全閉）
①チャージホース
②チャージホース
逆流防止真空ポンプアダプタ
真空ポンプ
③操作弁（2方弁）
④操作弁（3方弁）
⑦サービスポート

図1　真空ポンプでのエアチャージ

材料及び器工具など

ゲージマニホールド一式
真空ポンプ
逆流防止真空ポンプアダプタ
モンキレンチ
トルクレンチ
六角レンチ
ガス漏れ検知器（リークディテクタ）

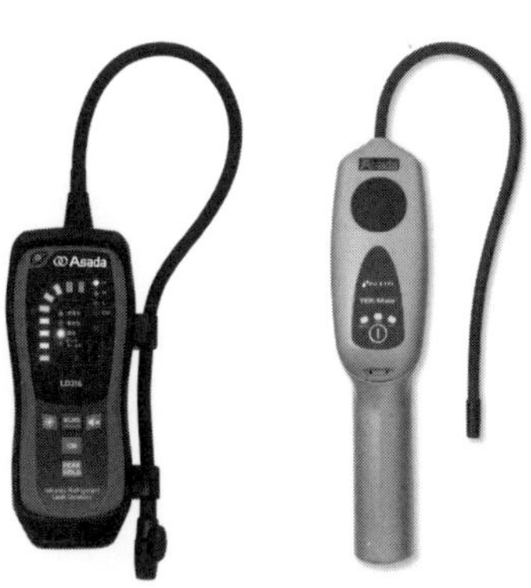

番号	作業順序	要　　点	図　　解
1	準備する	1．ゲージマニホールドと真空ポンプ及び室外ユニット低圧側操作弁（3方弁）を図1のようにチャージホース①②で接続する（室内ユニットに接続するホースの先端はバルブコアを押す金具の付いている側（虫ピンを押す側）⑦を接続する）。 2．室外ユニットの操作弁（2方弁③・3方弁④）は出荷時（全閉）のままにしておく。	 図2　エアパージの作業例
2	エアパージ	1．ゲージマニホールドの連成側（低圧ゲージ）のハンドルLo⑤を全開にして，真空ポンプを運転する（図2）。 2．真空引きを15分以上（時間は各社メーカのマニュアルを参照）し，連成計が－0.1MPaになっていることを確認する。 3．ゲージマニホールドのハンドルLo⑤を全閉にして，真空ポンプの運転を止める。 ※逆流防止真空ポンプアダプタがない場合は，チャージホースを外し，真空ポンプの運転を止める。 4．2～3分間そのままの状態にして，連成計の針の戻らないことを確認する。	 図3　ガス漏れ検査作業
3	操作弁の全開及びガス漏れ検査	1．室外ユニットの2方弁③（高圧側）を少し開き，冷媒を流入させて，10秒後2方弁③を閉じ，ガス漏れ検査をする（図3，図4）。 2．ガス漏れなしと確認後，3方弁④よりチャージホース①を外す。 3．2方弁から3方弁と操作弁を開く（力いっぱい回さないこと）。	
4	キャップの締め付け	1．3方弁のサービスサポート⑦及び2方弁・3方弁のキャップをトルクレンチにて締め付ける（各社メーカの施工要領書を参照する）。 2．各キャップ取り付け後，ガス漏れ検査をする。 （図4）	 （a）赤外線式　（b）ヒート半導体式 図4　ガス漏れ検知器（リークディテクタ）

| 作業名 | エアコンの取付け作業（3） | 主眼点 | 真空ポンプでのエアパージ |

備

考

1．真空ポンプについて

　　真空ポンプは，必ず逆流防止弁付き（参考図1）を使用する。

2．ガス漏れ検査について

　　ガス漏れ検査に使用する発泡液（中性せっけん水，ガス漏れ検知スプレー）は，配管継手等の接続箇所に直接噴霧（塗布）し，漏えいによる発泡の有無を，目視で確認することができる。ただし，微量の漏えいでは泡の生成が難しく，放置すると発生した泡が消えてしまう。また，発泡液は水溶性のため，電装部への噴霧を避ける必要がある。

　　そのため，現在ではガス漏れ検知器（リークディテクタ）が，主に使用されている（図4）。

3．ゲージマニホールド及びチャージホースについて

　　ゲージマニホールド及びチャージホースは，安全のためR410A・R32専用の高耐圧仕様品を使用する。

　※R22用ルームエアコンには，種類の異なる冷凍機油が使用されている。それらが混入すると，機器の損傷の原因となる。

参考図1　逆流防止弁付き真空ポンプ

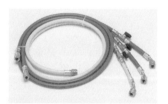

赤色ホースは高圧側
青色ホースは低圧側
黄色ホースは真空ポンプ側

参考図2　チャージホース及びボールバルブ

参考図3　ゲージマニホールド

作業名	エアコンの取付け作業（3）	主眼点	真空ポンプでのエアパージ

参考表1　冷媒R410A・冷媒R32専用ツールの冷媒R22機種への使用可否表

	計測器・工具	従来品（冷媒R22用）との互換性		互換性のない理由及び留意点 （◎印 実作業時特に厳守）	用　途
		冷媒R410A	冷媒R32		
冷媒配管	パイプカッタ	○	○		冷媒配管切断バリ取り
	フレア工具	○	○	冷媒R410A・冷媒R32は耐圧を高く保つ必要があり，フレア開口部を大きく加工する。従来品を流用の時は，"出ししろ調整用ゲージ"で出ししろを管理（1mm）して使用。	冷媒配管のフレア加工
	出ししろ調整用銅管ゲージ	●	●		フレア加工時の銅管突出寸法の管理
	パイプベンダ	○	○		冷媒配管の曲げ加工
	拡管工具	○	○		冷媒配管の拡管
	トルクレンチ	●	●	冷媒R410A・冷媒R32でφ12.7，φ15.88はスパナ寸法が2mmアップとなり，従来品は使用不可。	フレアナットの接続
		○	○	φ6.35，φ9.52は，使用可。	
	溶接器	○	○	ろう付けの正しい作業遵守（火炎調整・加熱方法・ろう材差し方）。	冷媒配管のろう付け
	窒素ガス	○	○	コンタミ混入防止のより厳しい管理が必要（ろう付け時の窒素ガスブロー）。	ろう付け時の酸化防止・気密試験
	フレア部塗布用油	▲	■	機器メーカ指定の冷凍機油。	フレア面への塗布 サービス用
真空乾燥・冷媒充てん	冷媒ボンベ	▲ （薄桃色）	■ （ライトブルー）	冷媒の識別を示す色帯表示をしている。（チャージ口は各冷媒ボンベで用意）	冷媒充てん
	真空ポンプ	○	○	◎従来品（冷媒R22用）の流用が可能だが，真空ポンプを停止した時に，真空ポンプ内の油（鉱油）が，冷媒配管側に逆流しないよう"真空ポンプアダプタ"を取り付ける必要がある。	真空乾燥
	真空ポンプアダプタ（逆流防止）	●	●		
	ゲージマニホールド	▲	■	冷凍機油の混入防止のため，使い分けが必要。従来品（冷媒R22用）に比べ耐圧基準が高く，互換性はない。（接続ねじ規格も異なる。従来品（冷媒R22用）：UNF7/16，冷媒R410A・冷媒R32：UNF1/2） ◎〈従来品（冷媒R22用）の使用厳禁〉 　付着している鉱油が機器に流入してスラッジが発生し，サイクルのつまりや，圧縮機の事故の恐れがある。	真空引き・真空放置・冷媒充てん・圧力確認
	チャージホース	▲	■		
	チャージシリンダ	使用厳禁			冷媒充てん
	冷媒充てん用はかり	○	○		冷媒充てん用機器
	冷媒ガス漏れ検知器	●	●	従来品（冷媒R22用）冷媒ガス漏れ検知器は，検知方式が異なり，使用不可。冷媒R32の場合は，燃焼式は使用しない。	ガス漏れチェック

○：従来品（冷媒R22用）と互換性あり　●：冷媒R410Aと冷媒R32で互換性あり（冷媒R22用と互換性なし）
▲：冷媒R410A専用　■：冷媒R32専用

出所：（図3，図4，参考図1，参考図3）アサダ（株）
　　　（参考表1）『日立パッケージエアコン　システムフリーZシリーズ　据付点検要領書』日立ジョンソンコントロールズ空調（株）（一部改変）

作業名	エアコンの取付け作業（4）	主眼点	冷媒の回収（ポンプダウン）

⑥連成計 圧力計 ゲージマニホールド
－0.1MPa
⑤ハンドルLo
⑧ハンドルHi（常時全閉）
①チャージホース
②チャージホース
逆流防止真空ポンプアダプタ
真空ポンプ
③操作弁（2方弁）
⑦サービスポート
④操作弁（3方弁）

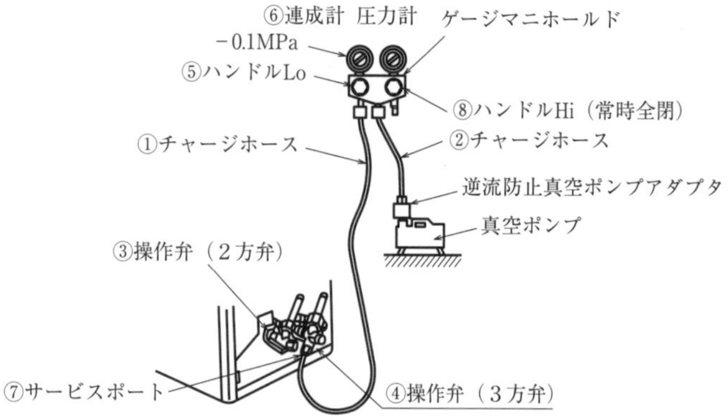

図1　冷媒の回収（ポンプダウン）

材料及び器工具など

ゲージマニホールド一式
真空ポンプ
逆流防止真空ポンプアダプタ
モンキレンチ
トルクレンチ
六角レンチ
ガス漏れ検知器（リークディテクタ）

番号	作業順序	要　点	図　解
1	ポンプダウンとは	1．室内機及び冷媒配管内の冷媒を，室外機の凝縮機及び受液器に回収することをいう。この作業を行うのは，ルームエアコンを移設する際に，冷媒を大気に放出することなく，回収するためである。	
2	準備する	1．室外ユニットの操作弁（2方弁③・3方弁④）及び3方弁のサービスサポート⑦のキャップを取り外す。 2．「No. 6. 9」と同様，図1のとおり，ゲージマニホールド，真空ポンプ及び室外ユニット間をチャージホース①②で接続する。	図2　逆流防止真空ポンプアダプタと接続側チャージホース
3	チャージホース内のエアパージ	1．連成計側ハンドルLo⑤を全開にし，圧力計側ハンドルHi⑧を全閉にし，真空ポンプを運転する（図2）。 2．5分程度運転し，ハンドルLo⑤を全閉にして，真空ポンプの運転を止める。 ※逆流防止真空ポンプアダプタがない場合は，チャージホースを外し，真空ポンプの運転を止める。 3．1～2分間そのままの状態にして，ゲージマニホールドの針が戻らないことを確認する。	
4	ポンプダウン	1．操作弁（2方弁）③を全閉にする（運転中に，閉じてもよい）。 2．操作弁（3方弁）④をいったん全閉にし，約2～3回転で閉められる（すぐに閉められる状態）半開状態にしておく。 3．強制冷房運転する（※暖房運転は絶対にしない）。 4．連成計が0MPaで3方弁④を素早く閉める（図3）。 5．強制冷房運転を停止する。	図3　冷媒回収の作業例 （素早く閉められるよう構えているところ）
5	キャップの締め付け	1．3方弁のサービスサポート⑦及び2方弁・3方弁のキャップをトルクレンチにて締め付ける（各社メーカの施工要領書を参照する）。 2．室内ユニットの液管・ガス管の取外しが可能である。	
備考		1．室外機ユニットが壊れていて，ポンプダウン運転等ができない場合は，冷媒回収装置を用いて冷媒を回収する（参考図1）。	参考図1　冷媒回収装置と専用回収ボンベ

出所：（参考図1）アサダ（株）

作業名	エアコンの取付け作業（5）	主眼点	冷媒の追加充てん

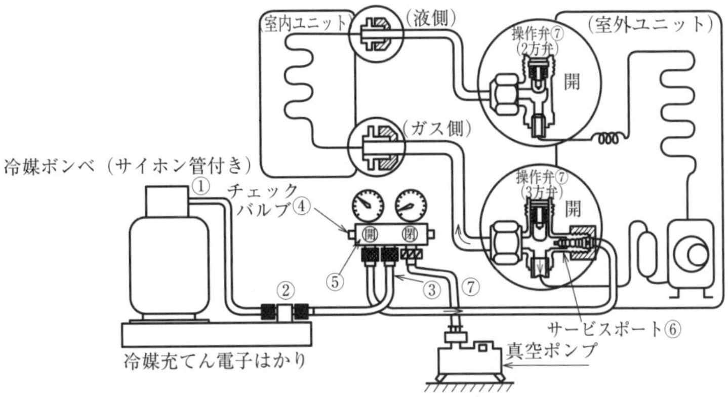

図1　冷媒追加充てん構成図

材料及び器工具など

ゲージマニホールド一式
真空ポンプ
逆流防止真空ポンプアダプタ
モンキレンチ
トルクレンチ
六角レンチ
ガス検知機
電子はかり一式
冷媒ボンベ，チャージングシリンダ
チャージバルブ（コントロールバルブ）

番号	作業順序	要　点	図　解
1	冷媒追加充てんについて	1．冷媒配管が標準より長くなった場合，冷媒の追加充てんが必要になる。ここでは，R410A・R32とR22の場合について述べる。	

●R410A・R32の場合

1	準備する	1．図1のとおり，冷媒ボンベ①，ゲージマニホールド及び真空ポンプ間をチャージホースで接続する（①〜⑦）。	 図2　冷媒充てん用計量器
2	冷媒配管とチャージホースのエアパージを行う	1．ゲージマニホールドのバルブLoとHiを全開にし，真空ポンプを運転する。 2．以下，「No. 6. 10」のチャージホース内のエアパージの要領でエアパージを行い，ゲージマニホールドのバルブHiを全閉にして，真空ポンプの運転を止める。 ※逆流防止真空ポンプアダプタがない場合は，チャージホースを外し，真空ポンプの運転を止める。	
3	冷媒を液で充てん	1．電子はかりの0調整をした後，ゲージマニホールドのバルブLoを開いて，冷媒を液で充てんする（図2）。 2．規定量充てんできない場合は，冷房運転をしながら少量ずつ液充てんを行う。 3．ゲージマニホールドのハンドルLoを全閉にして，冷房運転を停止する。	
4	チャージホースの取外し及びキャップの締め付け	1．サービスポートよりチャージホースを素早く外す（虫ピンのため，途中で止めるとサイクル内の冷媒が放出する）。 2．各キャップをトルクレンチにて締め付け，周辺のガス漏れ検査をする。	

●R22の場合

1	準備する	1．R410Aでの図1と基本的には同じだが，R22の場合，チャージングシリンダを使用し，適量の冷媒充てんも可能である。 ※チャージングシリンダを使用することが少なく，冷媒ボンベから直接充てんする。	
2	冷媒配管とチャージホースのエアパージ	1．R410Aでの操作と同じである。	

作業名		エアコンの取付け作業（5）	主眼点	冷媒の追加充てん
番号	作業順序	要　点		図　解
3	冷媒を充てん	1．R22の場合，電源を切状態にして液で充てんする。 2．1．で入り切らない場合は，冷房運転して液側操作弁（2方弁）を閉じてガス状態で充てんする。		
4	チャージホースの取外し及びキャップの締め付け	1．R410Aでの操作と同じである。		

備

考

●R410A・R32

1．R410A・R32は，ボンベ等の容器において気相と液相での組成が若干変化するため，液相側から冷媒充てんを行う（参考図1）。

2．サイホン管付きのボンベを使用する場合は，ボンベを逆転させずに液充てんすることができる（参考図2）。

3．ガス側より液充てんするため，運転しながら一度に多量の液冷媒を充てんさせない。

4．R410A・R32は圧力が高く気化速度が速いため，チャージングシリンダを使用して冷媒充てんすると，シリンダ内の液化保持ができず，計量目盛ガラス内の気泡がたち，数値の読取りが困難なため，冷媒充てん用計量器の使用が適切である。

厳守事項：冷媒ボンベは必ず下から（液）充てんすること。上からの（ガス）充てんは厳禁。

参考図1　追加充てん作業

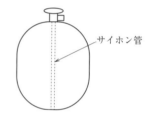

参考図2　サイホン管付きのボンベ

●R22

1．冷媒の充てん量は，最近の小型ルームエアコンの場合1kg以下となっていて，正しく充てんするには，チャージングシリンダ又は，冷媒充てん用計量器が必要である。

2．チャージングシリンダは圧力容器ではないので，充てんしたまま車での移動はできない。必ず現場で冷媒をチャージする（参考図3）。

3．冷媒ボンベの識別（色分け）は，R407C：茶色，R410A：薄桃色，R32：ライトブルーである（参考図4）。

参考図3　チャージングシリンダ

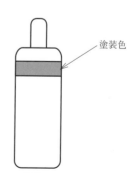

参考図4　冷媒ボンベの識別

作業名	エアコンの取付け作業（6）	主眼点	アース工事（接地工事）

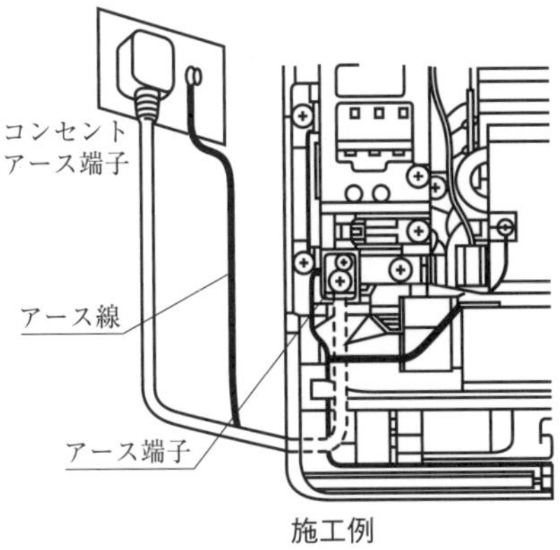

施工例
図1　室内機側アース工事

材料及び器工具など

アース棒
絶縁電線（緑色）
ドライバ
ハンマ

番号	作業順序	要　　点	図　　解
1	準備する	1．室内又は室外ユニットのどちらか一方からアース工事を行う。 2．室内ユニットのアース端子からコンセントアース端子に接続する（図1）。 3．室外ユニットのアース端子から，常に湿気のある所など適切な場所を選定して埋設する（図2）。	 図2　室外機側アース工事
2	アース棒の打ち込み	1．避ける場所として，①地下埋設場所（例：ガス管，水道管，地下ケーブルなど），②避雷針や電話のアースから2m以内，③腐食のおそれのある所，④人通りが激しい所。 2．アース棒をできるだけ深く打ち込む。D種接地工事（旧第3種接地工事）（100Ω以下）を行う（図3）。 3．接地抵抗値が所定の値を超えた場合，さらに深く打ち込むか，アース棒の本数を増やす（図4）。	 図3　アース棒の打ち込み
備 考		1．アース工事は「電気設備に関する技術基準を定める省令」及び「内線規程」に従って，第二種電気工事士の資格者が行う（参考表1）。 2．接地抵抗値は，100Ω以下であることを確かめる。 　漏電遮断器を取り付けた場合は，500Ω以下であることを確かめる。 3．アース線の太さは直径1.6mm，又は断面積2mm²以上の緑色の絶縁電線で行う。 4．接続箇所は地中に埋設しない。 参考表1　電気設備に関する技術基準	 図4　アース棒の本数を増やす例

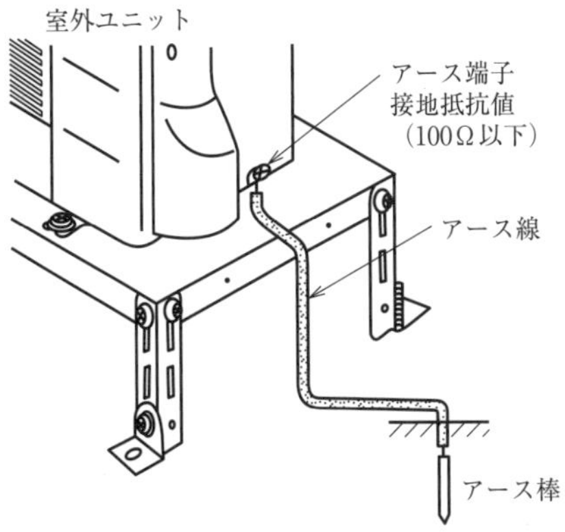

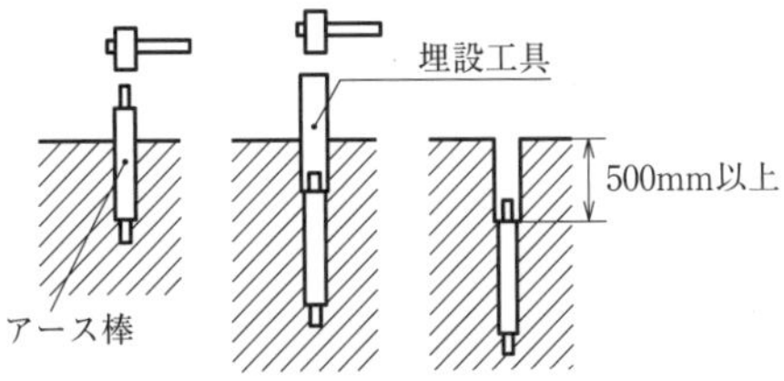

参考表1　電気設備に関する技術基準

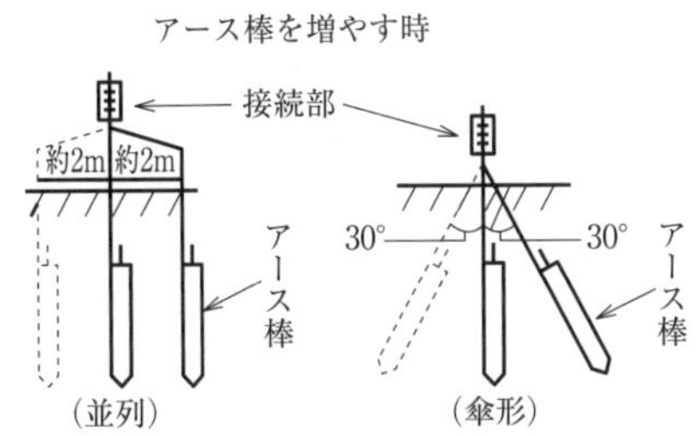

電源の条件 ＼ エアコンの種類 ＼ エアコン設置場所	水気のある場所に設置する場合	湿気のある場所に設置する場合	乾燥した場所に設置する場合
交流対地電圧が150V以下の場合 ＼ 単相100Vの機種 単相200V（単相3線式200V）の機種		D種接地工事が必要	D種接地工事は法的には除外されるが，安全のため接地工事をする
交流対地電圧が150Vを超える場合 ＼ 3相200Vの機種（含単相2線式200Vの機種）	漏電遮断器を取り付け，さらにD種接地工事が必要		

| 作業名 | エアコンの点検作業 | 主眼点 | 電流・電圧・絶縁抵抗の測定 |

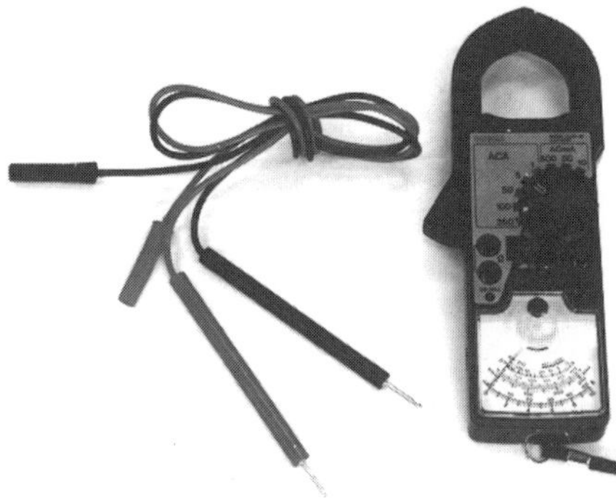

図1　クランプメータ

材料及び器工具など

クランプメータ
絶縁抵抗計

番号	作業順序	要　　点	図　　解
1	電流の測定 (クランプメータ使用)	1．15分ぐらいエアコンを運転させ，安定した状態で測定する。 2．電池が消耗していないか，バッテリーをチェックする。 3．レンジ切替えつまみは推定測定値より大きめのレンジを選択する（図2）。 4．クランプ部を開き，測定したい電線1本をアーム中心になるようにする（図3）。 5．指示値が小さい場合1段ずつ下げて測定する。	 図2　各部の名称
2	電圧の測定 (クランプメータ使用)	1．エアコンの電源を入れる。 2．レンジ切替えツマミをVに合わせる（図2）。 3．テストリードをV端子に差し込む（図4）。 4．テストリードの先端を測定部に当て測定する（図5）。	 図3　電流測定

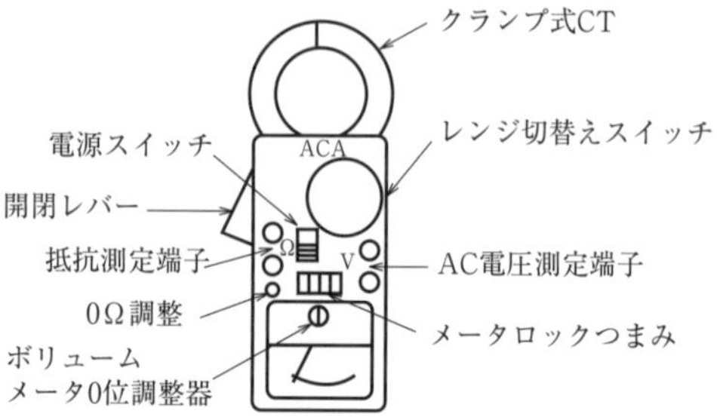

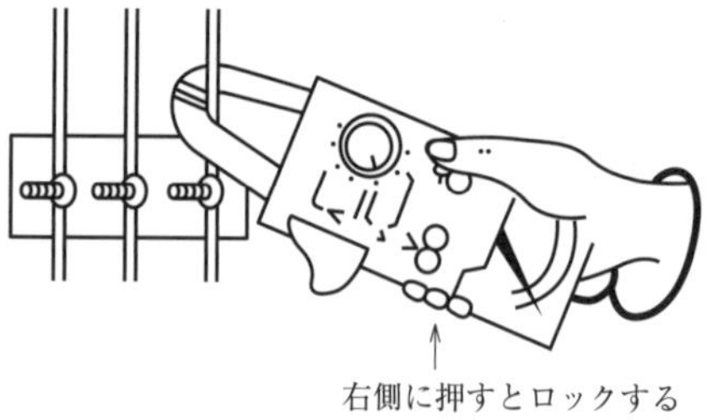

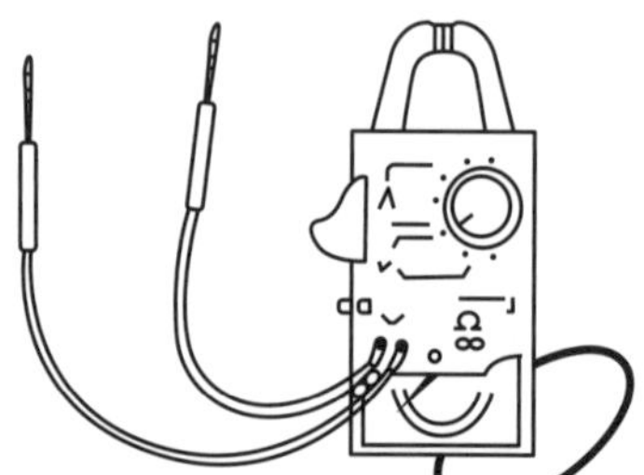

図4　リード線の接続

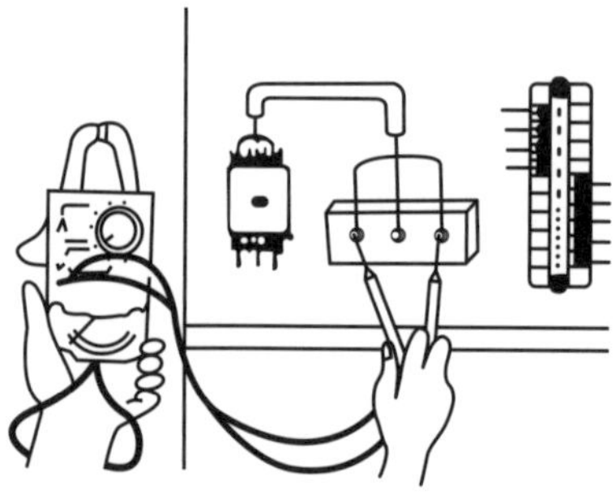

図5　電圧測定

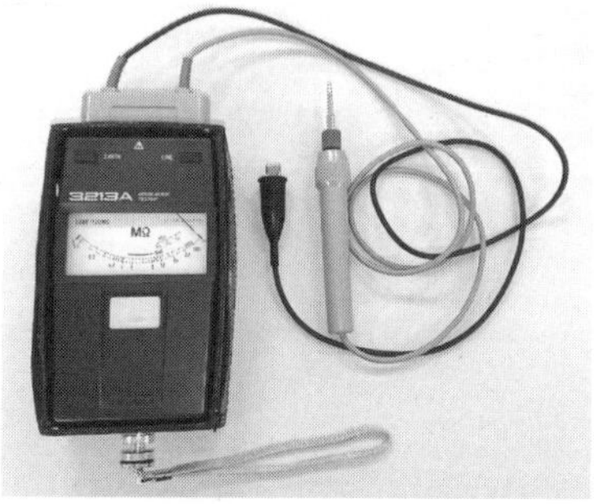

図6　絶縁抵抗計（メガテスタ）

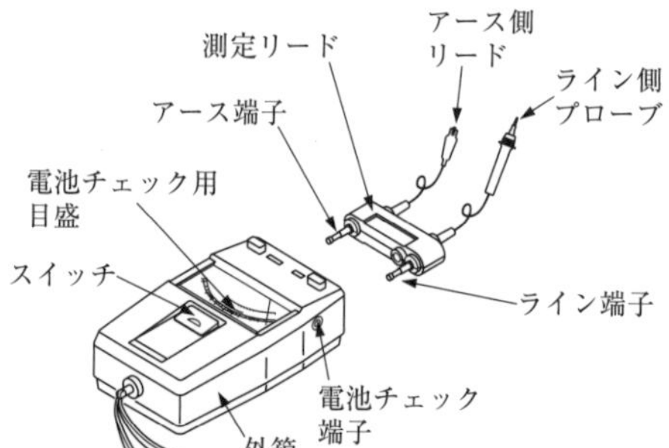

図7　各部の名称

| 作業名 | エアコンの点検作業 | 主眼点 | 電流・電圧・絶縁抵抗の測定 |

番号	作業順序	要　点	図　解
3	絶縁抵抗の測定（絶縁抵抗計使用）	1．被測定物に適した定格測定電圧の絶縁抵抗計を用意する（図6，参考表1）。 2．測定リードをライン端子とアース端子に接続する（図7）。 3．エアコンの電源を切る。 4．スイッチを押さないで，ライン側リードを電池チェック端子2極同時に触れて，指針がBマーク内であれば使用可能である（図8）。 5．ライン端子とアース端子を付属リードでショートし，スイッチを押し，指針が0Ωを指示することを確認する。 ※指針が電池チェック用マーク外を指示した場合は，電池を交換する。 6．ライン端子とアース端子を開放して，スイッチを入れ，指針が∞を示すことを確認する。 7．アース端子を接地されているものに接触させ，ライン端子を負荷側電線に接続させ，スイッチボタンを押すと指針は測定値を示す（図9）。 8．測定値を規定値と比較して，良否の判断を行う（参考表2）。 絶縁抵抗計の使用に当たっては，以下に注意する。 ①被測定物の電極は必ず切ってから測定する。 ②測定中は被測定物にさわらない。 ③計器は水平に保つ。	プローブの先端 図8　電池のチェック 図9　絶縁抵抗測定

備考

1．電流・電圧・絶縁抵抗の測定計は，各社メーカにより仕様が異なるので，取扱説明書を確認する。

2．絶縁抵抗とは，電流が導体から絶縁物を通して，他の充電部や金属ケースなどに漏れる経路の抵抗のことである。

　この値が低いと，漏れ電流が多くなり，感電や過熱による火災，焼損など起こす危険があり，「電気設備技術基準」によってその値が定められている。（参考表1，参考表2）

参考表1　絶縁抵抗計の定格測定電圧と測定電気設備

単位〔V〕

定格測定電圧	電気設備・電路
100	100V系の低圧配電路及び機器の維持・管理
125	制御機器の絶縁測定
250	200V系の低圧電路及び機器の維持・管理
500	600V以下の低圧配電路及び機器の維持・管理
	600V以下の低圧配電路の竣工時の検査
1000	600Vを超える回路及び機器の絶縁測定
	常時使用電圧の高い高電圧設備（例えば，高圧ケーブル，高電圧機器，高電圧を用いる通信機器及び電路）の絶縁測定

参考図1　ディジタル式クランプメータ

参考表2　低圧電路の絶縁抵抗規定値

電路の使用電圧の区分	電気設備・電路	絶縁抵抗値〔MΩ〕
300V以下	対地電圧150V以下	0.1以上
	対地電圧150V超過	0.2以上
300V超過		0.4以上

参考図2　ディジタル式絶縁抵抗計（ハンディタイプ）

出所：（図7，図8，参考図1）横河計測（株）
（参考図2）（株）ムサシインテック
（参考表1）JIS C 1302：2018「絶縁抵抗計」p.31，解説表1（抜粋）
参考法令：「電気設備に関する技術基準を定める省令」第58条

作業名	ポンプの据付け作業	主眼点	揚水ポンプ（横形）の据え付けと配管

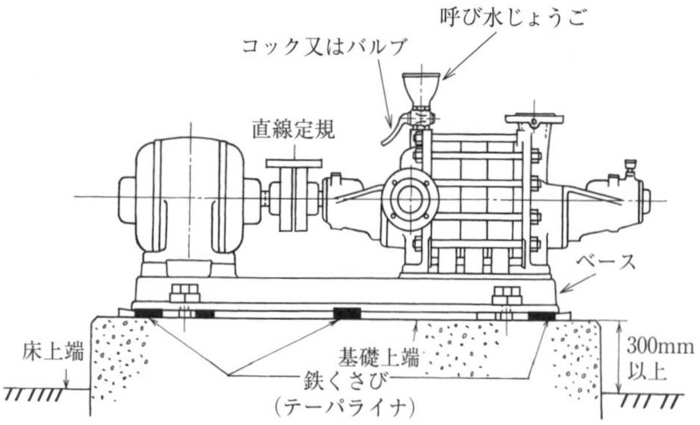

図1 ポンプ据付け断面（標準基礎）

材料及び器工具など

セメント，砂，砂利，水
型枠材
鉄くさび（テーパライナ）
プラスチックハンマ
モンキレンチ
モータ
ポンプ
ポンプ付属品（圧力計，連成計，サクション
　カバー，フート弁，アンカーボルト）
スキマゲージ（テーパゲージ）

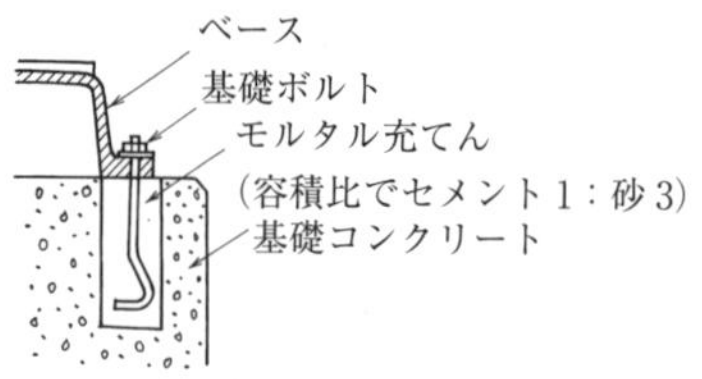

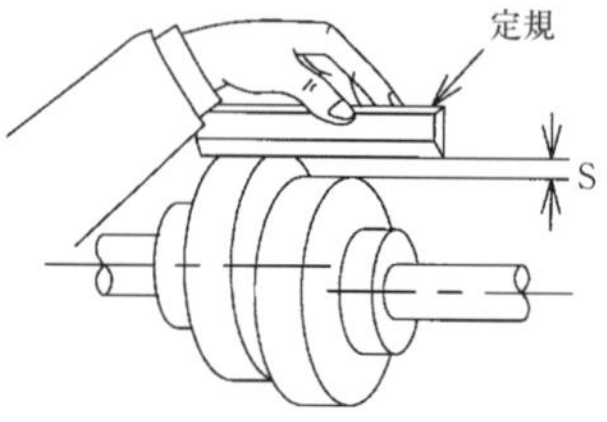

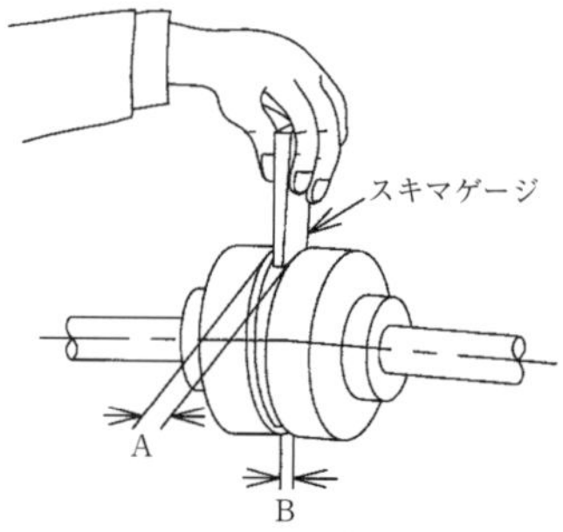

番号	作業順序	要　　　点	図　　解
1	準備する	1．床にポンプのコンクリート基礎の墨出しをする。 2．型枠材を使って，型枠の組立てをする。 3．セメント：1，砂：2，砂利：4の割合に調合し，水を加えて型枠に流し込み，床上300mmのコンクリート基礎を作る。 4．基礎ボルト用のスリーブと排水溝口及び排水管を埋め込んでおく。 5．型枠及びスリーブは，コンクリートの硬化を待ち，5日間ぐらいで取り外すが，10日以内に機器を据え付けてはならない。	図2　揚水ポンプ（横形）
2	ポンプのベースを据え付ける	1．基礎ボルトをベースのボルト穴に仮締めし，ベースとコンクリート基礎面の間に鉄くさびを打ち込み，水平を保って，ベースを水平に据え付ける（図1，図3）。 ※アンカーボルトには，埋込み式・箱抜き式・後打ち式等がある。箱抜き式の場合，アンカーボルトと同径以上のつなぎ鉄筋を入れる（参考表1，参考図1）。 2．ポンプとモータの軸芯に狂いがないよう調整する。	図3　ポンプベース据付け断面
	（芯出しの許容値）	軸心の状態は，図4及び図5のようにカップリングの外周及び面間の各々4カ所を測定して確認する。 （1）カップリングの外周の段違い（図4のS）は，4カ所を測定して0.05mm以内であれば良好である。 （2）面間のすきまの差（図5）は，スキマゲージでA及びBを挟み，上下左右に測定して，（A−B）が0.1mm以内であれば良好である。A及びBは，2〜4mmが普通である。	図4　カップリング外周の段違い
3	配管をする	1．水槽内の配管にストレーナ付きのフート弁を取り付ける。 2．吸水管は曲がりを少なくし，なるべく短く接続する。 　また，ポンプに向かって上り勾配とし，空気だまりを作らないため，凹凸配管とならないよう接続する（図6，図7）。 3．ポンプの吐出側に圧力計，吸込み側に連成計を取り付ける。	図5　カップリングの面間のすきま

| 作業名 | ポンプの据付け作業 | 主眼点 | 揚水ポンプ（横形）の据え付けと配管 |

図　　解

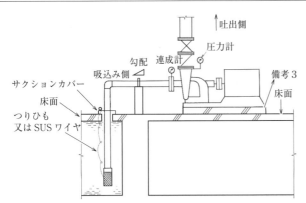

図6　ポンプ据付け例断面図（床下式タンクの場合）

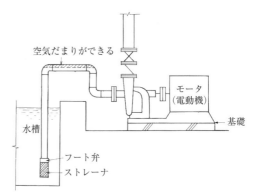

図7　ポンプ吸込み側断面図（好ましくない例）

1. 基礎は，機器自重，積雪，風圧及び地震に耐える鉄筋コンクリート又はコンクリート造りとし，運転時の全体質量に耐える床又は地盤上に築造する。
2. 基礎コンクリート上面周囲には，排水目皿を備えた排水溝を設ける。
3. 大型ポンプの据え付けは，参考図2の防振基礎の図による。
4. 吐出側の逆止弁にはウォータハンマ防止のため，必要に応じ衝撃吸収式（水撃防止形）逆止弁を取り付ける。
5. 吐出管はポンプを出て，すぐ曲げないで，30cm以上立ち上げてから曲げる。
6. 必要に応じ，吸込み側と吐出側の配管に防振継手を取り付ける。
　※防振継手を設ける際は側近に配管固定を設け，ポンプ防振架台の防振材に影響がある場合は，伸び止等の考慮が必要である（参考図5）。
7. サクションカバーを取り付けることにより，フート弁からポンプ吸込み口までの点検が容易にできる。
8. 配管径とポンプ口径が一致しない時は，異径継手（吸込み側は偏心異径継手）にて接続する。
9. カップリングの軸受温度は60℃以下に保つこと。
10. グランドパッキンのパッキンを締めすぎると，過熱を起こす。
11. グランドパッキンの漏水は，連続滴下程度で1～2cm³/min以下が適当である。
　なお，メカニカルシールの場合は，漏水を目視できない状態が正常である。
12. 各社メーカにより仕様が異なるので，施工要領書に基づき施工する。

備

考

参考表1　コンクリート基礎の高さとアンカーボルトの適用例

機器名	基礎の高さ H [mm]	基礎及びアンカーボルトの適用例			
		（イ）		（ロ）	
		㋑	㋺	㋑	㋺
ポンプ	標準基礎 300	○	△	◎	△
	防振基礎 150	○	△	◎	△

注. ◎印は適用してよい。
　なお，○印は1階以下及び中間階に適用してよい。
　△印は1階以下に適用してよい。
※表中の（イ）（ロ）㋑㋺は，参考図1に対応する。

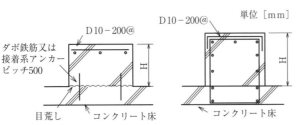

（a）基礎の高さと配筋要領

（イ）コンクリート床を独立して設置する場合

（ロ）床スラブと一体に配筋する場合

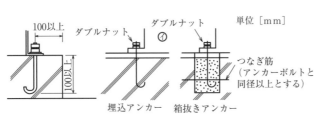

（b）アンカーボルトの取付け要領

参考図1　コンクリート基礎の高さと配筋要領・アンカーボルトの取付け要領

| 作業名 | ポンプの据付け作業 | 主眼点 | 揚水ポンプ（横形）の据え付けと配管 |

単位［mm］

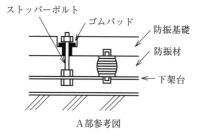

A部参考図

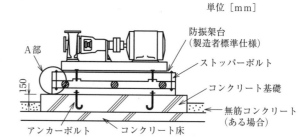

参考図2　防振基礎

（a）コンクリートタイプ

（b）アングルタイプ（溶融亜鉛めっき）

参考図3　防振架台

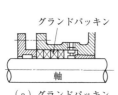

（a）グランドパッキン

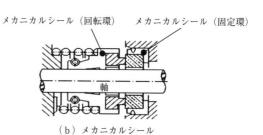

（b）メカニカルシール

参考図4　ケーシング内封水パッキン部

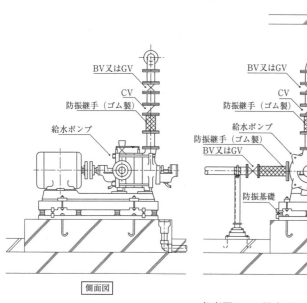

側面図

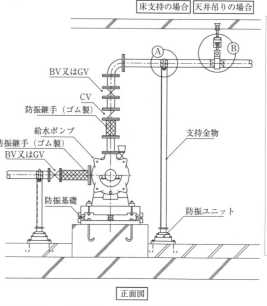

正面図

BV：ボール弁（ボールバルブ）
GV：仕切り弁（ゲートバルブ）
CV：逆止弁（チャッキバルブ）

参考図5　揚水ポンプ廻り防振配管例

備

考

出所：（図2，参考図3，参考図4（b））（株）川本製作所
　　　（図4，図5）『エバラ渦巻ポンプIBL型　取扱説明書　CF1108K-H001 Rev.5』（株）荏原製作所, p.14, 図6, 図7
　　　（参考表1）『公共建築設備工事標準図（機械設備工事編）平成31年版』国土交通省大臣官房官庁営繕部設備・環境課, p.123,〈コンクリー
　　　　ト基礎の高さとアンカーボルトの適用例〉表の抜粋
　　　（参考図1）（参考表1に同じ）p.123
　　　（参考図2）（参考表1に同じ）p.126
　　　（参考図5）『機械設備設計図集　標準部品編・部分詳細編　平成30年版』（独）都市再生機構, 2018年, p.65, Z-103（一部改変）

番号	No. 6. 15－1

作業名	汚水ますの施工作業	主眼点	インバート施工

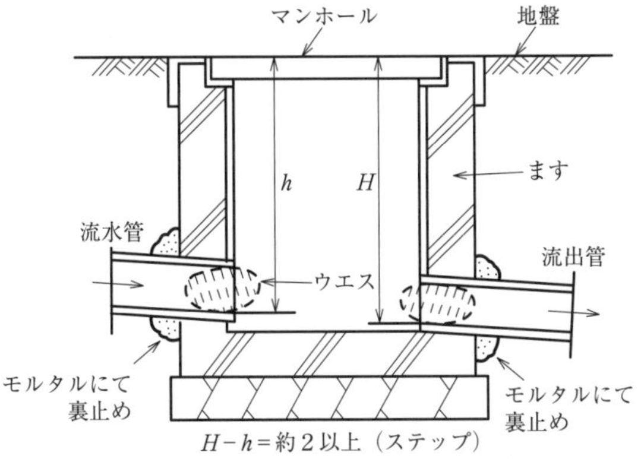

マンホール
地盤
ます
h
H
流水管
流出管
ウエス
モルタルにて裏止め
モルタルにて裏止め
H−h＝約2以上（ステップ）

図1　汚水ますの施工

材料及び器工具など

セメント
砂，水
ます
煉瓦（れんが）こて（福型・桃型）
一般左官こて
四半こて
クリこて
エンバルこて
刃定規
水準器

番号	作業順序	要　　　点
1	流入口，流出口，高さの確認をする	1．定規，水準器を使用して流入口，流出口の高さに誤りがないことを確認する（図1）。 2．管がますの内部仕上がり面より突き出ていないことを確かめる（図1）。
2	かた練りモルタルを作る	セメント1，砂2又は3（砂は目の細かいざるでふるいにかけると仕上がりがよい）の調合比に水を少量入れ，かた練りモルタルを作る（手で握って崩れない程度）。
3	インバート仕上げをする ※使用する工具は，図2を参照のこと。	1．排水ますの内にモルタルを入れる前に図1で示すよう流出口，流入口にウエスをあてがい，管内にモルタルの入込みと汚水の流出を防ぐ。 2．モルタルを図3の断面のようにV字形に入れ，上部から突き棒等で突き固め，左官こてで平らにならす。 3．平らにならしたモルタル上に刃定規を当て，四半こての先で図4に示す排水路を描き，型取りをする。 4．型取り完了後，四半こてを使用してモルタルを取り除く。汚水管内径に合わせ，底部を半円に仕上げる。 5．エンバルこてを使用して，図4のような断面になるように仕上げる。 6．仕上げ完了後，ウエスを取り，クリこて（目地こてでもよい）で管本体内部との間を滑らかに仕上げる。 7．ます外部の管本体差込み部もモルタルで裏止めを行い，入念に仕上げる。 8．完了後，モルタルが固まらないうちに汚水ますに水を流し使用する場合は，急結剤を使用する。

図　　解

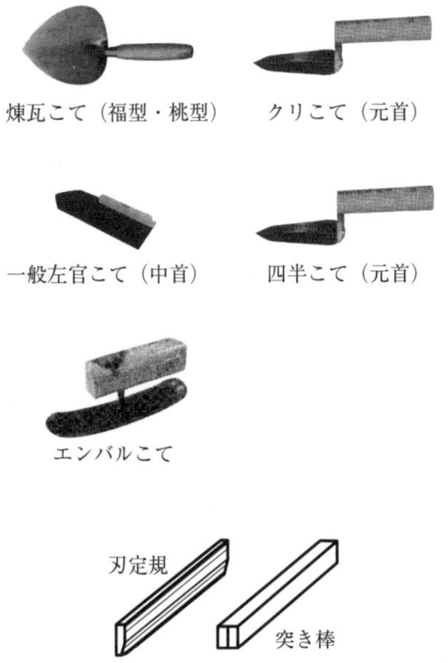

煉瓦こて（福型・桃型）
クリこて（元首）
一般左官こて（中首）
四半こて（元首）
エンバルこて
刃定規
突き棒

図2　インバート施工工具

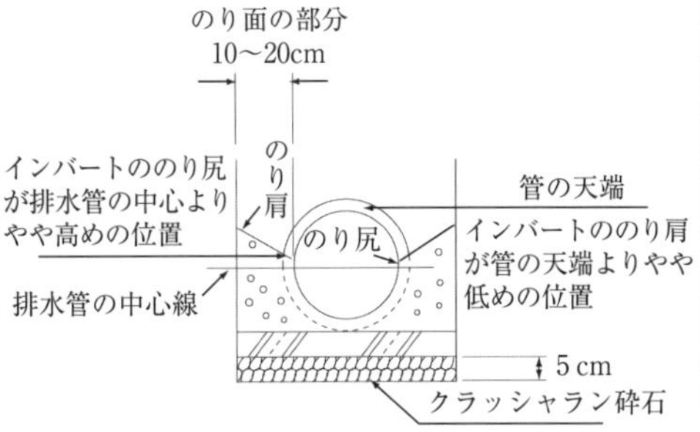

のり面の部分
10～20cm
のり肩
インバートののり尻が排水管の中心よりやや高めの位置
のり尻
管の天端
インバートののり肩が管の天端よりやや低めの位置
排水管の中心線
5 cm
クラッシャラン砕石

図3　インバート断面及び基礎図

作業名	汚水ますの施工作業	主眼点	インバート施工

図　　解

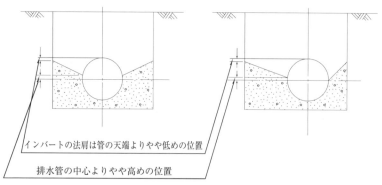

正しい位置　　A

誤った位置

A'

A−A'　断面

B　正しい位置

B'

誤った位置

B−B'　断面

インバートの法肩は管の天端よりやや低めの位置

排水管の中心よりやや高めの位置

図4　インバート築造

1．インバート施工は1方向，2方向，3方向がある（汚水管の起点集合屈曲部に設け，流入管をまとめ下流管に円滑に誘導する役目がある）（図4）。

【注意点】
1．エンバルこてを使用する時は，3本指で柄を握り，上向きより下部へ滑らかになるよう押し付けぎみにすることが必要である。
2．訓練用にはセメントの代わりにフライアッシュ又は石灰（石灰：砂＝1：3）を用い，急結剤は使用しない。
3．モルタルによる裏止めは，配管の脱落防止及び木の根などの侵入を防ぐため，必ず行う。

備

考

出所：（図3）東京都下水道局編『東京都排水設備要綱　平成28年3月版』2016年，p.89，図4−9
　　　　（図4）（図3に同じ）p.117，図4−37

作業名	屋外排水設備作業（1）	主眼点	レベルの使用方法と取扱い方

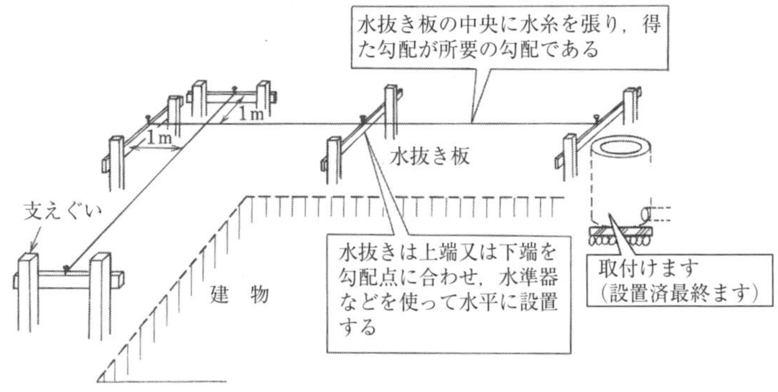

材料及び器工具など

角材（50×50×1 300）
水抜き板
くぎ（50mm，25mm）
ハンマ
オートレベル
スタッフ（標尺）
水糸

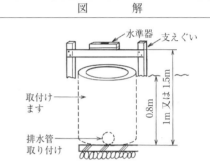

水抜き板の中央に水糸を張り，得た勾配が所要の勾配である

水抜き板

水抜きは上端又は下端を勾配点に合わせ，水準器などを使って水平に設置する

取付けます（設置済最終ます）

支えぐい

1m　1m

建物

図1　設置方式

番号	作業順序	要　　点	図　　解
1	支えぐいを打つ	1．取付けますより排水管路に沿って外側に平行に支えぐいを打ち込む。 2．排水管路との距離は，根切り幅などの必要な距離をとって，できるだけ近くに設ける。 3．角の部分は，排水管交点より，約1m離して打ち込む（図1）。	 水準器　支えぐい 取付けます 排水管取り付け 0.8m　1m又は1.5m 図2　取付けます部（設置済最終ます）
2	高さを決める	1．取付けます管底（一般に地表面より-0.8m）より1m又は1.5m上がり程度になるように，支えぐいに印の線を入れる（図2）。 2．水抜き板の上端と線を入れた支えぐいに合わせて，水準器で水平を確認後，反対側の支えぐいに印を入れる（図4）。 3．支えぐいの印に合わせて，くぎ（50mm）で鳥居型に水抜き板を打ち付け，固定する（図2）。	
3	配管勾配を見る	1．取付けます上にある支えぐいの上端にスタッフを載せる。 2．オートレベルでスタッフを読む。 3．取付けます位置より次のやり方までの距離を測り，2/100の排水勾配になるスタッフの高さを計算し，スタッフを支えぐいに当てて，計算した高さと一致させ，その時のスタッフ下面の位置に印をする（図3）。 4．やり方すべてについて，3を繰り返す。	  図3　スタッフ下面位置に印をする 水抜き板
4	水抜き板を取り付ける	片方の支えぐいに印された線に合わせて，水抜き板を合わせ，水準器で水平を確認後，反対側の支えぐいに印を入れる（図4）。 水抜き板を線に合わせて，くぎ（50mm）で鳥居型に打ち付け，固定する。	図4　水平確認と支えぐいに印をする
5	水糸を張る	1．配管経路上の水抜き板に，建物と平行になるように，水糸張り用のくぎ（25mm）を打つ。 2．水糸をたるまないように張る（図1）。	

備考

1．一般住宅の屋外排水管の管敷設をする場合，やり方を省いて水準器で勾配を取りながら配管することが多い。

参考表1　汚水のみを排除する排水管の内径・勾配

排水人口〔人〕	排水管の内径[mm]	勾配
150未満	100	2/100以上
150以上　300未満	125	1.7/100以上
300以上　500未満	150	1.5/100以上
500以上	180以上	1.3/100以上

参考表2　雨水のみ又は汚水及び雨水を排除する排水管の内径・勾配

排水面積〔m²〕	排水管の内径[mm]	勾配
200未満	100	2/100以上
200以上　400未満	125	1.7/100以上
400以上　600未満	150	1.5/100以上
600以上　1 000未満	180	1.3/100以上
1 000以上　1 500未満	200	1.2/100以上
1 500以上	230以上	1/100以上

内径180に該当する場合は内径200を使用し，内径230に該当する場合は内径250を使用する

出所：（参考表1）東京都下水道局編『東京都排水設備要綱　平成28年3月版』2016年，p.83，表4-1
　　　（参考表2）（参考表1に同じ）p84，表4-2

作業名	屋外排水設備（管敷設）作業（2）	主眼点	取付けます，ビニルます，コンクリート ますと塩ビ管の接続と勾配

図1　屋外排水管用根切

		材料及び器工具など

塩ビ管（VU100～150）
ビニルます
　（φ300，ストレート，トラップ，TY）
コンクリートます（φ300）
川砂，山砂
セメント，セメント速硬材
タコ（インパクトランマ）
シール剤，接着剤
ホールソー（φ120mm）
懐中電池，点検鏡

番号	作業順序	要　点	図　解
1	根切りする	1．やり方の水糸はじゃまになるので，外しておく。 2．配管経路に沿ってできるかぎり均一に，排水管の管底高より100mm深めに掘っていく（図1）。	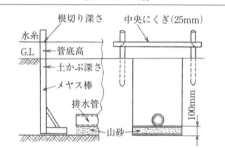 図2　排水管敷設断面図
2	地ならしする	1．掘削した部分を突き固め，地ならしする。 2．外した水糸を張り直して，メヤス棒で掘削深さがよいことを確認する（図2）。	
3	取付けますの縁塊リングを外す	1．取付けますのふたを取る。 2．取付けますの周囲を掘り，ますの縁塊，リングを軽くハンマでたたき取り外す（備考1，備考2）（図3）。	 図3　縁塊取り外し
4	排水管を切断，端面を整形する	1．塩ビ管（VU100）を取付けますから次の上流のますの長さに切断する（図4）。 2．塩ビ管の一端を文字が上にくるようにして，取付けます内径に合わせカットする（塩ビ管にソリがある場合，ソリの面を下に敷設し，埋戻し土圧によりソリを修正させる）（図4）。	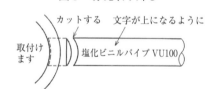 図4　ますと管接続
5	取付けますの穴あけをする	排水管が接続される部分を，ます内部よりハンマでたたき穴をあける。この時，取付け部以外にひびが入らないように，ますを両足で押さえながらするとよい。又はコンクリートカッタで前もって穴のあく位置に切込みを入れるとやりやすい（図3）。	 図5　接続部穴のモルタル補強
6	取付けますと排水管を接続する	1．塩ビ管接続部をクラッシャランを入れて厚さ100mmになるよう突き固め，モルタル（セメント：砂＝1：2）で取付けますの管底高さになるように仕上げる。 2．塩ビ管の端面をカットしたほうを，ますの内部に飛び出ないように差し込む（図4）。 3．塩ビ管を差し込んだます接続部に，モルタル（1：2）を覆いかぶせる（図5）。 4．塩ビ管の他端近くを少し持ち上げ，山砂を入れ，水準器（メヤス棒，水糸）で勾配を確認しながら，突き棒で突き固める（図6，図7）。 5．ます内部は，セメント速硬材で仕上げる（モルタルだけであれば固まるまで時間がかかる）（図8～図10）。	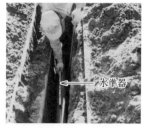 図6　勾配確認

| 作業名 | 屋外排水設備（管敷設）作業（2） | 主眼点 | 取付けます，ビニルます，コンクリート ますと塩ビ管の接続と勾配 |

番号	作業順序	要　　点	図　　解
7	塩ビ管を敷設する	1．再度塩ビ管の勾配を水準器で確認しながら，塩ビ管の両サイドに砂を入れ，突き棒で突き固める（作業順序6の4．同様）。 2．塩ビ管が長いと中央部が下がるので，上げてやる必要がある。 3．勾配を確認しながら水を少し流す。 4．取付けます内から点検鏡を使って，塩ビパイプが真円になっているか，また管底部に水が一定幅（約15mm）で一直線になっているか確認する（埋設後では，手もどり工事となる）（図11）。 5．塩ビ管の両側の砂を水締めしてから埋設していく（図12）。	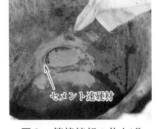 図7　突固め
8	取付けますのインバート仕上げ，組立てをする	1．ます底部をインバート仕上げする（「No. 6. 15」参照）。 　よく突き固め，セメント，モルタル用急結剤を振りかけながら仕上げたインバートは，水を流してもよく，次の作業をすることができる。 2．取付けますの内壁，インバート部，継目をぬらす（図13）。 3．取付けますの継目にモルタル（1：2）を盛る（図14）。 4．リング，縁塊の接続部をぬらし，上から押し付ける（図15）。 5．水準器で水平を確認しながら，ます内部にはみ出たモルタルを拭き取る。またインバート部に落ちたモルタルも水で洗い流す。 6．さらにます継目外部をモルタルで補強する（図16）。 7．ます周囲に山砂を入れる。	図8　ます内側管接続部 図9　管接続部の仕上げ

図10　仕上げ完了

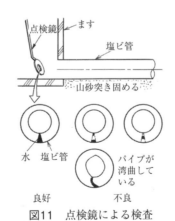

図11　点検鏡による検査

図12　水締め

図13　リングをぬらす

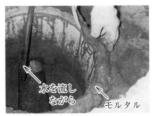

図14　継目のモルタル盛り

図15　リングをのせる

図16　接続部のモルタル補強

| 作業名 | 屋外排水設備（管敷設）作業（2） | 主眼点 | ビニルますの取り付け |

番号	作業順序	要　　点	図　解
9	ビニルますを取り付ける	1．ます取付け位置を幅450mm以上，深さを管底高さより150mm下がるまで掘る（図17）。 2．クラッシャランを入れ，厚さ100mmになるようにタコ（インパクトランマ）で突き固める（図18）。 3．山砂を入れ，厚さ50mmになるようにタコ（インパクトランマ）で突き固める（図19）。 4．塩ビ管端部の砂などを洗い落とし，端部より20～30mmのところにシール剤を全周に塗る（図20，図22）。 5．ビニルますの管取付け部にすきまがないように，完全に挿入する（図22）。 6．ビニルますのわきに山砂を入れ，水準器でますが水平になっていることを確認する（図21）。 7．地盤面とビニルますの高さをアジャスタを使ってそろえる（図23）。 8．ます上部の受け溝にシール剤を十分に充てんする（図22）。 9．アジャスタを上から押し付ける（図22）。 10．接続部にさらに，ます内，外部から再びシール剤で，コーキングする（図23，図27，図28）。 11．屋内排水管とますを前記4．，5．と同様に接続する。 12．屋内排水管とビニルますに著しい落差がある場合は，大曲がりY，エルボなどを使って掃除口を設ける（図24）。	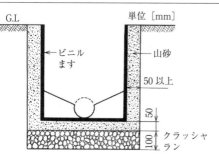 図17　ます部分断面  図18　突固め（クラッシャラン）

図19　突固め（山砂）

図20　シール剤の塗り付け

図21　ビニルますの取り付け

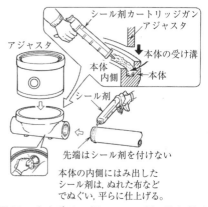

図22　ます受け口部のシール剤の塗り付け

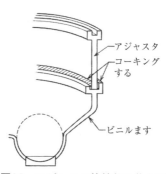

図23　アジャスタ接続部の仕上げ

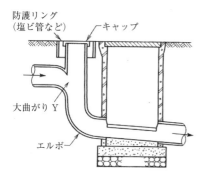

図24　落差が大きい場合（断面）

作業名	屋外排水設備（管敷設）作業（2）	主眼点	トラップますの取り付け

番号	作業順序	要　　点	図　　解
9	（トラップます）	1．アジャスタの胴に，屋内排水管の管径に合わせ，ホールソーで穴をあける（図25）。 2．屋内からの排水管をますに出し，アジャスタを接続する（図26）。 3．アジャスタと排水管接続部を，ゴム輪により接続する（図27〜図29）。 4．ます内に突き出た排水管には接着剤を使用せず，取外し可能とし，掃除がやりやすいようにする。 5．縦管は封水深さを50〜80mm にして，エルボに接着剤を付け，抜けないようにする。	

ホールソー

パイプ呼称[mm]	ホールソー径[mm]
VU　40	53
VU　50	65
VU　65	81
VU　75	95
VU 100	120

図25　ホールソー径表

図26　排水管とアジャスタの接続

図27　シール剤にてコーキング（内側）

図28　シール剤にてコーキング（外側）

図29　シール剤にてコーキング（管接続部）

図30　ますの取り付け

作業名	屋外排水設備（管敷設）作業（2）	主眼点	コンクリートますの取り付け

番号	作業順序	要　点	図　解
9	（コンクリートます）	1．ますの位置が駐車場など重量物が載る場合は，コンクリートますにしなければならない（図31）。 2．ます取付け位置を幅450mm以上，深さを管底高さより200mm下がるまで掘る。 3．クラッシャランを入れ，厚さ100mmになるようにタコ（インパクトランマ）で突き固める（「No.6.17－3」作業順序9の2．と同様）（図18）。 4．さらに，コンクリートを厚さ100mmになるように入れ，ならす（備考3）（図32）。 5．硬化後モルタル（1：2）を敷き，コンクリートますを載せ，水平を確認する（図33，図34）。 6．「No.94－1」作業順序6と同様にする。 7．コンクリートますにインバート施工する（「No.6.15」参照）。	単位［mm］ 目地モルタル（1：2） インバートモルタル（1：1） 基礎（コンクリート） 基礎（クラッシャラン） 図31　コンクリートます断面
10	検査する	1．ますのふたをとり，最上流ますより水を流す。 2．点検鏡を使って，塩ビパイプが真円になっているか，また管底部に水が一定幅（約15mm）で一直線になっているか再確認する。暗い時は懐中電灯で光を当て，確認する（図11）。	

図32　コンクリートますの底部のコンクリート　図33　コンクリートますの取り付け　図34　コンクリートますと排水管の接続（接続部のモルタル補強）

1．一般に取付けます側から上流に向かって排水管を施工する場合が多い。
2．取付けますは，管底高さ（普通，地盤面下800mm）が深く，インバート施工する時に困難なので，取付けますの縁塊，リングを取り外す。
3．市販品で厚さ100mmのコンクリートブロックを利用する場合もある。
4．近年，塩化ビニル製の小口径ますも多く使用されている。利用に当たっては，各自治体の基準に従うこと（参考図1，参考図2）。

備考

（a）ストレート　（b）90°曲り　（c）45°合流

（d）ドロップ　（e）起点トラップ　（f）90°変角段差付き
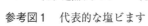
参考図1　代表的な塩ビます

参考図2　施工の様子

出所：（参考図1）前澤化成工業（株）

| 作業名 | 屋外排水設備（管敷設）作業（3） | 主眼点 | 留意事項 |

【屋外排水設備にかかる留意事項】

1．敷地内の排水方式の設定は，その地域の公共下水道の排除方式に整合させること。
　　（原則，自然流下方式）
2．配管経路の決定については，最も経済的で，かつ維持管理が容易となるようにすること。
3．公共ますと起点ますの深さにより，概略の勾配をチェックすること。
4．規定の勾配が確保できない場合は，1/100までとすること。
5．分流式の場合は，汚水管と雨水管を平行させることを避け，汚水管が下部，雨水管が上部となるようにする。
　　また，維持管理の観点から汚水管を建物側にすること（図1）。

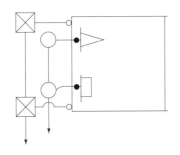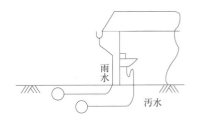

図1　分流式排水管の埋設位置

6．宅地内の土被り（地表面から管上部までの深さ）は，20cm以上を標準とするが，荷重等を考慮の上，必要な土被り
　　を確保する。
7．ますは排水管の次の箇所に設置すること（図2）。
　　①　起点及び終点
　　②　会合点及び屈曲点
　　③　管種及び管径の変化する箇所
　　④　管の延長が，管径の120倍を超えない範囲において，維持管理上適切な箇所（ただし，最終宅地ますと公共ますの
　　　　距離は管径の60倍以内）
　　⑤　（斜面などで）管の勾配が変化する箇所
　　⑥　その他必要な個所

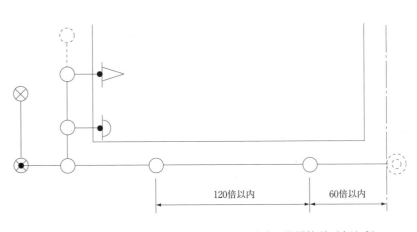

凡　例

浴　場	
手洗器，洗面器	
トラップ	
汚水ます	
雨水ます	
公共汚水ます	
トラップます	

120倍以内　　60倍以内

図2　ますの設置箇所（合流式）

出所：（図1）東京都下水道局編『東京都排水設備要綱　平成28年3月版』2016年，p.82，図4－4
　　　　（図2　左図）（図1に同じ）p.86，図4－6
　　　　（図2　凡例）（図1に同じ）pp.17〜18，表2－3（抜粋）

7. 技術資料

作業名	工事現場の安全管理体制及び対策	主眼点	災害防止のための順守事項

番号	作業順序	要　　点	図　　解
1	一般共通事項	労働安全衛生法により，事業者内から選任された総括安全衛生管理者の指揮のもとで，安全管理者及び衛生管理者等と十分に協議してこれを行う。 　1．安全衛生管理計画を策定する。 　2．災害防止協議会を設置し，安全施工サイクルに取り組む（図1）。 　3．異常時，災害発生における緊急連絡体制を確立する。 　　通報先（発注者，消防署，警察署，労働基準監督署，病院，水道局，ガス会社，電力会社，電話局等）を表示する（図2）。 　4．危険物や引火物には，火気厳禁や立ち入り禁止等を表示し，管理する。また，可燃物には囲いをする。 　5．火災の予防対策として，火気使用基準及び設置場所，点検箇所と点検周期，喫煙場所，消火器の設置，火気取扱責任者の表示，電気器具の取扱い物等を明示し，管理する。 　6．機械工具は，事前に自主検査及び点検されたもので，持ち込み時には取扱責任者を明示し，点検記録簿に確実に記載する。また，使用中に不具合が生じたらすみやかに撤去する。 　7．マンホール，地下タンク及び地下ピット等の工事は，酸欠や有毒ガス等が滞留している危険性があるため，作業前及び作業中に酸素濃度やガス濃度を測定する。また，作業中は換気を行う。 　8．外構工事は，崩壊及び転落防止に十分に留意して，安全対策を講ずる。	 図1　安全施工サイクル 図2　緊急時連絡表
2	点検・確認	正しい服装で，保護具を装着する。 　1．墜落制止用器具（通称「安全帯」） 　　墜落制止用器具の選定要件は，次のとおりである。 （1）6.75mを超える箇所では，フルハーネス型（図3（a））を選定する。 　　　2m以上の作業床がない箇所又は作業床の端，開口部等で囲い・手すり等の設置が困難な箇所の作業での墜落制止用器具は，フルハーネス型を使用することが原則である（特別教育修了者であること）。ただし，フルハーネス型の着用者が地面に到達するおそれのある場合（高さが6.75m以下）は，胴ベルト型（一本つり）（図3（b））を使用することができる。 （2）使用可能な最大重量に耐える器具を選定する。 　　　墜落制止用器具は，着用者の体重及びその装備品の重量の合計に耐えるものでなければならない（85kg用又は100kg用。特注品を除く）。	 （a）フルハーネス型（一本つり） （b）胴ベルト型（一本つり） 図3　墜落制止用器具（安全帯）

| 作業名 | 工事現場の安全管理体制及び対策 | 主眼点 | 災害防止のための順守事項 |

番号	作業順序	要　　点	図　　解
2		2．保護帽（ヘルメット） （1）保護帽には，次のような種類がある。 　　飛来・落下物用：上方からの飛来，落下物に対する防護用。 　　墜落時保護用：足場等の墜落による頭部の防護用。 　　電気用：使用電圧7000 V以下の感電防止用。 （2）保護帽は，次のような部品で構成されており，これらの部品の一部でも性能が低下すれば，危険を防止又は軽減することができない（図4）。 　　帽体：頭部を覆い，保護する殻部。 　　衝撃吸収ライナー 　　　：帽体に衝撃が加わった際に，頭部に伝わる衝撃を緩和する。 　　ヘッドバンド 　　　：頭周に合わせてサイズを調整し，帽体と頭部を固定する。 　　ハンモック 　　　：保護帽を頭部に保持する。帽体と頭部との間に十分な空間を作り，衝撃吸収に重要な役目を持つ。 　　あごひも（あごひも，耳ひも） 　　　：保護帽と頭部全体を固定し，脱落を防止する。 　　なお，保護帽を使用する際は，厚生労働省の型式検定に合格した「労・検」ラベル（型式検定合格標章）を確認すること（図5）。 3．安全靴 　　安全靴の種類には，形状ごとに短靴，アミ上げ，長靴があり（図6），JIS（JIS T 8101）の合格品は，革製又は総ゴム製である。 　　作業区分としては，重作業用（H），普通作業用（S），軽作業用（L）がある。 4．保護手袋 　　保護手袋の主な種類は，綿製と革製である（図7）。 （1）綿製（綿手袋，合成繊維手袋等） 　　綿製の手袋は，突き刺しに弱い。また，回転を伴う機械操作では，手袋がひっかかり，巻き込まれるおそれがあるため，使用しない。 　　なお，切創防止用手袋（パラ系アラミド繊維手袋）等を，回転を伴う機械操作に使用する際は，管理者に確認すること。 （2）革製（牛本革手袋，牛床革手袋等） 　　牛床革製の手袋は厚みがあり，突き刺しに強く，耐熱性もあるので，多く使用される。 　　革の耐熱温度は100℃までとされている。100℃を超すものをつかむ作業は2〜3秒以内とし，注意が必要である。	帽体 衝撃吸収ライナー ヘッドバンド ハンモック あごひも（あごひも，耳ひも） 図4　保護帽 保護帽の型式　型式名称：141-JZV-SH 帽体材質　保護帽　帽体材質 PC 検定取得年月　労（2018.5）検 検定番号　(1)TH4024　(2)TH4025　(3)TF953 製造業者名　製造業者 (株)谷沢製作所 製造年月　製造年月 2019.5 区分　(1)飛来落下物用 (2)墜落時保護用 　　　(3)電気用7,000V以下 図5　「労・検」ラベルの例 （a）短靴　（b）アミ上げ　（c）長靴 図6　安全靴の種類 （a）切創防止用手袋　（b）オイル革手袋 （c）牛本革手袋　（d）牛床革手袋 図7　保護手袋の主な種類

作業名	工事現場の安全管理体制及び対策	主眼点	災害防止のための順守事項

番号	作業順序	要　点	図　解
2		5．脚立 　　脚立（図8）は使い勝手のよさから，様々な作業で頻繁に使われる。脚立から身を乗り出したり，天板に乗ったりすると，バランスを崩して墜落に直結する。低所からの死亡災害が多発していることから，正しい使い方を覚えなければならない。 　　脚立の正しい使い方は，次のとおりである。 　①　天板に乗らない。 　②　身を乗り出して作業をしない。 　③　脚立を背にして降りない。 　④　物を持って昇降しない。 　⑤　反動を伴う作業では片側に乗る（図9）。 6．建設現場における熱中症 　（1）熱中症とは 　　　高温多湿な環境下において，体内の水分及び塩分（ナトリウムなど）のバランスが崩れたり，体内の調整機能が破綻するなどして発症する障害の総称である（図10）。 　（2）熱中症の症状について 　　　めまい・失神，筋肉痛・筋肉の硬直，大量の発汗，頭痛・気分の不快・吐き気・嘔吐・倦怠感・虚脱感，意識障害・痙攣・手足の運動障害，高体温等が現れる（表1）。 　（3）現場の状況 　　　気温の高い夏季に熱中症が多く発生しており，職場における熱中症による死亡災害者数は毎年20名前後に及んでいる。厚生労働省の発表によると，特に建設現場において死亡災害は最も多く発生しているところである。 　　　このような状況を踏まえ，国土交通省の発注工事では，従来「イメージアップ経費」として計上していた費用について「現場環境改善費」と名称を改め，最新の実績データに基づき，経費率を見直すとともに，安全関係の計上項目として熱中症予防が含まれることを明記している。	図8　脚立の名称及び注意点 （天板 巾12cm以上 長さ30cm以上，最上段の踏さんの長さ 30cm以上，40cm以下等間隔（アルミ製脚立の場合は35cm以下），脚柱，踏さん 巾5cm以上，開き止め金具，2m未満，75°以内，すべりどめ） 図9　誤った脚立の使い方（⑤の例） 図10　熱中症の起こり方 （平常時，暑い時・運動や活動，熱を逃がす，体温上昇，体温調節により平熱へ，発汗，皮膚に血液を集める（皮膚温上昇），汗の蒸発（気化熱），皮膚表面から外気への放熱，異常時，熱産生＞熱放散，体内の血液の流れ低下，体に熱がたまる（体温上昇），熱中症）

表1　熱中症の症状と重症度分類

分類	症　状	症状から見た診断	重症度
Ⅰ度	めまい・失神 　「立ちくらみ」という状態で，脳への血流が瞬間的に不十分になったことを示し，"熱失神"と呼ぶこともある。	熱失神	
	筋肉痛・筋肉の硬直 　筋肉の「こむら返り」のことで，その部分の痛みを伴う。発汗に伴う塩分（ナトリウム等）の欠乏により生じる。	熱けいれん	
	手足のしびれ・気分の不快		
Ⅱ度	頭痛・吐き気・嘔吐・倦怠感・虚脱感 　体がぐったりする，力が入らない等があり，「いつもと様子が違う」程度のごく軽い意識障害を認めることがある。	熱疲労	
Ⅲ度	Ⅱ度の症状に加え，意識障害・けいれん・手足の運動障害 　呼びかけや刺激への反応がおかしい，体にガクガクとひきつけがある（全身のけいれん），真直ぐ走れない・歩けない等。 高体温 　体に触ると熱いという感触である。 肝機能異常，腎機能障害，血液凝固障害 　これらは，医療機関での採血により判明する。	熱射病	

（日本救急医学会分類2015より）

作業名	工事現場の安全管理体制及び対策	主眼点	災害防止のための順守事項

番号	作業順序	要　　点	図　　解
2		（4）作業環境管理 　① 暑さ指数（WBGT値）の計測と周知 　　熱中症予防アプリや携帯型の黒球付熱中症計を活用することで現場の気象状況（暑さ指数：WBGT値）を把握する（図11，図12）。 　② 水分・塩分の摂取 　　自覚症状以上に脱水状態が進行していることもあるので，自覚症状の有無にかかわらず，作業の前後に水分を摂取し，作業中も定期的に摂取すること（図13）。	

図11　熱中症予防アプリの活用

図12　携帯型の黒球付熱中症計（WBGT計）

図13　熱中症対策キットの常備

備考

1．安全帯については『建設工事における "墜落制止用器具（通称「安全帯」）" に係る「活用指針」』を参考にする。
2．熱中症については『環境省熱中症環境保健マニュアル2018』並びに『建設現場における熱中症対策事例集』を参考にする。
3．熱中症に関する情報提供サイト一覧（2019年6月現在）
　・厚生労働省ホームページ（職場における労働対策）
　　　https://www.mhlw.go.jp/stf/seisakunitsuite/bunya/koyou_roudou/roudoukijun/anzen/anzeneisei02.html
　・平成30年「職場における熱中症による死傷災害の発生状況」（確定値）を公表します
　　　https://www.mhlw.go.jp/stf/newpage_04759.html
　・平成30年 職場における熱中症による死傷災害の発生状況（確定値）
　　　https://www.mhlw.go.jp/content/11303000/000509930.pdf
　・環境省熱中症予防情報サイト　http://www.wbgt.env.go.jp
　・気象庁ホームページ　http://www.jma.go.jp/jma/kishou/know/kurashi/netsu.html

出所：（図2）（株）グリーンクロス
　　　（図3（a））『安全帯が「墜落制止用器具」に変わります！』厚生労働省
　　　（図3（b）左）『機械設備工事施工マニュアル 平成29年版』横浜市建築局，（一社）神奈川県空調衛生工業会，2017年，p.29
　　　（図3（b）右）建設産業担い手確保・育成コンソーシアム『建設現場で働くための基礎知識（第一版）』（一財）建設業振興基金，
　　　　　　2017年，p.87
　　　（図4，図5）（株）谷沢製作所
　　　（図6，図7（b）～（d））（株）シモン
　　　（図7（a））ミドリ安全（株）
　　　（図8，図9）（図3（b）右に同じ）p.189
　　　（図10）『環境省熱中症環境保健マニュアル2018』環境省環境保健部環境安全課，2018年，p.3，図1-1
　　　（図11）『建設現場における熱中症対策事例集』国土交通省大臣官房技術調査課，2017年，p.6
　　　（図12）（株）ヒロモリ「日本気象協会監修 黒球付熱中症計（携帯用）」
　　　（図13）（図11に同じ）p.10
　　　（表1）（図10に同じ）p.18，表2-1

作業名	和風大便器の取付け作業	主眼点	和風大便器，ロータンクの施工

材料及び器工具など

和風床上給水大便器（金具一式）
すみ付きロータンク一式，シール材
セメント，砂，便器支えブロック
振動ドリル，鉛管ため棒
ドレッシャ，ドライバ
モータレンチ，ウォータポンププライヤ
コンクリートたがね，ハンマ
おかめこて，塗りこて
トーチランプ
墨出し工具一式

図1　和風大便器取付け図

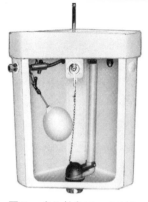

図2　すみ付きロータンク

番号	作業順序	要　点	図　解
1	便器を取り付ける	1．床スラブコンクリート打設前に，仮枠の上に便器位置を墨出しして約200×500mmの便器穴箱入れ（スリーブ）を入れる（すみ付きロータンクの場合，A寸法は洗浄管から約240mm，B寸法は壁から約500mm必要）（図4）。 2．床スラブ打ち後，便器取付け前に再度墨出しをして便器位置を調査確認する。違いがあれば床スラブをはつり修正する（図5）。 3．床防水工事前に便器を取り付ける（図6）。 4．床仕上がり面を確認して便器高さを決定する（図7）。 5．便器支えブロックを，スラブをはつり又はモルタルを敷いて加減して，便器仕上り面を調整し，取り付ける。 6．便器支えブロック（施工枠）（図3）の上に便器を載せ，モルタルで固定する（器具排水管と便器をシール材で充てんして接続する）。　　　（図8） 7．防水，シンダーコンクリート，床仕上げ，壁仕上げが終了後にロータンクを取り付ける。この間便器が損傷しないよう養生しておく（図9）。	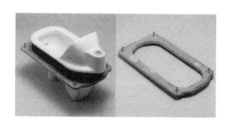 図3　和風便器用施工枠 （単位：mm） 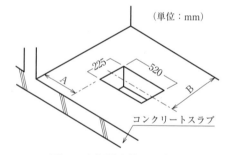 図4　大便器取付け用角穴

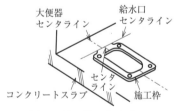

図5　施工枠の据え付け

図6　大便器の取り付け

レベル調整ボルトをボルト穴4カ所にねじ込み，所定の仕上げ寸法になるように高さを調節する

図7　大便器の調整

施工枠とスラブの間にモルタルを埋めて，施工枠を固定する

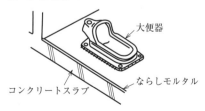

図8　施工枠の固定

防水施工の場合，防水層を大便器リム下まで巻き上げ大便器のアスファルトに密着させる

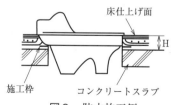

図9　防水施工例

作業名	和風大便器の取付け作業	主眼点	和風大便器，ロータンクの施工

番号	作業順序	要　点	図　解
2	ロータンクを取り付ける	1．便器に対して壁面が予定どおりの寸法になっているか，メーカカタログ参考寸法に合致するか確認する。 2．間仕切壁などの場合は，補強板が下準備されているか，又は壁体の強度などを調査確認する（図10）。 3．ロータンク取付け位置の墨出しをする。 4．タンク穴位置に合わせ，4カ所下穴をあける（図10）。 5．所定の位置にカールプラグを打ち込む。 6．中央のどちらか1本だけ20～25mm残してねじ込む（図11）。 7．前記6の木ねじにロータンクを掛け，特殊座金（ダルマ座金）をはめる（図11）。 8．残りの木ねじを片面は十分に，もう一方の面は1mm程度緩みを持たせて締め付ける（建物の振動，ひずみよりタンク破損を防ぐため）（図10）。	図10　ロータンクの取り付け
3	ロータンク内部金物を取り付ける	1．給水接続向きを確認し，排水弁本体に三角パッキンを入れて，手で押さえながらナットを締める（図12）。 2．レバーハンドルを取り付け後，玉鎖を引っ張った状態から4玉ぐらいたるませ，レバーフックに掛ける（図13）。 3．ハンドルを回し，小の場合はフロートバルブが少し開く程度に，大の場合は90°以上引き上がる程度がよい。 4．ボールタップの取付けパッキンを確認し，浮玉が伴回りしないよう手で押さえ，ナットを締め付ける（図14）。	図11　特殊座金の取り付け
4	給水管を接続する	1．アングルバルブ（止水栓）を（水栓取付け要領で）取り付ける。 2．アングルバルブ（止水栓）に15mm以上給水管を差し込み，パッキンを確認し，それぞれナットで締め付ける（図15）。 3．手洗付きの場合，手洗カランと蛇腹管を接続する（図16）。	

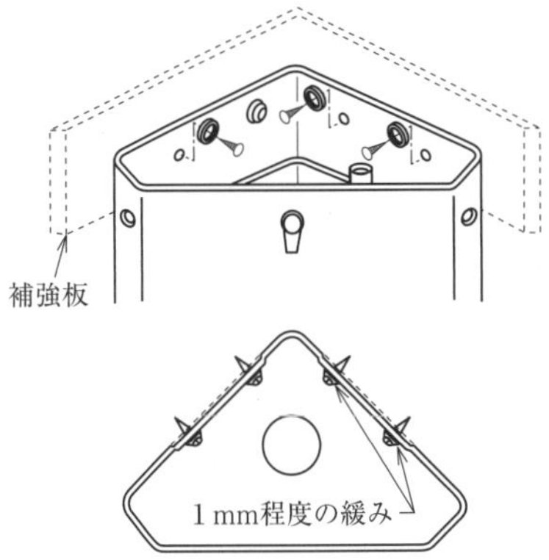

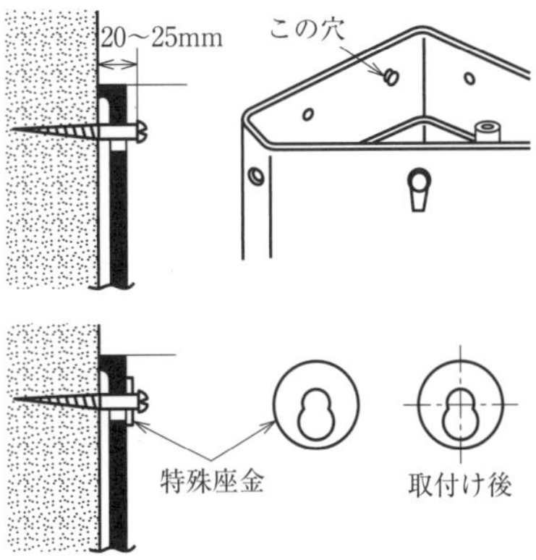

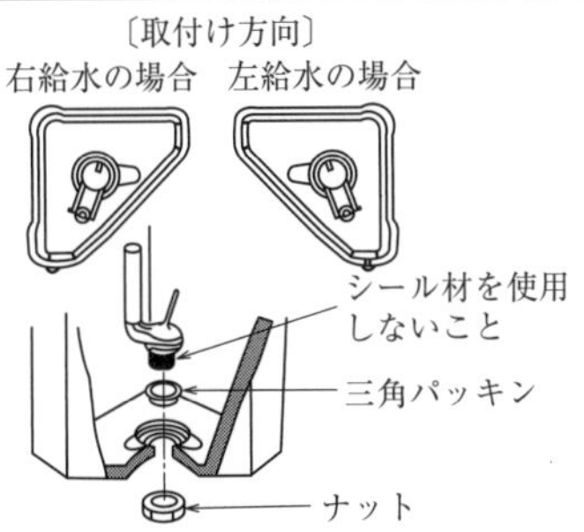

図12　排水弁の取り付け

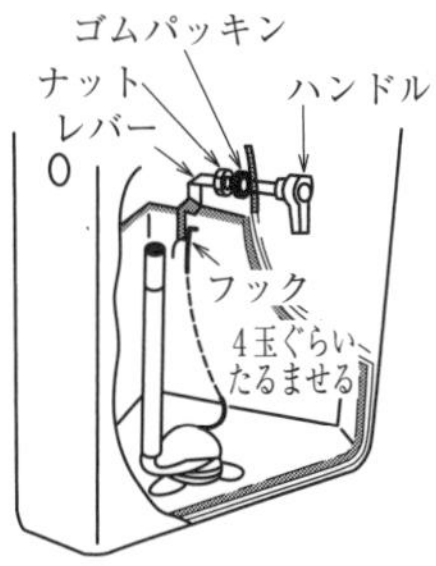

図13　ハンドルの取り付け

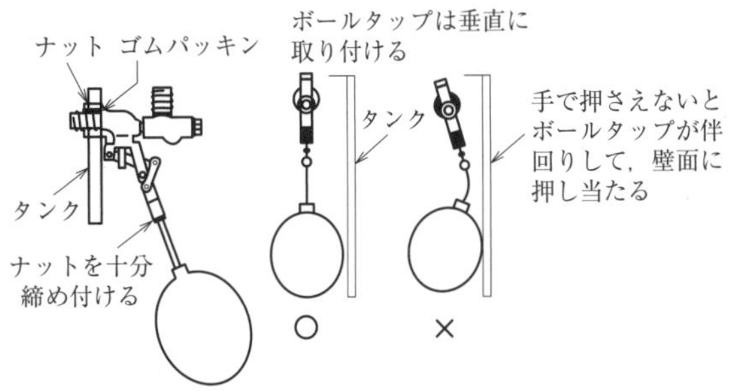

図14　ボールタップの取り付け

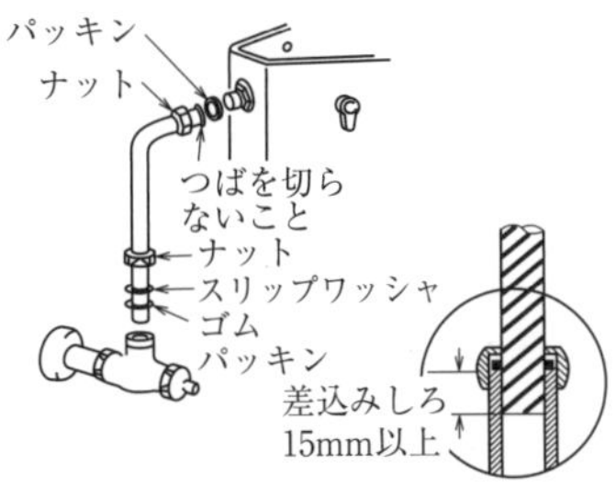

図15　連結管の接続

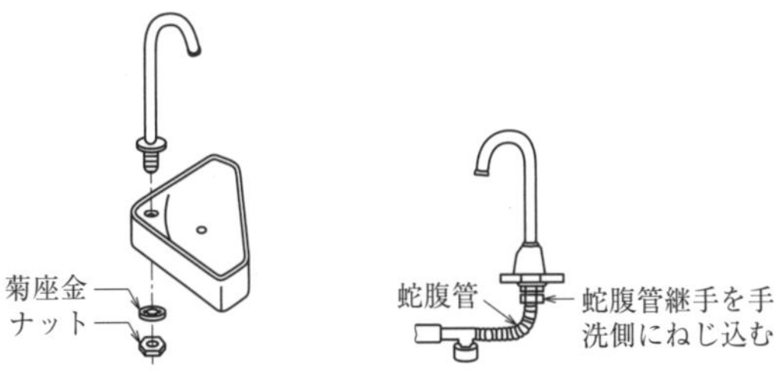

図16　手洗管の取り付け

作業名	和風大便器の取付け作業	主眼点	和風大便器，ロータンクの施工

番号	作業順序	要　　点	図　　解
5	洗浄管を取り付ける	2本の洗浄管を使用して，ロータンク下部給水口と便器のスパッド間を接続する（図17，図18）。	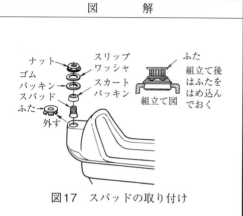
6	手洗いを取り付ける	ロータンクのふたを兼ねた手洗部を，ボールタップの手洗給水管と接続し，ロータンクにふたをする（図19）。	図17　スパッドの取り付け
7	ペーパホルダを取り付ける	所定の位置に墨出しして，カールプラグによりペーパホルダを取り付ける。	

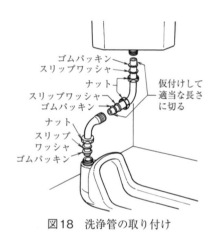

図18　洗浄管の取り付け

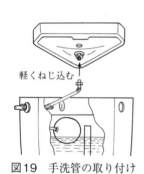

図19　手洗管の取り付け

備考	1．和風便器の取り付けとロータンクの取り付けは，時期的に別作業であるが，関連作業として説明した。 2．便器はコンクリートの圧縮に弱く，特に便器腹部は弱いので，コンクリート，モルタルで埋めないよう注意する。もし，コンクリート，モルタルなどと接する部分がある場合は，弾性のある防水性物質（アスファルトなど）を厚み3mm以上塗布するか，メーカに出荷前に指示して塗装して納入する。

| 作業名 | 洋風大便器の取付け作業 | 主眼点 | 洋風大便器，フラッシュ弁の施工 |

材料及び器工具など

洋風大便器（金具一式）
直結フラッシュ弁，シール材
排水用鉛管
振動ドリル一式
ドライバ（大小）
コンクリートたがね
モータレンチ，モンキレンチ
ウォータポンププライヤ
トーチランプ
鉛筆，ハンマ

図1　洋風大便器

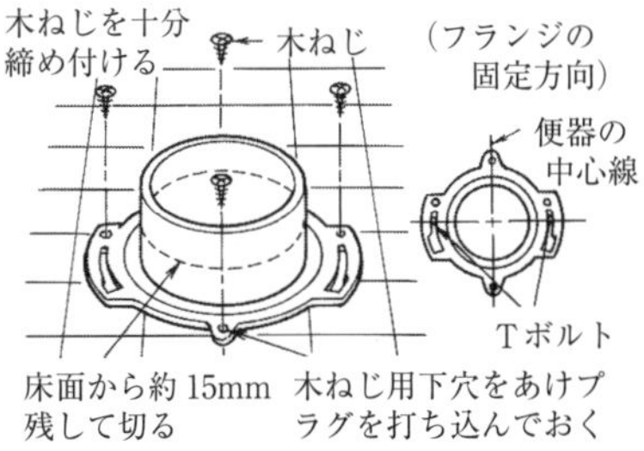

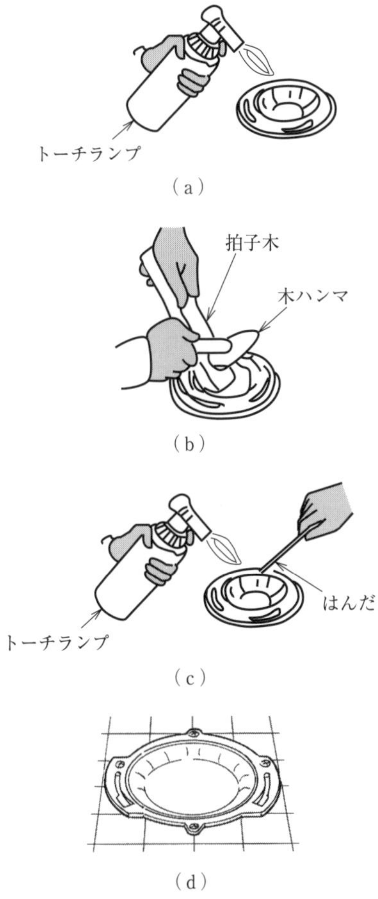

番号	作業順序	要　点	図　解
1	準備する	給水管，排水管を寸法どおり配管し，給水管にはプラグ，排水管にはビニルテープで管内にごみなどが入らないようにふさいでおく。	
2	床フランジを取り付ける（床面仕上がり後）	1．床フランジがちょうど床面に納まるように，排水管周囲をはつる。 2．床フランジを固定するため，ねじ位置に振動ドリルで下穴をあけ，カールプラグを打ち込み，木ねじで床フランジを固定する（図2）。 ※床フランジの方向に注意する。また，固定が不十分だと便器ががたつく原因となる。 3．床面から約15mm残して排水管を切断する。	図2　床フランジの取り付け
3	排水用鉛管のつばを広げる	1．床フランジ周囲をぬれたウエスなどで養生する。 2．排水管をトーチランプで加熱し，フランジ上部まで押し広げる（図3）。 3．ため棒やドレッシャなどを使い，フランジのテーパ面に沿わせて上部まで十分広げ，上端をフランジにはんだ付けする。この時，排水管がフランジ上面より飛び出さないようにする。	
4	便器を仮据えする	1．床フランジにTボルトを入れ，仮に便器を据え付け，中心位置を確認する。 2．便器固定用木ねじ位置をけがく。 3．便器を取り外し，ねじ下穴位置に振動ドリルで下穴をあけ，カールプラグを打ち込んでおく。	
5	便器を固定する	1．便器の底面の排水穴周囲の汚れを取り，シール材をはめる。 2．便器を持ち，上から静かに置き，便器と排水用鉛管がシールで完全に密着するように強く押さえる。 3．便器固定用木ねじで固定し，Tボルトのほうも座金・ナットを固定する。なお，ナットや皿木ねじを強く締め込みすぎて便器を割らないよう注意する。 4．化粧キャップをねじ込む（図4）。	
6	スパッドを取り付ける	1．便器内にスパッド本体，スカートパッキンを入れ，スパッド本体ねじ部を引き出す。 2．次にゴムパッキン，スリップワッシャの順で入れ，ナットで締め付ける（図5）。 3．便座を取り付ける（図6）。	図3　排水用鉛管のつば広げ加工

| 作業名 | 洋風大便器の取付け作業 | 主眼点 | 洋風大便器，フラッシュ弁の施工 |

番号	作業順序	要　　点	図　　解
7	直結フラッシュ弁を取り付ける	1．フラッシュ弁を止水部とフラッシュ部とに分解し，既設給水口に止水部を取り付ける。 2．止水部にフラッシュ部を取り付ける。 3．フラッシュ部にバキュームブレーカを取り付ける。 4．バキュームブレーカと便器スパッドを結ぶ（図7）。	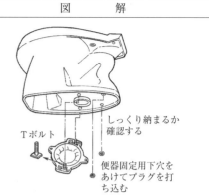
8	ペーパホルダを取り付ける	所定の位置に墨出しして，カールプラグにより取り付ける。	

Tボルト
しっくり納まるか確認する
便器固定用下穴をあけてプラグを打ち込む

図4　便器の固定

スカートパッキン
スリップワッシャ
本体
ゴムパッキン
ナット

図5　スパッドの取り付け

ゴムパッキン
ゴムパッキン
スリップワッシャ
ナット

図6　便座の取り付け

図7　フラッシュ弁
（バキュームブレーカ付き）

備

考

1．器具の取り付けは，既設配管の適否に大きく左右されるもので，その技能の半分は器具の取付け前に行われる給排水の配管作業にあるといえる。

2．スパッドと便座は，便器を据え付ける前に組み立てたほうがやりやすいが，ここでは説明の流れで後にもってきた。

3．フラッシュ弁の取り付けを簡単に書いたが，これは便器排水位置と給水管位置が，取付け基準寸法どおりである場合のことで，実際は寸法どおりではないことも多い。

4．市販されている塩ビ管用の便器用床フランジ（参考図1）は，塩ビ管をラッパ状に広げる必要がなく，床面で切断し，床フランジと接続できる（参考図2）。

参考図1　塩ビ管用床フランジ

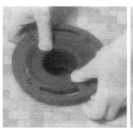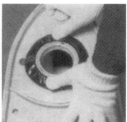

（1）　　　　　（2）　　　　　（3）　　　　　（4）　　　　　（5）

参考図2　床フランジ取付け施工例

作業名	ロータンクの取付け作業	主眼点	ロータンク金具の施工

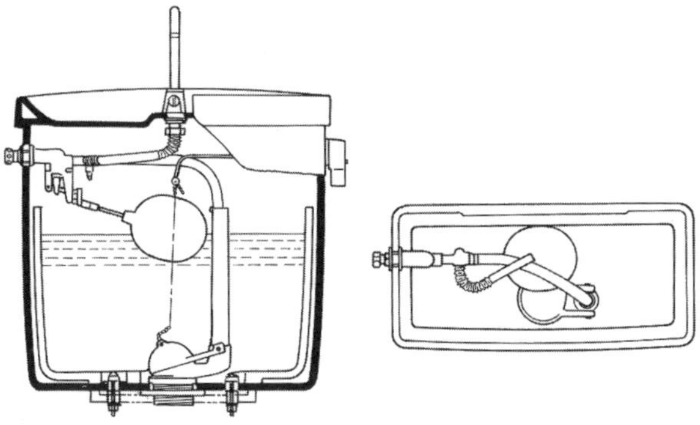

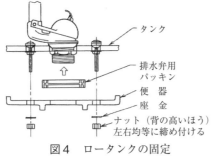

図1　腰掛式便器用ロータンク

材料及び器工具など

ロータンク（金具付き）
モータレンチ
モンキレンチ
ドライバ

番号	作業順序	要　　点	図　　解
1	清掃する	器具を取り付ける前に，給水管内のごみ，砂などを完全に洗い流す。	
2	取付けボルトを取り付ける	取付けボルトにパッキンを確認し，タンク内部より差し込み，背の低いナットで締め付ける（図2）。	
3	排水弁を取り付ける	1．排水弁本体に三角パッキンを入れ，手で押さえながらナットを締める（図3）。 　2．この時，排水弁本体が伴回りしないようにする。	
4	便器との固定をする	便器とタンクの間に排水弁用パッキンを入れ，背の高いナットで左右均等に締め付ける（図4）。	
5	鎖を調節する	1．鎖を4玉ぐらいたるませて，ハンドルレバーのフックに掛ける（図5）。 　2．ハンドルを回し，小の場合はフロートバルブが少し空く程度に，大の場合は90°以上引き上がる程度がよい。	
6	ボールタップを取り付ける	ボールタップの取付けパッキンを確認し，浮玉が伴回りし，タンク壁にぶつからないように手で押さえ，ナットを締め付ける（図6，図7）。	

図2　取付けボルト

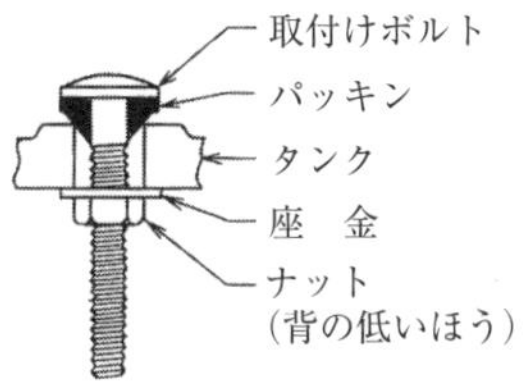

（取付けボルト／パッキン／タンク／座　金／ナット（背の低いほう））

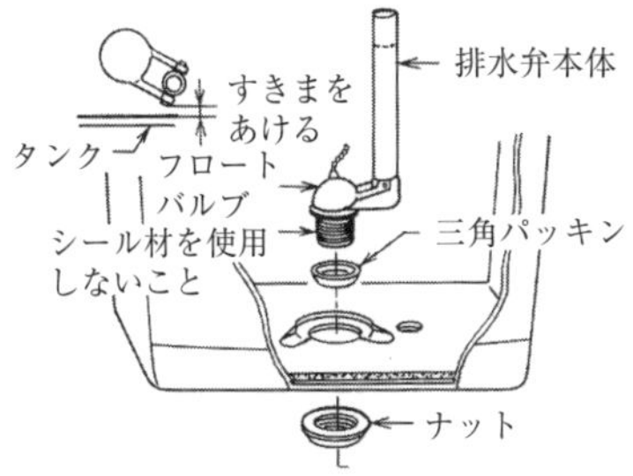

図3　排水弁の取り付け

（排水弁本体／すきまをあける／タンク／フロートバルブ／シール材を使用しないこと／三角パッキン／ナット）

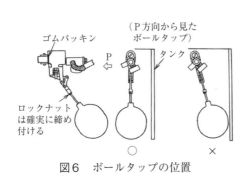

図4　ロータンクの固定

（タンク／排水弁用パッキン／便　器／座　金／ナット（背の高いほう）左右均等に締め付ける）

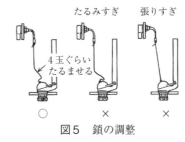

図5　鎖の調整

（たるみすぎ　張りすぎ／4玉ぐらいたるませる／○　×　×）

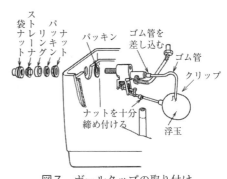

図6　ボールタップの位置

（ゴムパッキン／（P方向から見たボールタップ）／タンク／ロックナットは確実に締め付ける／○　×）

図7　ボールタップの取り付け

（ストレーナ／袋ナット／パッキングナット／ロックナット／パッキン／ゴム管を差し込む／ゴム管／クリップ／ナットを十分締め付ける／浮玉）

作業名	ロータンク金具の取付け作業	主眼点	ロータンクの調節

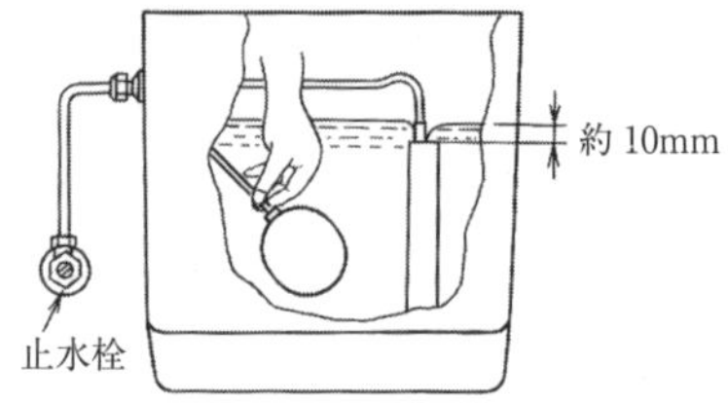

材料及び器工具など
ドライバ

図1　タンク内の水位 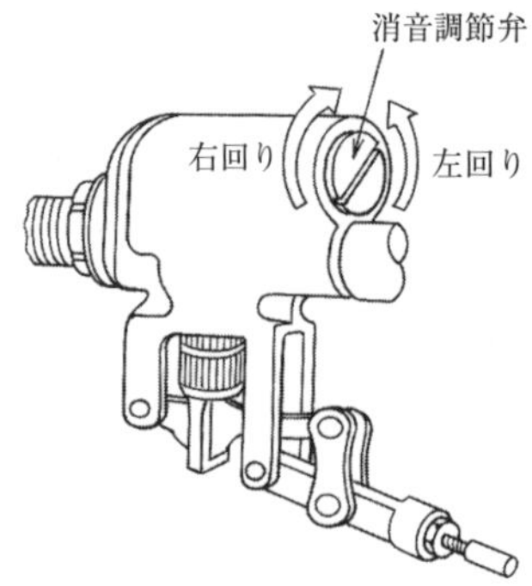　　　　図2　消音調節弁の調節

番号	作業順序	要　　点	図　　解
1	消音の調節 （手洗付き） をする	1．止水栓を全開にし，浮玉を押し下げ，オーバーフロー管からあふれさせる（図1）。 2．消音調節弁をドライバで，水面がオーバーフロー管より10mm以上上昇しない程度に調節する（消音調節弁のないものは，止水栓で調節する）（図2）。	 図3　消音の調節
2	消音の調節 （手洗なし） をする	吐水金具をロータンク壁に向け，水を壁面に当てる（図3）。	
3	吐水量の調節 をする	手洗カランのあるものは，調節金具をドライバで回し，流量を適当に調節する（図4）。	
4	水位の調整を する	1．タンクの水位をオーバーフロー管のWL（標準水位）に合わせる（図5）。 2．浮玉を軽く手で押さえながら，回止めを引き上げ，水位が低い場合はⒶ方向に，水位が高い場合はⒷ方向に回す（図6）。 3．調整が終わったら回止めを下げる（図6）。	 図4　吐水量の調節
5	確認する	取付け完了後2～3度操作して，正常に作動するか確認する。	

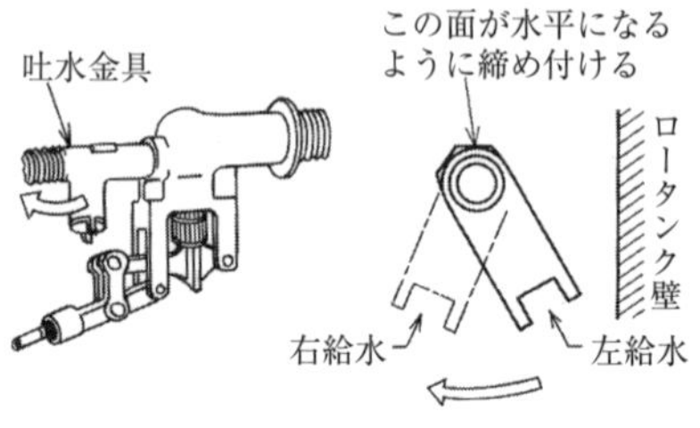

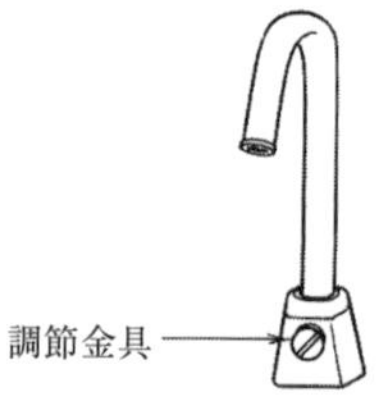

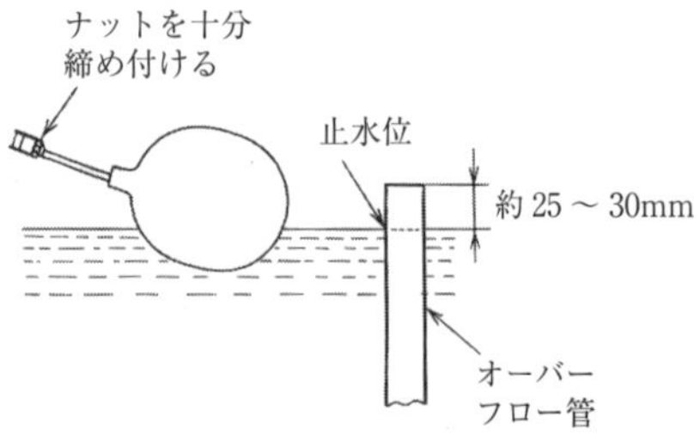

図5　水位調整 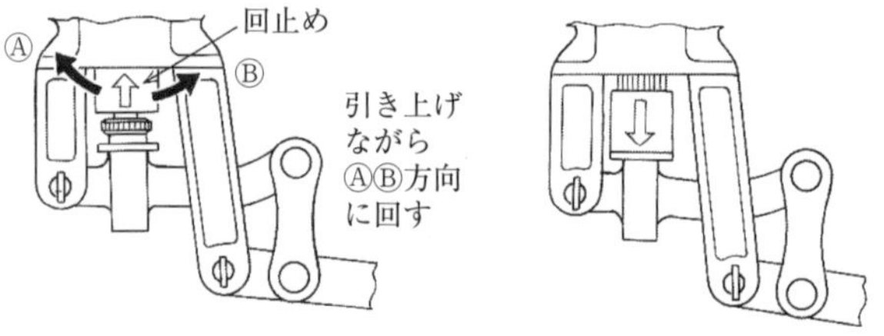　　　　　　　図6　回止めの回し方

備考	1．手洗カランが付かないタンクは，水勢で排水弁が閉まらないことがある。また，消音のために吐水金具を回してタンク壁面に吐水するよう方向を調節する（図3）。

○引用規格一覧────────────────────────────────

■日本産業規格（発行元　一般財団法人日本規格協会）

　JIS A 5207：2014「衛生器具−便器・洗面器類」(130)

　JIS B 8607：2008「冷媒用フレア及びろう付け管継手」(143，144)

　JIS C 1302：2018「絶縁抵抗計」(153)

■日本金属継手協会規格（発行元　日本金属継手協会）

　JPF DF001：2010「排水用ねじ込み式鋳鉄製管継手」(94)

　JPF MP003：2015「水道用ライニング鋼管用ねじ込み式管端防食管継手」(99)

　JPF MP005：2007「耐熱性硬質塩化ビニルライニング鋼管用ねじ込み式管端防食管継手」

■日本水道協会規格（発行元　公益社団法人日本水道協会）

　JWWA K116：2015「水道用硬質塩化ビニルライニング鋼管」

　JWWA K132：2015「水道用ポリエチレン粉体ライニング鋼管」

　JWWA K140：2015「水道用耐熱性硬質塩化ビニルライニング鋼管」

■空気調和・衛生工学会規格（発行元　公益社団法人空気調和・衛生工学会）

　SHASE-S012：2013「建築設備用あと施工アンカー」(58)

○参考規格一覧────────────────────────────────

■塩化ビニル管・継手協会規格（発行元　一般財団法人塩化ビニル管・継手協会）

　AS 38：2018「屋外排水設備用硬質ポリ塩化ビニル管継手（VU継手）」(118，119)

　AS 58：2008「排水用リサイクル硬質ポリ塩化ビニル管（REP）」(116)

　AS 62：2011「下水道用リサイクル三層硬質塩化ビニル管（RS-VU）」(116)

■日本産業規格（発行元　一般財団法人日本規格協会）

　JIS B 0203：1999「管用テーパねじ」(80，86，92)

　JIS B 2301：2013「ねじ込み式可鍛鋳鉄製管継手」(61，62，94)

　JIS B 4633：1998「十字ねじ回し」(12)

　JIS B 8607：2008「冷媒用フレア及びろう付け管継手」(115，144)

　JIS G 3448：2016「一般配管用ステンレス鋼鋼管」(101〜104)

　JIS G 3442：2015（追補 1：2016）「水配管用亜鉛めっき鋼管」(98，99)

　JIS G 3452：2019「配管用炭素鋼鋼管」(28，29，53，54，61，62，76〜79，82〜86，88，90，98，99，105，106)

　JIS H 3300：2012「銅及び銅合金の継目無管」(109〜116)

　JIS H 3401：2001「銅及び銅合金の管継手」(115)

　JIS K 6739：2016「排水用硬質ポリ塩化ビニル管継手」(59，60，118，119)

　JIS K 6741：2016「硬質ポリ塩化ビニル管」(53，59，60，116，118，119)

　JIS K 6742：2016「水道用硬質ポリ塩化ビニル管」(116，117〜119)

　JIS K 6743：2016「水道用硬質ポリ塩化ビニル管継手」(118，119)

　JIS K 6762：2019「水道用ポリエチレン二層管」(116)

　JIS K 6769：2013「架橋ポリエチレン管」(116)

　JIS K 6776：2016「耐熱性硬質ポリ塩化ビニル管」(116，118，119)

JIS K 6777：2016「耐熱性硬質ポリ塩化ビニル管継手」(118, 119)
JIS K 6778：2016「ポリブテン管」(116)
JIS K 6787：2013「水道用架橋ポリエチレン管」(116)
JIS K 6792：2013「水道用ポリブテン管」(2017年8月21日廃止)(116)
JIS K 9797：2006「リサイクル硬質ポリ塩化ビニル三層管」(116)
JIS K 9798：2006「リサイクル硬質ポリ塩化ビニル発泡三層管」(116)
JIS T 8101：2006「安全靴」(167)
JIS Z 3264：1998「りん銅ろう」(112, 113)

■日本金属継手協会規格（発行元　日本金属継手協会）
JPF DF001：2010「排水用ねじ込み式鋳鉄製管継手」(94)
JPF MP003：2015「水道用ライニング鋼管用ねじ込み式管端防食管継手」(63, 64, 99)
JPF MP005：2007「耐熱性硬質塩化ビニルライニング鋼管用ねじ込み式管端防食管継手」(99)
JPF MP006：2011「ハウジング形管継手」(105, 106)

■日本下水道協会規格（発行元　公益社団法人日本下水道協会）
JSWAS K-1：2010「下水道用硬質塩化ビニル管」(116)

■日本水道協会規格（発行元　公益社団法人日本水道協会）
JWWA K116：2015「水道用硬質塩化ビニルライニング鋼管」(63, 64, 99)
JWWA K129：2019「水道用ゴム輪形硬質ポリ塩化ビニル管（HIVP, VP）」(116)
JWWA K132：2015「水道用ポリエチレン粉体ライニング鋼管」(99)
JWWA K140：2015「水道用耐熱性硬質塩化ビニルライニング鋼管」(99)
JWWA K144：2017「水道配水用ポリエチレン管」(116)

■架橋ポリエチレン管工業会規格（発行元　架橋ポリエチレン管工業会）
JXPA 401：2018「暖房用架橋ポリエチレン管」(116)

■配水用ポリエチレンパイプシステム協会規格（発行元　配水用ポリエチレンパイプシステム協会）
PTC K03：2016「水道配水用ポリエチレン管」(116)

■建築設備用ポリエチレンパイプシステム研究会規格（発行元　建築設備用ポリエチレンパイプシステム研究会）
PWA 001：2017「水道配水用ポリエチレン管」(116)
PWA 005：2017「給水用高密度ポリエチレン管」(116)

■ステンレス協会規格（発行元　ステンレス協会）
SAS 322：2016「一般配管用ステンレス鋼鋼管の管継手性能基準」(100)

■空気調和・衛生工学会規格（発行元　公益社団法人空気調和・衛生工学会）
SHASE-G0002：2012「新版 建築設備の耐震設計 施工法」(66)
SHASE-S009：2004「建築設備用インサート」(51)
SHASE-S010：2013「空気調和・衛生設備工事標準仕様書」(53)
SHASE-S012：2013「建築設備用あと施工アンカー」(58)
SHASE-S012：2005「建築設備用あと施工アンカー」(58)

○**参考法令一覧**

電気設備に関する技術基準を定める省令　第58条（153）

電気設備に関する技術基準を定める省令（151）

労働安全衛生法（166）

労働安全衛生規則（25）

労働安全衛生規則　第111条（84，86，89）

建築設備の構造耐力上安全な構造方法を定める件（138）

○参考文献一覧

1. 『MIKADO製品総合カタログ2019 No.30』株式会社三門

2. 『MiMi通信　S49.4.20』ネグロス電工株式会社

3. 『アカギ総合カタログ2018-69』株式会社アカギ

4. 『エアコンプレッサ0504取扱説明書』アサダ株式会社

5. 『営繕工事写真撮影要領（平成28年版）による工事写真撮影ガイドブック　機械設備工事編　平成30年版』一般社団法人公共建築協会，2018年

6. 『エディ848密結形ロータンク　施工説明書　15-06T』アサヒ衛陶株式会社

7. 『エバラ渦巻ポンプIBL型　取扱説明書　CF1108K-H001 Rev.5』株式会社荏原製作所

8. 『改訂　給水装置工事技術指針　本編』公益財団法人給水工事技術振興財団，2013年

9. 『各種合成構造設計指針・同解説』一般社団法人日本建築学会，2010年

10. 『カタログ2018-2019』レッキス工業株式会社

11. 『型枠施工必携　平成23年改訂増補版』社団法人日本建設大工工事事業協会（現：一般社団法人日本型枠工事業協会），2011年

12. 『環境省熱中症環境保健マニュアル2018』環境省環境保健部環境安全課，2018年

13. 『管端防食継手を使用する方々へ―ライニング鋼管用ねじ込み式管継手―』日本金属継手協会，2010年

14. 「管用転造ねじで接合強度を向上」『日経メカニカル　No.482　1996年6月10日号』原田洋一著，株式会社日経BP社，1996年

15. 『機械設計法（第3版）』塚田忠夫・吉村靖夫・黒崎茂・柳下福蔵共著，森北出版株式会社，2015年

16. 『機械設備工事監理指針 平成28年版』一般社団法人公共建築協会著，一般財団法人地域開発研究所，2016年

17. 『機械設備工事施工マニュアル 平成29年版』横浜市建築局，一般社団法人 神奈川県空調衛生工業会，2017年

18. 『機械設備工事標準施工図集』公衛会技術委員会編，株式会社技術書院，2004年

19. 『機械設備設計図集　標準部品編・部分詳細編　平成30年版』独立行政法人都市再生機構，2018年

20. 『気密試験キット取扱説明書』アサダ株式会社

21. 『給湯設備の転倒防止措置に関する告示の改正について』一般社団法人日本ガス石油機器工業会，2013年

22. 『空衛vol.71 2017年11月号』一般社団法人日本空調衛生工事業協会

23. 『空気調和・衛生工学便覧 第14版 第5巻（計画・施工・維持管理編）』社団法人空気調和・衛生工学会，丸善株式会社，2010年

24. 『空気調和・給排水設備施工標準　改訂第5版』一般社団法人建築設備技術者協会，2009年

25. 『空調・換気・排煙設備工事読本』安藤紀雄監修，日本工業出版株式会社，2019年

26. 『建設現場で働くための基礎知識（第一版)』建設産業担い手確保・育成コンソーシアム，一般財団法人建設業振興基金，2017年

27. 『建設現場における熱中症対策事例集』国土交通省大臣官房技術調査課，2017年

28. 『建設工事における "墜落制止用器具（通称「安全帯」）に係る『活用指針』一般社団法人日本建設業連合会，2019年

29. 『建築設備耐震設計・施工指針　2005年版』財団法人日本建築センター，2005年

30. 『建築設備耐震設計・施工指針　2014年版』一般財団法人日本建築センター，2014年

31. 「建築設備における合成樹脂管の普及」『空気調和衛生工学　2018/4　Vol.92 No.4』藤田哲典著，公益社団法人空気調和・衛生工学会，2018年，pp.33～39

32. 「建築設備の耐震安全性能の確立」『国士舘大学工学部紀要　第38号』木内俊明著，国士舘大学工学部，2005年

33. 『建築設備用あと施工アンカー　選定・施工の実践ノウハウ』建築設備用あと施工アンカー研究会著，株式会社オーム社，2008年

34. 「建築設備用合成樹脂管の採用への留意点と最近の動向」『空気調和衛生工学　2018/4　Vol.92　No.4』須賀良平著，公益社団法人空気調和・衛生工学会，2018年，pp.41～47

35. 「鋼管のねじ接合マニュアル③」『建築設備と配管工事　Vol 34．No.7　（通巻448号）1996年7月号』原田洋一・円山昌明著，日本工業出版株式会社，1996年

36. 『公共建築工事標準仕様書　機械設備工事編　平成31年版』国土交通省大臣官房官庁営繕部，2019年

37. 『公共建築設備工事標準図（機械設備工事編）平成28年版』国土交通省大臣官房官庁営繕部設備・環境課，2016年

38. 『公共建築設備工事標準図（機械設備工事編）平成31年版』国土交通省大臣官房官庁営繕部設備・環境課，2019年

39. 『公共住宅建設工事共通仕様書　平成28年度版』公共住宅事業者等連絡協議会編，株式会社創樹社，2017年

40. 『工事写真撮影要領』文部科学省大臣官房文教施設企画部参事官

41. 『小型エアコンの取扱いと修理実用マニュアル』山村和司・佐藤英男共著，株式会社オーム社，2014年

42. 『サドル付分水栓の施工について』株式会社日邦バルブ

43. 『3級技能検定の実技試験課題を用いた人材育成マニュアル　配管（建築配管作業）編』厚生労働省，2018年

44. 『3級技能検定の実技試験課題を用いた人材育成マニュアル　冷凍空気調和機器施工（冷凍空気調和機器施工作業）編』厚生労働省，2016年

45. 『自動洗浄小便器（壁掛低リップタイプ）施工説明書　H 0 B232N』TOTO株式会社，2016年5月

46. 『シモン靴総合カタログ2018』株式会社シモン

47. 『シモン手袋総合カタログ2018』株式会社シモン

48. 『小便器用排水フランジ（壁掛用）HP900　HP900M　HP901M　施工説明書　H 0 B233』TOTO株式会社，2015年4月

49. 『新版 建築設備の耐震設計 施工法』公益社団法人空気調和・衛生工学会，2012年

50. 『水道及び建築配管用鋼管　2018.6.26』日本水道鋼管協会，2018年

51. 『図解 管工事技術の基礎』打矢瀅二・山田信亮・井上国博・中村誠・菊地至著，株式会社ナツメ社，2017年

52. 『ステンレス鋼管と異種金属とを接続する場合の絶縁施工について（建築設備配管編）』ステンレス協会，2015年

53. 『設備工事情報シート　I-P-83』一般社団法人日本建設業連合会

54. 『センサー一体形ストール小便器　施工説明書　PAW-1154（18043）』株式会社LIXIL

55. 『総合カタログ2019-2020』株式会社イチネンTASCO

56. 『ダイモドリル TS-092取扱説明書』株式会社シブヤ

57. 『正しいねじ込み配管の手引　改訂第5版』日本金属継手協会，2015年

58. 『東京都排水設備要綱　平成28年3月版』東京都下水道局編，2016年

59. 『日本水道鋼管協会　製品（規格）紹介　Wsp Product Catalog』日本水道鋼管協会

60. 『ねじ配管施工マニュアル』ねじ施工研究会著，日本工業出版株式会社，2013年

61. 『ねじ配管の革命児［転造ねじ］』レッキス工業株式会社

62. 『ハウジング形管継手を使用する方々へ（施工マニュアル）』日本金属継手協会，2017年

63. 『東日本大震災による設備被害と耐震対策報告書』一般社団法人建築設備技術者協会，2013年

64. 『東日本大震災による設備機器被害状況報告』一般社団法人東北空調衛生工事業協会

65. 「東日本大震災被害と水の確保・避難施設，そしてこれから③」『建築設備と配管工事　2014/ 1　Vol.52．No.1』日本工業出版株式会社，pp.72～77

66. 『日立パッケージエアコン　システムフリーＺシリーズ　据付点検要領書』日立ジョンソンコントロールズ空調株式会社

67. 『ヘルメット（保護帽）の取扱説明』ミドリ安全株式会社

68. 「法規・技術基準の改正と合成樹脂管の普及」『空気調和衛生工学　2018/ 4　Vol.92　No.4』市野沢哲著，公益社団法人空気調和・衛生工学会，2018年，pp.49～51

69. 『防露式密結ロータンク　施工説明書　PAW-1147M（19044)』株式会社LIXIL

70. 『見方・かき方建築配管図面』株式会社オーム社，2006年，pp.14～15

71. 『密結形ロータンク＜一般地用＞　施工説明書　Ｈ０B323R』TOTO株式会社，2019年8月

72. 『目で見てわかる良い溶接・悪い溶接の見分け方』安田克彦著，株式会社日刊工業新聞社，2016年

73. 『モルコジョイント　カタログ』株式会社ベンカン

74. 『モルコジョイント　施工マニュアル』株式会社ベンカン

75. 『床排水便器　施工説明書　Ｈ０B179S』TOTO株式会社，2018年8月

76. 『溶接実技教科書』独立行政法人高齢・障害・求職者雇用支援機構　職業能力開発総合大学校基盤整備センター編，一般社団法人雇用問題研究会，2020年

77. 『冷凍空調設備の冷媒配管工事－施工標準』一般社団法人日本冷凍空調設備工業連合会，2012年

78. TOTO株式会社　COM-ET＜http://www.com-et.com/＞

79. 株式会社LIXIL　いいナビ＜https://iinavi.inax.lixil.co.jp/＞

○図版及び写真提供等協力団体（五十音順・団体名等は改定当時のものです）

BBK テクノロジーズ（文化貿易工業株式会社）（15）

TOTO株式会社（126～128，134，135）

アサダ株式会社（68～70，145～148）

アサヒ衛陶株式会社（127，128）

旭ファイバーグラス株式会社（73，74）

アディア株式会社（74）

一般財団法人建設業振興基金（166，168，169）

一般財団法人地域開発研究所（54，55，71，72，80，82，100）

一般財団法人日本気象協会（169）

一般社団法人神奈川県空調衛生工業会（166，169）

一般社団法人建築設備技術者協会（62）

一般社団法人空気調和・衛生工学会（51）

一般社団法人公共建築協会（54，55，71，72，75，80，82，100）

一般社団法人日本型枠工事業協会（52，56）

一般社団法人日本空調衛生工事業協会（54）

一般社団法人日本レストルーム工業会（126～128，134，135）

因幡電機産業株式会社（15）

株式会社LIXIL（127，128，134，135）

株式会社アカギ（54）

株式会社アカツキ製作所（9）

株式会社イチネンTASCO（10，15，22，39，40，113，141）

株式会社荏原製作所（154，156）

株式会社エンジニア（15）

株式会社オーム社（39，40，57，142，144）

株式会社川本製作所（154，156）

株式会社グリーンクロス（166，169）

株式会社シブヤ（37）

株式会社シモン（167，169）

株式会社谷沢製作所（167，169）

株式会社TJMデザイン（8，9）

株式会社トプコン（8）

株式会社日経BP社（89，90）

株式会社日刊工業新聞社（38）

株式会社日邦バルブ（107，108）

株式会社日本光器製作所（7）

株式会社パロマ（136～138）

株式会社ヒロモリ（169）

株式会社ベンカン（103，104）

株式会社松阪鉄工所（14）

株式会社マキタ（20，21）

株式会社三門（51，52）

株式会社ムサシインテック（153）

河部精密工業株式会社（14）

委 員 一 覧

昭和45年3月
〈作成委員〉　　阿部　森雄　　安田工業専門学校
　　　　　　　　小林　健次　　東京都立亀戸高等職業訓練校
　　　　　　　　中島　藤五　　中島エンジニアリング株式会社
　　　　　　　　山岸　政衛　　株式会社栄星管工社

平成6年3月
〈改定委員〉　　中野　剛二　　新潟県立魚沼テクノスクール
　　　　　　　　安野　雅之　　新潟県立新潟テクノスクール

平成17年3月
〈監修委員〉　　橋本　幸博　　職業能力開発総合大学校
　　　　　　　　和久　行雄　　東京都立品川技術専門校

〈改定委員〉　　江川　正人　　株式会社きんでん
　　　　　　　　近藤　　茂　　神奈川県立平塚高等職業技術校（非常勤）
　　　　　　　　玉澤　伸章　　東京都立亀戸技術専門校
　　　　　　　　生田目信人　　埼玉県立川越高等技術専門校

（委員名は五十音順，所属は執筆当時のものです）

配管実技教科書

厚生労働省認定教材	
認定番号	第58724号
改定承認年月日	令和2年2月4日
訓練の種類	普通職業訓練
訓練課程名	普通課程

昭和45年3月　　初版発行
平成6年3月　　改定初版1刷発行
平成17年3月　　改定2版1刷発行
令和2年3月　　改定3版1刷発行
令和4年11月　　改定3版2刷発行

編　集　　独立行政法人 高齢・障害・求職者雇用支援機構
　　　　　　職業能力開発総合大学校 基盤整備センター

発行所　　一般社団法人 雇用問題研究会

　　　　　〒103-0002 東京都中央区日本橋馬喰町1-14-5 日本橋Kビル2階
　　　　　電話　03（5651）7071（代表）　FAX　03（5651）7077
　　　　　URL　http://www.koyoerc.or.jp/

印刷所　　竹田印刷 株式会社

ISBN978-4-87563-094-4

122001-22-21